植民地朝鮮の米と日本

―― 米穀検査制度の展開過程 ――

李 熒娘 著
(イ ヒョン ナン)

中央大学出版部

装幀　道吉　剛

序

　日本資本主義は，植民地期全時代を通じて，朝鮮を日本（内地）に対する食糧供給地と位置づけた。その役割を果たさせるためには，食糧需要地の具体的な場＝日本米穀市場に見合うように，朝鮮における米穀の生産・流通に及ぶ全過程を再編成しなければならなかった。

　伝統をもつ大阪堂島の米市場そして後には東京、その他の各都市の米市場にいかに受容されるか，ということが，朝鮮米の課題であったといってよい。その課題に応える具体的な仕組みが，米穀検査である。

　米穀検査は，米の商品としての標準化を保障する制度的機構である。それゆえこの米穀検査は，米の取引を円滑・容易にするといった流通過程上の機能をもつことはもとより，米の品質という生産過程上の課題に対しても，さらに重要な役割を果たす。つまり，検査というフィルターが課されることによって，米の品質が，商品流通に見合うものへと組み換えられ，標準化され，さらには向上していったのである。米の品質にこだわる以上，検査における基準は，当然生産過程，さらには栽培品種へと遡及していかざるをえない。

　それゆえ米穀検査の展開過程は，食糧供給地，つまり朝鮮国内の当該期の米穀の生産・流通状況を反映する過程であるとともに，同時に，本質的には朝鮮における米穀の生産・流通過程の植民地的再編成を進展・促進させる過程，別の言い方をすれば，朝鮮における既存の生産・流通網を破壊し，日本の米穀市場に統合する過程でもあった。

　一方，朝鮮における米穀検査の展開過程は，食糧需要地，つまり当該期の日本本土における米穀の生産・流通に規定されるとともに，日本（内地）米の生産と流通を逆規定していく過程でもあった。朝鮮の米穀は，商品としての質を高めていくにつれて，日本本土における米穀の不足を補完するだけの存在ではなく，むしろ日本産米の強力な競争者として，ときには日本産米を圧する存在として立ち現れることになる。朝鮮米の競争力は，価格の低廉に

よるばかりでなく，次第に品質面の優位性に基づくものになっていった。

　換言すれば，このようにもいえる。米穀検査制度の解明は，植民地朝鮮の米穀生産・流通の再編過程を明らかにするのに不可欠であると同時に，戦前日本の米穀生産・流通を把握するうえでも不可欠である，と。

　このように規定づけられる朝鮮米の検査制度は，ほとんどの時期において「輸移出米検査」の形態をとった。「輸移出米検査」は，籾を生産する農民の手元から離れて米穀商人の手中にある玄米・白米を対象にする。生産検査を欠くこの制度は，総督府が生産過程に直接関与することを前提としていた。

　総督府の直接関与は，ある場合には「武断的」ですらあった。初期には銃を持った憲兵が田のアゼに立って監視さえしたが，基本的には，地主を軸にするものであった。それによって形成・確立された植民地地主制こそ，日本による朝鮮支配のきわだった特徴の一つだった。「輸移出米検査」の実施と植民地地主制がワンセットになるという，この相関関係は看過されるべきではない。

　本書は，植民地期朝鮮における米穀検査制度の歴史的展開の全過程を考察することによって，朝鮮における米穀生産と流通過程の再編過程を明らかにする。

　この問題を解明するために，本書では，次のような視角をとる。

　第一に，植民地化の各段階における朝鮮総督府の権力のあり方とその変遷を重視する。検査制度自体，総督府の権力のあり方を色濃く反映しているのである。

　第二に，日本米穀市場とのかかわりを重視する。検査制度を通過した朝鮮米は，食糧需要地，つまり日本米穀市場での売買過程を通して，はじめて最終商品として意味を持った。したがって米穀検査制度は日本米穀市場からの要求，その動態に深く影響されたのである。

　他方，日本消費市場の構造と日本の米穀生産自体が，朝鮮米のあり方に規定され，変化する側面が現出する。特に1920年代後半から30年代にかけてはその側面が強く現れる。日本米穀市場の場での日本産米と朝鮮産米との競合は，結果として両産米の生産と流通の再編を迫ることになる。

　第三に，米穀商人と精米業の存在を重視する。朝鮮の輸移出米穀商は，日本米穀市場と朝鮮米穀市場との間に立って，需要地に見合う商品を常に供給

する存在であった。さらに検査のあり方に促されて，彼らは流通・配給部門だけでなく，収穫後の乾燥・調製・精米の加工など生産段階にまでその支配権を及ぼしていった。実際，籾の収穫後の乾燥・調製といった「産米改良」を主導的に担当したのは彼らに他ならなかった。その背後には米穀商が経営する商業資本的な性格を帯びた精米業が存在しており，それが資本主義的近代工業として特異な発達を成し遂げていった。すなわち，彼らは単に加工部門を支配するばかりでなく，籾の買付から製品としての玄・白米の販売に至るまで，米穀の全流通過程を支配するに至るのである。

　第四に，朝鮮米の生産過程の変化，特に品種問題を重視する。栽培品種の決定とその押しつけの過程自体が，植民地農政の本質を示している。移出米検査は，栽培品種をドラスチックに規定していく。そして検査を経た朝鮮米は，日本の米穀市場を圧倒するに至る。そこに検査制度の植民地的性格を見ることができよう。

　つぎに，本書の対象とする期間と時期区分，そして構成について概略する。

　検討した対象期間は，1876年から1945年，つまり江華島条約による開港から日本帝国主義の崩壊までの全時期である。これによって朝鮮における日本帝国の米穀支配の成立・確立・崩壊の全過程が明らかになるであろう。この長い時期を，検査主体の変遷に着目しつつ，大きく以下の四つに分ける。

　第1期は，開港から「併合」までであり，この期間に輸出米穀商による「自主的」検査がみられるようになる。第1章が対応する。

　第2期は，併合から国営検査開始までである。この間に，日本本土での朝鮮米に対する関税撤廃を主たる契機として，道営検査がはじまることになる。第2章・第3章が対応する。

　第3期は，国営検査が実施される時期である。1932年から1938年までということになる。第4章が対応する。そして第5章は，この期にはじまった「籾検査」に特化してその展開過程を跡づける。検査制度の到達点ともいえる籾検査が，戦時統制への助走でもあったという事実は，歴史の不可思議ともいえる。

　第4期は，戦時統制期である。それまで総督府がそれなりに努力してきた農業政策の成果をかなぐり捨てて，戦時動員に走る時期である。植民地農政の崩壊期といえる。1939年から45年までである。第6章が対応する。

最後に研究史について概観する。

米穀検査制度に関する研究書としては，飯沼二郎『朝鮮総督府の米穀検査制度』（未來社，1993年）がある。同書の意図は「米穀検査制度を分析することによって，総督府の農業政策のもつ植民地的性格を最も端的に明らかにすること」であるという。しかし事実の誤認もある。

同書が植民地期朝鮮における米穀検査制度にはじめて日本人研究者として着目したことの評価を惜しむものではないが，米穀商人の主体的ダイナミズムの把握に欠けている。また，総じて断片的資料の紹介にとどまり，歴史的・史料的分析に欠けている。

次に日本経済史研究者による米穀市場の研究を瞥見しておく。すぐれた日本米穀市場研究として，持田恵三『米穀市場の展開過程』（東京大学出版会，1970年）をあげなければならない。同書は，日本の米穀消費市場の展開過程を解明するためには，植民地米の存在とその性格が重要であることを指摘し，朝鮮米が日本市場で果たした特徴を解明しようとしている。しかし，日本の植民地支配の各段階に応じて事実を認識しようという視点に乏しいので，朝鮮植民地期の各段階における朝鮮米のあり方を構造的にとらえることができていない。また，朝鮮米が日本米穀市場を逆に規定する役割を果たした側面を把握しきっていない。

結局のところ同書は，日本米穀市場における朝鮮米の性格を動態的・歴史的に把握するには到らなかった。つまり，同書はすぐれた着眼点をもちつつも，日本米穀市場における朝鮮米と日本産米の「出会い」が日本米穀の生産と流通過程を構造的に変容させる契機でもあったことを把握できていないのである。

先行する二つのすぐれた研究書の存在にもかかわらず，さらに新たな分析を加えなければならないゆえんである。

植民地朝鮮の米と日本
―― 米穀検査制度の展開過程 ――

目　　次

序

第1章　開港から併合まで（開港期）

第1節　開港から日清戦争期まで（1876〜1895） …………… 3
第1項　朝鮮米の輸出 …………………………………………… 3
第2項　輸出米の改善策 ………………………………………… 8
第1　「在来玄米」の買付 ……………………………………… 10
第2　日本人籾摺業者の出現 ………………………………… 11
第3　機械精米業の出現 ……………………………………… 12

第2節　日清戦後から日露戦争期まで（1895〜1905） ……… 13
第1項　輸出米の推移 …………………………………………… 13
第2項　玄米輸出の伸展 ………………………………………… 15
第1　「在来玄米」の買付拡大 ………………………………… 15
第2　大阪米穀市場の状況──「鮮米原料新式精米屋」の誕生── …… 16
第3　「内改良玄米」輸出の増加 ……………………………… 17
第4　ユニットの精米用具をめぐって ………………………… 19
第3項　米穀輸出商の組織化と「産米改良」
　　　　──朝鮮人商人との取引円滑化と米の検査── ………… 21
第1　仁川の米穀取引所と穀物市場 ………………………… 22
第2　釜山・鎮南浦の状況 …………………………………… 24
第3　群山の水湿米検査 ……………………………………… 25
第4項　叺・荷造検査の実施 …………………………………… 27
第5項　日本人による農事改良の試みと違法な農地取得・営農 …… 29

第3節　日露戦後から「日韓併合」まで（1905〜1910） ……… 33
第1項　輸出米の推移 …………………………………………… 33

第2項　検査制度の実施 …………………………………………… 36
　　　　第1　群　　山 ……………………………………………………… 36
　　　　第2　仁　　川 ……………………………………………………… 37
　　　　第3　木　　浦 ……………………………………………………… 38

第2章　「日韓併合」と植民地農政（1910年代）

第1節　「自主的」検査の実施 …………………………………… 44
　　第1項　日本米穀市場の制度的変化と輸移出米の推移 …………… 44
　　　第1　朝鮮米関税の撤廃 …………………………………………… 45
　　　第2　定期市場での受渡代用米採用 ……………………………… 48
　　第2項　在朝日本人米穀商による「自主的」検査 ………………… 50
　　　第1　仁　　川 ……………………………………………………… 51
　　　第2　鎮南浦 ………………………………………………………… 54
　　　第3　内陸地 ………………………………………………………… 58
　　第3項　実施上の問題 ………………………………………………… 59

第2節　朝鮮総督府米穀検査規則の制定と部分的道営化 ……… 60
　　第1項　検査の形態と決定過程 ……………………………………… 61
　　第2項　検査規則の主な内容 ………………………………………… 64

第3節　全国的道営化への改正（1917年）………………………… 67
　　第1項　背　　景
　　　　　──検査実施当初における日本市場での反応及び批判── … 67
　　第2項　改正米穀検査規則の内容と実施 …………………………… 69

第4節　植民地朝鮮の農政と品種改良策 ………………………… 75
　　第1項　品種改良策の課題 …………………………………………… 78
　　第2項　改良品種の普及政策 ………………………………………… 78

第１　地主会 …………………………………………………………………… 79
　　　第２　武断農政 ………………………………………………………………… 80
　　　第３　改良品種の普及 ………………………………………………………… 84
　第３項　改良品種と輸移出米 …………………………………………………… 85

第５節　道営検査制度実施の影響 ……………………………………………… 87

　第１項　地主小作関係の変化 …………………………………………………… 87
　　　第１　小作料の形態 …………………………………………………………… 89
　　　第２　小作料の品質制限 ……………………………………………………… 91
　　　第３　改良叺の使用 …………………………………………………………… 92
　　　第４　制限違反の多発と小作権の移動 ……………………………………… 92
　第２項　精米業の発達 …………………………………………………………… 93
　第３項　取引上の変化 …………………………………………………………… 96
　第４項　朝鮮米流通の二重構造 ………………………………………………… 97
　第５項　日本米穀市場の変化 …………………………………………………… 98
　　　第１　価格の変化 ……………………………………………………………… 98
　　　第２　「鮮米原料新式精米屋」の衰退 ……………………………………… 100

第３章　武断から文治へ（1920年代）

第１節　産米増殖計画と検査の厳格化 ………………………………………… 105

第２節　産米増殖計画の手直しと米穀検査制度の改正 ……………………… 109

　第１項　背　　景 ………………………………………………………………… 109
　第２項　改正の内容 ……………………………………………………………… 110
　第３項　乾燥問題 ………………………………………………………………… 112
　第４項　品種表記と重量表示 …………………………………………………… 113

第３節　受　検　者 ……………………………………………………………… 114

　第１項　受検の概況 ……………………………………………………………… 114

第 1	玄米検査	114
第 2	白米検査	116
第 3	道検査の諸相	117

　第 2 項　受検者としての日本人地主 ………………………………… 120

第 4 節　生産・流通過程の変化 ……………………………………… 124

　第 1 項　1920年代における品種改良の展開 ………………………… 124
　　第 1　種子更新 ………………………………………………………… 124
　　第 2　品種転換の契機 ………………………………………………… 126
　　第 3　各道の対応 ……………………………………………………… 128
　第 2 項　大規模精米所の発達 ………………………………………… 136
　　第 1　工場の形態 ……………………………………………………… 136
　　第 2　発達の背景 ……………………………………………………… 138
　　第 3　玄米の「産米改良」と籾摺機の変遷 ………………………… 139

第 5 節　日本米穀市場における朝鮮米 ……………………………… 143

　第 1 項　大阪米穀市場における朝鮮米 ……………………………… 145
　第 2 項　東京米穀市場における朝鮮米 ……………………………… 149
　　第 1　東京鮮米協会の設立 …………………………………………… 149
　　第 2　日本各産地との角逐 …………………………………………… 150
　第 3 項　日本米穀産地の対応 ………………………………………… 153

第 6 節　1920年代後期の「玄米検査等級改正」要求 ……………… 156

　第 1 項　朝鮮米穀商の動き …………………………………………… 156
　　第 1　朝鮮玄米商組合連合会の結成 ………………………………… 156
　　第 2　朝鮮玄米商組合連合会の動き ………………………………… 159
　第 2 項　日本の米穀商の要求 ………………………………………… 161

第 4 章　昭和農業恐慌と検査の国営化（1930 年代）

第 1 節　実施までの経緯 …………………………………………………… 166
　第 1 項　背　　景 ………………………………………………………… 166
　第 2 項　各道の事情 ……………………………………………………… 167
　　第 1　賛成意見 ………………………………………………………… 168
　　第 2　反対意見 ………………………………………………………… 171
　　第 3　実施上の課題 …………………………………………………… 172
　第 3 項　重量制実施の要求 ……………………………………………… 174

第 2 節　検査の内容と実施 ………………………………………………… 175
　第 1 項　検査の特徴と「規則」………………………………………… 175
　　第 1　検査体制の構造 ………………………………………………… 175
　　第 2　玄・白米検査の変化 …………………………………………… 177
　第 2 項　検査実施と生産者の負担 ……………………………………… 179

第 3 節　国営検査実施後の日本米穀市場での朝鮮米 …………………… 181
　第 1 項　朝鮮玄米取引の変化 …………………………………………… 181
　第 2 項　移出白米の増加 ………………………………………………… 182
　第 3 項　鮮白不売運動とその顛末 ……………………………………… 186
　　第 1　巨視的背景 ……………………………………………………… 186
　　第 2　微視的背景 ……………………………………………………… 187
　　第 3　大阪穀物商同業組合の鮮米不売決議 ………………………… 189
　　第 4　朝鮮側の反撃 …………………………………………………… 190
　　第 5　不売運動の収束 ………………………………………………… 193
　第 4 項　「陸羽 132 号」――朝鮮米と東北米の戦い―― ……………… 194

第 4 節　日中戦争の拡大と朝鮮米 ………………………………………… 196
　第 1 項　胚芽米・七分搗米奨励運動と朝鮮米 ………………………… 196
　第 2 項　農事試験場南鮮支場での育種事業 …………………………… 198

第3項　輸移出米の飛躍的増加と朝鮮の食糧事情 …………………… 202

第5章　籾検査の実施と展開過程

第1節　籾検査の背景 …………………………………………………… 206

第2節　実 施 過 程 …………………………………………………… 210

第1項　希望検査の実施 …………………………………………… 210
第2項　利害関係者の動向 ………………………………………… 213
　第1　朝鮮総督府 ……………………………………………… 213
　第2　朝鮮米穀研究会 ………………………………………… 213
　第3　米穀商 …………………………………………………… 215
　第4　大地主 …………………………………………………… 216
　第5　問　屋 …………………………………………………… 217
第3項　強制検査の実施 …………………………………………… 217
　第1　概　観 …………………………………………………… 217
　第2　開港地の状況 …………………………………………… 218
　第3　指定地，生産地の状況 ………………………………… 221
　第4　実施の強化対策 ………………………………………… 223

第3節　共 同 販 売 …………………………………………………… 225

第1項　検 査 以 前 ………………………………………………… 225
第2項　共同販売の本格的展開 …………………………………… 227
第3項　斡旋団体の対立 …………………………………………… 228
第4項　総督府政策の岐路 ………………………………………… 233

第4節　地主と小作 …………………………………………………… 236

第5節　生産過程，流通過程の変化 ………………………………… 239

第6節　精米業の変容 ………………………………………………… 243

第 1 項　概　　　観 ……………………………………………… 243
　　第 2 項　組　織　化 ……………………………………………… 244
　　第 3 項　資本の合同化 …………………………………………… 244
　　第 4 項　経営の多角化 …………………………………………… 245

第 6 章　戦時体制と米穀政策の崩壊（1939〜1945）

第 1 節　戦時食糧政策の成立と玄米検査の弱化（1939〜1940）… 251
　　第 1 項　旱害対策と輸移出米の統制 …………………………… 251
　　第 2 項　朝鮮米穀配給調整令の発布 …………………………… 253
　　第 3 項　米穀検査の弱化 ………………………………………… 254

第 2 節　増米 6 ヶ年計画から朝鮮食糧管理令まで（1941〜1943）… 256
　　第 1 項　増米 6 ヶ年計画 ………………………………………… 256
　　第 2 項　1941 米穀年度食糧対策 ………………………………… 258
　　　第 1　国家統制の本格化 ………………………………………… 258
　　　第 2　統制と調整 ………………………………………………… 260
　　　第 3　供出の実態 ………………………………………………… 262
　　　第 4　流通機構の再編 …………………………………………… 264
　　　第 5　検査制度の改編 …………………………………………… 265
　　第 3 項　戦時食糧政策の強化と銘柄の単純化 ………………… 266
　　第 4 項　1942 米穀年度食糧対策 ………………………………… 267
　　第 5 項　1943 米穀年度食糧対策 ………………………………… 271

第 3 節　食糧管理令下の朝鮮米の生産と流通（1943〜1945）…… 274
　　第 1 項　食糧管理令の制定 ……………………………………… 274
　　　第 1　国家管理の強化──実体的規定── …………………… 275
　　　第 2　食糧営団の構造とその機能──組織法的規定── …… 275
　　第 2 項　1944 米穀年度──供出と増産── …………………… 277

第3項 1945米穀年度の食糧政策 ………………………………… 278
　第1 農業生産責任制の実施 ……………………………………… 278
　第2 検査制度の改編と銘柄格差の廃止 ………………………… 279
　第3 営団による精米業の統合と食糧の一元的管理システムの完成 …… 279

結びに代えて ……………………………………………………… 283

　あ と が き ………………………………………………………… 291
　参 考 文 献 ………………………………………………………… 295
　付表・図一覧 ………………………………………………………… 319
　索　　　　引 ………………………………………………………… 323

第 1 章

開港から併合まで
（開港期）

1875年(明治8年)9月20日,朝鮮の首府漢城(ソウル)の北西岸,漢江の河口に位置する江華島付近において,日本の250トン足らずの木造砲艦雲揚と朝鮮の砲台との間で砲撃戦があった。朝鮮の鎖国体制を破る契機となったこの小戦闘の結果,両国間で「修好条規」(以下,江華島条約という。1876年2月27日調印)が締結された。この条約は,オランダを西洋世界の窓としてもっていた日本と違って,「事大」の清と,「交隣」の倭以外には完全に門戸を閉じてきた朝鮮を,開国に導く契機となった。

　江華島条約(付属・規則を含む)は,釜山のほかに2港の開港地を設けること,居留地の設置(間行里程四方十里),商業の自由,無関税,日本人による朝鮮人雇用の自由,居留地における日本人の土地貸借の自由と領事裁判権,日本貨幣通用権,条約改定の協議などを定めた。これらの条規こそ,日本人米穀商人の進出を必然化する条件であった。

　かくして,本章は,1876年,江華島条約の締結から筆を起こすことになる。

　本章は,三つの段階に分かって論を進める。すなわち第1期は江華島条約から大日本大朝鮮両国盟約の締結(1894年8月26日)まで,第2期は同盟約の締結から第二次日韓協約(以下,韓国保護条約という)の締結(1905年11月17日)まで,第3期は韓国保護条約の締結から韓国併合ニ関スル条約(以下,日韓併合条約という)の公布(1910年8月29日)までである。わかりやすく,「事件」に焦点を当てていえば,第1期は開港から日清戦争期まで,第2期は日清戦後から日露戦争期まで,第3期は日露戦後から「日韓併合」まで,ということになる。

　このように,日本の朝鮮支配は,明白に「暴力」を画期として進んでいく。その政治的支配力を背景に,米穀をめぐる支配も深まっていく。

第1節　開港から日清戦争期まで (1876～1895)

　まず，日本のそれとは異なる朝鮮の開国事情につき摘記しておく。
　江華島条約附録は，四方10韓里の間行里程を設定し，日本人は最初からこの地域内での商業の自由を承認されていた。1882年には朝米修好通商条約が締結されるが（5月22日），これは，以後陸続と締結される西欧諸国との不平等条約のさきがけとなった。朝米条約の締結に伴って，それまで無関税だった朝日間の貿易は，朝米間の協定と同じ5％の関税が課せられることになった。この関税率は，1858年に締結された日米修好通商条約が食料品等に定めた低率関税と同じである。この年締結された朝清商民水陸貿易章程は，それまで慣行的に認められてきた清国商人の朝鮮内地行商権を再確認するものであったが，これによって他国の商人に対しても，朝鮮国内商品の購買に限定して内地全体が開放されることとなった。輸出入とも外国人商人に対して内地通商権が容認されるのは，その翌年の朝英修好通商条約（1883年6月6日締結）によってである。

第1項　朝鮮米の輸出

　1876年の開港から1893年までの米穀輸出額の推移をみておこう。
　この時期の輸出米の動向は，1890年を境として二段階に分けることができる。
　第一段階　この時期，1876年12月に釜山，80年5月に元山，82年12月に仁川が次々と開港する。米は大豆，牛革とともに，開国後まもなく重要な輸出品となる。しかし82年から88年にかけて朝鮮では凶作が続き，この間には輸入額が輸出額を上回った年もあった（表1-1，表1-2）。
　日本との江華島条約に基づく三つの開港場のうちで，釜山港が米穀輸出の首位を占める。主な輸出先は対馬，壱岐[1]，長崎その他九州各地，及び下関であった。開港初期の釜山は「居留人中十中八九ハ対馬島人」であったこと

表1-1 朝鮮における米の輸出入額とその総輸出入額に対する比率(逐年)(単位:円・%)

年	総輸出額(a	輸出米額(b	b/a	輸入総額(c	輸入米額(d	d/c
1876	92,524	ND	—	188,255	122,960	65.3
1877	154,703	22,403	14.5	228,554	22,692	9.9
1878	450,036	179,554	39.9	395,632	ND	—
1879	813,104	483,844	59.5	613,761	ND	—
1880	1,355,975	732,926	54.1	1,114,854	ND	—
1881	1,373,074	381,284	27.8	2,662,581	ND	—
1882	1,202,475	21,011	1.7	2,309,181	ND	—
1883	1,012,797	35,321	3.5	1,749,896	872	0.0
1884	884,060	13,253	1.5	1,513,717	33,209	2.2
1885	388,023	15,691	4.0	1,671,562	102,612	6.1
1886	504,225	12,193	2.4	2,474,185	586,343	23.7
1887	804,996	90,071	11.2	2,815,441	1,634	0.1
1888	867,058	21,810	2.5	3,046,443	48,896	1.6
1889	1,233,841	77,578	6.3	3,377,815	203,413	6.0
1890	3,550,478	2,037,868	57.4	4,727,839	5,430	0.1
1891	3,366,344	1,820,319	54.1	5,256,468	10,075	0.2
1892	2,443,739	998,519	40.9	4,398,483	2,758	0.1
1893	1,698,116	367,165	21.6	3,880,155	26,643	0.7
1894	2,311,215	1,006,732	43.6	5,831,563	946,845	16.2
1895	2,481,808	777,761	31.3	8,088,213	10,094	0.1
1896	4,728,700	2,637,827	55.8	6,531,324	7,775	0.1
1897	8,973,869	6,066,933	67.6	10,067,514	23,413	0.2
1898	5,709,489	3,145,250	55.1	11,817,562	394,742	3.3
1899	4,997,845	1,807,373	36.2	10,227,340	965	0.0
1900	9,439,867	2,207,904	23.4	10,940,460	1,614	0.0
1901	8,461,949	4,195,309	49.6	14,777,234	403,836	2.7
1902	8,317,070	3,524,619	42.4	13,692,842	408,076	3.0
1903	9,477,603	4,224,721	44.6	18,410,711	777,454	4.2
1904	6,933,504	1,300,790	18.8	27,402,591	688,459	2.5
1905	6,904,301	889,273	12.9	32,971,852	335,010	1.0
1906	8,132,844	1,603,648	19.7	30,304,522	398,840	1.3
1907	16,479,834	7,558,505	45.9	1,611,530	300,344	18.6
1908	13,463,947	6,484,831	48.2	41,025,523	ND	—
1909	15,399,678	5,530,557	35.9	36,648,770	37201	0.1
1910	18,868,177	6,277,752	33.3	39,782,756	23,788	0.1

出典:1877,78年分は日本農商務省商務局編『明治十一年度商況年報』第一款付録「釜山港輸入出総額」(39-47頁)
1879年分は上掲『明治十二年度商況年報』第四款付録「朝鮮互市ノ統計」(1-11頁)
1880年分は上掲『明治十三年度商況年報』第四款付録「朝鮮貿易」(232-248頁)
1881~84年分は日本外務省記録局編『通商彙編』各年度版
1885~93年分は「朝鮮海関年報」各年版(英文『Reports and Returns of Trade by Chinese Customs』の末尾に付載されている)
1894~1900年分は日本外務省通商局編纂『通商彙纂』各年度及び各号
1901~1907年分は朝鮮総督府『朝鮮輸出入品十五年対照表』
1908~10年は『朝鮮貿易年表』より作成。
備考:1878~80年の輸入米は,金額1万円以上のみがあげられている。実数は不明である。

も起因し，凶作の年でも対馬，壱岐へは米穀輸出が行われていた。のちに朝鮮米の第一の仕向地となる大阪は，もっぱら大豆と牛革の輸出が中心であって，米穀の輸出は微々たるものであった。つまり，当該期の朝鮮米の取引は，江戸時代からの倭館貿易，釜山・対馬貿易の量的拡大にすぎなかったのである。

第二段階　1890年以後に移ろう。

1880年代までの日本は，基本的に米需要の増大を自国産米の生産増加でまかなっていて，米は輸入を輸出が上回っていたが，90年代に入り近代的諸産業が勃興し都市人口が増加するにつれて——1887年の大阪市の人口は42万人に達している[2]——米穀市場が急激に拡大する。

1889年，日本は全国的な凶作に見舞われる。8月の和歌山・奈良両県にわたる大洪水などの影響もあり，米価は約2倍に暴騰する。このときの洪水は，十津川村民に北海道への集団移住を強いるほど大規模なものであり，災害史上に十津川水害の名を残している。日本政府は外国米を購入して払い下げるとともに，外国米を米穀取引所の格付に採用することを許可し，米価の騰貴を調整した。

一方朝鮮にあっては，1889年秋は，一部の区域を除いて，連年の凶作から脱して豊作であった。

この時の朝鮮米輸出には，以下のようなエピソードが生まれている。咸鏡道で発せられたこの地方の不作を理由とする穀物の道外への搬出禁止（防穀令）をめぐって，日本が抗議し，朝鮮は同令を解除している。ちなみに，防穀令は伝統的な救荒政策の一つで，条約上も認められているものであった。日本の強硬な姿勢は，爾後の両国の関係を暗示する。

日本における不作と朝鮮における豊作という両国の事情から，朝鮮にとっては米穀輸出の急増[3]，日本にとっては朝鮮米の大量輸入が，1889年から90年にかけて，とりわけ大阪方面でみられるようになる。以下はその事情を伝える文書である[4]。

---

1) 「朝鮮国釜山港貿易景況」（1887年4月在釜山領事館報告）『通商報告』第21号，「日韓両国間輸出入穀物ノ景況」（1888年10月10日付在釜山港帝国領事館報告）『通商報告』第87号。
2) 小山仁示・芝村篤樹『大阪府の百年』山川出版社，1991年，64頁。
3) 同上，37頁。
4) 「大阪市場に於ける朝鮮米の趨勢」『朝鮮農会報』第19巻第3号（1924年5月），58頁。

表 1-2　開港場別輸出

年	釜山		元山		仁川		鎮南浦		
	数量	価格	数量	価格	数量	価格	数量	価格	数量
1877	5,644	22,403							
1878	40,565	179,554							
1879	74,962	483,844							
1880	85,810	732,926							
1881	44,926	380,342	152	942					
1882	2,714	20,951	7	60					
1883	6,549	35,210	19	111					
1884	3,528	13,150	3	16	18	87			
1885	3,379	13,120	0	0	554	2,571			
1886	3,324	11,961	0	0	57	232			
1887	18,592	7,314	1,562	7,860	7,314	23,069			
1888	4,564	15,104	0	0	1,862	6,706			
1889	9,099	50,847	0	0	4,712	26,731			
1890	205,378	1,177,076	296	2,548	144,191	858,244			
1891	217,386	1,093,950	419	3,324	153,399	723,045			
1892	100,590	528,559	479	3,319	93,972	466,641			
1893	16,720	39,132	14	135	51,296	269,200			
1894	20,437	160,351	3,819	43,183	128,624	803,198			
1895	27,813	201,436	126	503	99,052	575,822			
1896	270,635	1,779,424	1,267	5,069	131,004	853,334			
1897	390,050	3,507,034	101	1,010	309,987	2,297,025	31,160	257,020	57
1898	123,283	1,457,524	393	4,736	117,300	1,021,754	40,918	450,683	55,22
1899	91,583	725,543	191	1,998	72,638	510,754	23,998	226,789	43,77
1900	156,188	1,409,586	1,311	16,694	199,940	143,826	26,497	179,877	54,19
1901	185,648	1,526,830	846	10,578	194,953	1,435,954	60,327	438,334	82,54
1902	155,820	1,375,527	11,080	96,859	62,971	618,284	69,194	649,364	48,60
1903	88,169	972,665	840	11,056	115,166	1,145,530	70,252	660,788	60,87
1904	30,632	341,048	0	0	20,256	194,153	26,920	274,913	24,93
1905	34,238	368,438	225	3,349	4,796	61,758	2,911	28,218	25,08
1906	33,366	355,609	728	10,056	42,360	451,949	5,570	175,663	16,20
1907	140,747	1,550,904	1,257	16,732	199,433	2,013,545	106,131	1,094,800	86,39

出典：表 1-1 に同じ。
備考：1885 年以後は単位が担であったので，石に換算した（一担は約 0.4 石である）。但し石の単位でも表記

第1章　開港から併合まで　7

数量と価格（逐年）　　　　　　　　　　　　　　　　　　　　　　　　　　（単位：石・円）

	群山		馬山浦		城津		新義州		価格合計
価格	数量	価格	数量	価格	数量	価格	数量	価格	
									22,403
									179,554
									483,844
									732,926
									381,284
									21,011
									35,321
									13,253
									15,691
									12,193
									90,071
									21,810
									77,578
									2,037,868
									1,820,319
									998,519
									367,165
									1,006,732
									777,761
									2,637,827
5,854									6,067,943
210,553									3,140,514
342,289									1,807,373
408,085	732	49,468	51	368					2,207,904
569,082	31,091	213,732	104	799					4,195,309
491,502	27,729	266,017	3,802	27,066					3,524,619
654,866	74,790	740,368	4,852	39,448					4,224,721
260,028	22,389	228,024	223	2,624					1,300,790
245,260	19,563	177,034	532	5,216					889,273
165,406	42,865	428,333	1,127	11,890	13	186	260	4,556	1,603,648
963,746	169,858	1,684,241	16,064	169,353	72	1,049	6,102	64,135	7,558,505

ている場合はそれによった。

内地朝鮮に於ける米の貿易は両地間の米作豊凶如何に依り古より南鮮地方対九州及下関等の間に於ては少量ながらも取引ありたるものゝ如きも大阪市場対朝鮮間の朝鮮米取引は明治二十二年中仁川港より在来米種中白米一万石の輸入ありたるを以て嚆矢とす

　この時期大阪に輸送された朝鮮米は，「工場ニ供給シ又其一部分ハ日本ノ粗悪ナル米ヲ混シテ欧米ニ輸出セラル」[5]とはロシア外務省の報告である。多くは工場労働者の飯米に振り向けられたが，一部分は欧米に輸出されていたのである。

　朝鮮米は他の外国からの輸入米と異なり，「本邦産ニ相似テ内地人ノ嗜好ニ適シ価格亦大ニ低廉ナルヲ以テ近来同国産ノ輸入ヲ催進セルコト多シ」[6]。これは大阪府当局の評価であるが，品質・価格両面で日本の需要の増大に対応するものだった。

　大阪米穀界の動向を紹介しておく。1889年，木谷善徳は北陸米問屋を廃業し朝鮮米問屋に乗換えるという案内状を取引先へ配布している。木谷は，後に大阪米穀界の巨頭と目されることになる木谷久一の父である。また，戦前を通じて最大の朝鮮米問屋となる庄野嘉久蔵は，1892, 3年頃独立して朝鮮米専門の問屋となっている[7]。さらに1891年には，南区に軒を並べていた朝鮮輸入白米を原料とする精米業者10軒が，精米業同盟会を結成する。1890年前後に大阪に朝鮮米を受け入れる体制が整えられていく状況が見てとれる[8]。

第2項　輸出米の改善策

　朝鮮では，租税としての貢米は白米の形態で納付されていたので，市場で取引されるのはほとんど白米であった。そのことに規定されて，朝鮮米は，籾ではなく白米の形態で輸出されていた。

　朝鮮の古書『海東農書』(1799年頃著述)には，籾摺用の磨と精白用の碓，杵臼が載せられている。すでにこの時期には朝鮮の精穀法は，籾摺と精白加

---

[5]　露国外務省編『韓国誌』(1900年版)日本農商務省抄訳，1905年，144頁。
[6]　大阪府内務部（大阪府農工商雑報号外）『大阪外国貿易調』1893年，395頁。
[7]　澤田徳蔵『市場人の見たる産米改良』大阪堂米会，1933年，62〜63頁。
[8]　「大阪に於ける米の取引」『堂島米報』第132号（1930年6月），3頁。

工工程は分化していたのである[9]。しかし貢米をはじめ流通米が白米であったために，籾→玄米→白米という加工工程は，通常，連続した一つの工程で行われていた。その際使用される伝統的搗精器具は，チョルグ，バンア，ヨンザメであった。

チョルグは杵搗法で，木臼（ナムメ），石臼があり，これは脱穀台としても使用され，一般農家では欠かせない農具であった。この臼と杵での搗精の際，少量の水を吹きかけると精白が容易になり，かつ省力できる（この加水という伝統的な工程が，のちに大きな問題となる）。

バンアは舂搗法で，ディディルバンア（踏搗）とムルレバンア（水車搗）があり，籾から直接白米に搗精するときも，玄米から白米に搗精するときも使用された。いずれも個人で所有する場合もあったが，部落所有のものが多かった。特にムルレバンアは搗精能率が高く加工費が安いので，水流が豊かな農村地域では重要な搗精器具であった。

ヨンザメは石臼で，畜力によっており，搗精能率が高かったが，乾燥状態が良好な米でないと砕米が多く出たので，降水量少なく湿度の低い平安南北道を中心とする朝鮮北部でよく使用された。これによってますます北韓地方の米は乾燥水準が向上することになった。朝鮮南部では，ヨンザメは主に麦類，粟，稗等の雑穀の搗精に使われ，米は乾燥の良いものだけがこれにより，一般の米の搗精はムルレバンア（水車搗）で行った。この地方の人々の乾燥水準への関心が低かったことの一因でもある[10]。

ところで日本への輸出米は，地理的・歴史的条件に規定されて，朝鮮南部産のものが多かった。したがって，乾燥の良くない伝統的搗精法による白米が輸出されることが多かった。この在来の搗精器具で朝鮮人が搗精した白米を，日本商人は「中白米」「韓白米」と呼称したが，取引上以下の不都合が生じた。

1890年に初めて大量に輸出された白米は，「乾燥程度が低く内には朝鮮人が故意に水分を含ませることもあって，夏期に腐敗しやすく長期の輸送や貯蔵に困難を生じ，内地市場で朝鮮国白に対する非難の声」が出たとの研究が

---

9) 宮嶋博史「李朝後期農書の研究」『人文学報』第43号（1977年），99頁。
10) 国立農産物検査所『農産物検査60年史』1969年，419～421頁。

あるが[11]，この間の事情をうかがわせる。朝鮮国白とは，朝鮮国内で精米された白米の意である。

　そこで日本人米穀商は，朝鮮輸出米の改良方法を模索し，以下の三つの方法にたどり着いた。

　第一，（朝鮮在来の籾摺臼で摺上げられた）玄米の買付を行い，それを輸出する。

　第二，籾を買い付け，（日本の籾摺臼で摺上げ）玄米にして輸出する。

　朝鮮輸出米穀市場においては，日本の籾摺臼で摺上げた玄米は「改良玄米」と称し，朝鮮在来の籾摺臼（木臼，モンメ）で摺上げた玄米を「外玄米」と称して区別していたが，本書ではこの「外玄米」を「在来玄米」と呼ぶことにする。

　第三，機械精米機を設置して精米業を営み，白米にして輸出する。

　以下この三つの方法についてみていく。

第1　「在来玄米」の買付

　1889年秋から大量の朝鮮白米が日本に輸出されたことはすでに述べたが，翌90年夏には，前述のように乾燥不十分で腐敗するものが出て，大阪では「非難の声」があがった。そこで，日本人米穀商は玄米を買い付けることで，日本米穀市場での朝鮮米の声価を高めようとした。日本の米穀市場では，問屋の取引は玄米が一般的であったこともあり，この手法は取引関係の上からも便利であった。

　いち早く玄米を輸出したのは釜山である。釜山領事館報告書によると，1890年9月から玄米の相場が上がりはじめていて，石当り「上白米6円，中白5円30銭，玄米4円80銭」と記録されている[12]。

　仁川では，日本人米穀商の対応は1年遅かった。1890年は「玄米ハ千俵中僅カニ五十俵」に過ぎなかった[13]。翌年の91年から「仁川米」の声価を高めるために，玄米買付けの方針を積極的に推進したとの報告がある[14]。それまで，朝鮮米穀市場では白米をもっぱらとして玄米売買の習慣はなかったが，

---

11)　菱本長次『朝鮮米の研究』千倉書房，1938年，265頁。
12)　「明治二十三年九月中釜山港貿易景況」（1890年12月6日在釜山領事館報告）『官報』第2233号。
13)　「明治二十六年中仁川港商況年報」『通商彙纂』第8号付録。
14)　「仁川商況（1892年5月中）」『通商報告』第2728号（1892年8月1日）。

既述のように籾摺と精白の加工工程は分化していたので，玄米形態による売買も可能だったのである。

輸出米穀商は「在来玄米」を高価格で買い入れることによって，朝鮮農民及び産地商人に玄米の売買を促した。その模様は以下に示すとおりである[15]。

> 白米ハ精磨ノ際白堊様ノ石粉ヲ多ク混入シ水ヲ散布シテ以テ之ヲ固着セシメ以テ純白ヲ装フ等ノ悪弊アルヨリ遂ニ大阪ニ於テ仁川米ハ釜山米ニ比シ常ニ相場ノ低下ヲ見ルニ至リタリ 去レド原来忠清京畿ノ玄米ハ其質堅緻ニシテ我筑前米ニ比シ更ニ優劣ナキヨリ我商人ハ勉メテ玄米ヲ高価ニ買入レ今日ニ至テモ上玄米ハ常ニ並白ノ右ニ出ルノ実況ヲ呈スル程ニテ去ル二十四年以来逐年玄米ノ数ヲ増加スルノ好結果ヲ得タリ

統計によれば，この時期の仁川からの米穀輸出は，1891年＝白米104,666石・玄米36,698石，1892年＝白米36,692石・玄米38,935石，1893年＝白米40,009石・玄米17,641石に及んでいる[16]。1891年にはすでに玄米が総米穀輸出量の4分の1を占めるに至っていたのである（表1-3）。

釜山における玄米輸出比率を示す資料は，発見されていない。

表1-3　仁川輸出米白米玄米対比　　　（単位：石）

年	白　米	玄　米	年	白　米	玄　米
1891	104,666	36,698	1893	40,009	17,641
1892	36,692	36,935	1895	35,796	31,629

出典：『通商報告』各月「商況」及び『通商彙纂』の各年商況年報より作成。

第2　日本人籾摺業者の出現

朝鮮米の声価を高める第二の方法は，籾を買い入れ，日本人米穀商みずからが籾摺を行って玄米化することだった。それを「改良玄米」と名付けたことはすでにみたとおりである。

仁川の例であるが，「本港在留ノ兵庫県人進藤鹿之助」は「夙ニ仁川米

---

15)　「明治二十六年中仁川港商況年報」前掲。
16)　『通商報告』の各月「商況」及び『通商彙纂』の商況年報。

ノ品質優等ナルニモ係ラズ大阪場況ノ常ニ釜山米ニ下ル事ヲ患ヒ之ヲ改良スルノ念ヲ起シ最初ハ籾米ヲ買入レ籾ヲ除キ之ヲ改良玄米ト号シ阪地ニ輸出シ頗ル好結果ヲ得……」[17]との報告があり，釜山米に優越する目的で改良玄米が売り込まれたことがわかる。

対する釜山では，1892年1月の「改良玄米」の相場が「領事館報告」に記載されている[18]。1894年10月中には，「上白米一石ニ付九円，中白八円五拾銭，下白七円八拾銭，改良玄米七円七拾銭，並玄米七円六拾銭」とある[19]。ここにいう「並玄米」は「在来玄米」のことであろう。

以上のように，この時期日本人による籾摺業が端緒的に成立するが，いまだマニュファクチュア的段階であった。輸出玄米のうち「改良玄米」は少数で，まだ「在来玄米」が大部分であった。

第3 機械精米業[20]の出現

1887年に仁川に渡ってきた進藤鹿之助が，1889年2月，朝鮮で初めての機械精米所（仁川精米所，資本金8,000円）を設立する。4馬力の蒸気罐を設置し，兵庫県西宮で多く使われていた水車用の石臼30台を備えて精米業に着手したのである。翌年90年10月頃，さらに蒸気力を13馬力に増やし，また石臼も200台を据え付け，年間約5千石を精米した。この時点では，輸出用ではなく，一般の依頼に応じた委託搗精業であった。

1892年，貿易業と貸金業で富を蓄積した米国人商人タオンスエンドと奥田貞次郎が共同で，石炭消費高12時間に1トン半の60馬力の蒸気機罐精磨器（エンゲル精米機，1台600ドル＝日本円換算約860円）[21]を4台取り付け，自家仕入米を搗精した。この精磨器は，「米国ニューヨーク州シラキウーズ府製造エンゲルボルグ・ライス・ホーレル」と表記され，1889年に専売特許を得たもので，これは，5年ほども遅れて1897年に「本邦内地にもエンゲルベルグ式が輸入せられる機縁となった」のである[22]。普通の打搗法ではな

---

17) 同上。
18) 「釜山港貿易景況1892年1月中」『通商報告』第2644号（1892年4月25日）。
19) 「本年十月中釜山港商況」（1893年11月27日在釜山領事館報告）『通商彙纂』第2号補遺。
20) 開港期の日本人搗精業に関する研究として，李憲昶「韓国開港期の日本人搗精業に関する研究」（ソウル大学校大学院修士論文，1982年）がある。
21) 「明治二十六年中仁川港商況」前掲。
22) 二瓶貞一『精米と精穀』西ヶ原刊行会，1941年，16頁，196頁。

く，摩擦力を用いて搗精する方式であった。

　この企業の資本金は1907年に3万円となっている[23]。同所の精米は仁川港内居留民の飯米として供給されるとともに，大阪やウラジオストーク港に輸出された[24]。

　エンゲル精米機によって搗精された米は，「純白ニシテ光沢ヲ帯ビ糠糟ノ如キハ全ク剥刷セラレ一見恰モ洗浄ヲ経タルモノ丶如シ　特ニ砂石ノ如キハ摩擦ノ際破砕シテ糠糟中ニ混ジ散消スルヲ以テ毫末モ米中ニ混入スル事ナシ」と評されている[25]。

　一方釜山港では，1890年，「精米場ノ新ニ起ルモノ三アリ　三十五馬力以上ノ気罐ヲ据付ケ日夜営業ニ従事セリ」[26]という記事がみられるが，具体的な実態は不明である。機械精米による精米は，輸出米のなかでは微々たるものであったが，以後の朝鮮での「異常な」精米業の発達の端緒的な成立とみることができる。

第2節　日清戦後から日露戦争期まで（1895～1905）

第1項　輸出米の推移

　日清戦争から日露戦争への10年は，日本にとっては，朝鮮をめぐる清・露・日の角逐において，まず清国の発言権を封じた時期であったが，現実に清国商人の朝鮮における商圏が弱まったわけではない。露国，そして米国は関心を満洲に集中していたから，日本はその間隙をぬって朝鮮に進出し，露国との対決に備えたのであった。

　この時期になると，豊凶，戦乱などによる増減はあるが，毎年約40万，50万石の朝鮮米が輸出されるようになる（表1-1前掲参照）。江華島条約で定められた3港開港体制を脱し，穀倉地帯を背景に1897年には木浦・鎮南

---

23)　韓国統監府『統監府統計年報』1907年度。
24)　「明治二十六年中仁川港商況年報」前掲。
25)　同上。
26)　「釜山貿易景況二十三年中」『通商報告』第2343号（1891年4月25日）。

浦が，99年には群山が開港する。それは，日清戦後の日本が，資本主義の発展に伴い，米穀生産が消費に追いつかなくなった結果，恒常的な米の輸入国に転化したことに起因している。各開港場の米の輸出額は，豊凶といった自然的条件や突発的な戦乱による増減のほか，その背後にある生産地の運輸手段・金融機関等の整備状況，流通圏の拡大・変容，商人の存在構造等の社会経済的要因によっても大きく規定されたが，この時期に，釜山，仁川，群山，木浦，鎮南浦は各々，慶尚南北道，京畿道，全羅北道・忠清南道，全羅南道，平安道・黄海道を後背地として，米の輸出港としての地位を固めたといえる（表1-2前掲参照）。

この時期の朝鮮米の最大需要地である大阪米穀市場での動向をみておく。「朝鮮米ハ砂石ノ混スルアルト粒ノ小ナルトノ欠点アレトモ其形品質頗ル本邦米ニ類似スルヲ以テ其上等白米ハ中流社会以下ノ飯米ニ供ス　殊ニ当地ノ如キハ細民ニ至ルマテ麦ヲ嫌ヒ下等米ヲ用ユル」[27]という社会状況の下，朝鮮米は需要拡大の商機にあったことが知られよう。日清戦後の1895年，大阪市の人口は約50万人に達し，朝鮮米の輸入は約20万石であった。すでに消費米，特に市場流通米に占める比率は相当なものであったことがわかる[28]。

一方朝鮮では，甲午改革（1894年）により，租税の金納化が実施される。それによって農民の貨幣獲得の必要性が高まり，ますます自己の生産物である米の販売が促進される。米穀の商品化は穀物輸出の展開を予定し，あるいは前提とするものであったといえる。折しもこの時期，日本産綿布が大量に朝鮮に流入し，その代価獲得のために一層米穀販売は拡大していったのである。木浦，鎮南浦，群山の開港は米穀流通に拍車をかけ，朝鮮内地米穀市場を深く輸出市場に結び付ける。

かくして朝鮮農民は，商品・貨幣経済に巻き込まれ，生産米の商品としての位置づけにも強い関心を示すようになっていく。

---

27)　大阪府内務部『大阪外国貿易調』1896年度，284頁。
28)　「大阪に於ける米の取引」前掲，4頁。

第2項　玄米輸出の伸展

第1　「在来玄米」の買付拡大

　租税が金納化されたことにより開港場廻着米は増加した。すでに見たとおり当初から日本商人は水分の多い白米を嫌忌していて，玄米さらには籾での買入れを希求していたから，それに応えて玄米・籾の入荷も増えた[29]。納税も市場取引も白米であった状況のもとではわずかだった玄米・籾取引は，この時期一気に増加した。

　期限内納税のためにも，農民は米穀を販売せざるをえなかった。農家は籾の形態で販売することもあったが，多くは朝鮮の伝統的な籾摺道具木臼を用いて，玄米化して，また白米化して販売した[30]。米穀商の玄米買付けは容易になり，彼らは在来玄米を積極的に買い付けた。

　1896年の仁川領事館の商況年報からその様子が推測される。「白米ニ比シテ市価常ニ好価ヲ持セシヲ以テ当国人モ玄米輸出ノ利益ヲ会得シタルモノヽ如シ　将来此事継続セバ産穀ノ品位モ高マルベク輸出モ爾々増進スベキハ疑ナシトス」[31]。つまり，米穀輸出にあたっては，水分を多く含んだ白米を排斥して「彼我ノ間玄米取引ヲ盛ンナラシムルハ将来ニ取リ極メテ緊要ノ事」[32]とされ，「在来玄米」の買付がこの時期の輸出米の声価の向上の核とされたのである。

表1-4　日本における輸入朝鮮米白米玄米対比（単位：担・円）

年	白米		玄米	
	数量	価格	数量	価格
1894	287,477	822,640	331,810	877,516
1895	231,814	696,054	64,545	173,910
1896	594,944	1,929,396	331,810	877,516
1897	711,772	2,648,257	1,056,305	3,318,548

出典：大阪府内務部『大阪外国貿易調』（1896，7年度）より作成。

---

29)　「二十九年中仁川港商況年報」『通商彙纂』第93号外。
30)　「朝鮮忠清道地方巡回復命書」『通商彙纂』第20号。
31)　「仁川港ニ於ケル米及人参ノ情況」（1897年1月7日付在仁川領事館報告）『通商彙纂』第60号。
32)　「二十九年中仁川港商況年報」前掲。

表1-4は日本での朝鮮輸入米の種類別構成である。1894年から96年までは白米が多かったが，1897年になると玄米が白米を凌駕している。まだこの時期は開港場の日本商人による籾摺業が盛んではなかったので，輸出された玄米は「在来玄米」が支配的であった。

第2　大阪米穀市場の状況――「鮮米原料新式精米屋」の誕生――

この玄米は日本でいかなる過程をたどって消費者のもとに届けられたのか。ここで少し大阪米穀市場の状況をみる[33]。

> 明治二十年代，三十年代の朝鮮米は籾，稗，石等恐ろしき夾雑物があつたろう従つて普通の小売屋で搗く（但し現在の摩擦器ではない，ガッタンガッタンやる臼である）訳には行かぬ　そこで朝鮮米を原料とする精米業者が漸次発展し蒸気力でガッタンゴットンをやり多くの人を雇ふて米拾ひをやらせた，明治二十四年に精米業同盟会が出来たが当時の会員は，村上久，平野，荒木，木谷，五百井清，藤田（後に陸石），戸田，植野等十軒あり大抵臼を二百位置いて全市の小売屋に配給してゐた。

朝鮮から輸入された玄米は，朝鮮米専用の精米業者によって精製され，小売業者に供給された。

当時日本産玄米のほとんどは小売店の店頭で搗精されていたが，1880年代後半になると小売屋の足踏臼での精白能力では需要に追いつかなくなったので，産地で精白した白米「国白」で補うほかに，「地白」（消費地の精白専門業者が精白した白米）を必要としたのである。彼らは大足踏屋と呼ばれ，天満のカミク，谷町の能勢屋，二ツ井戸の泉和，松屋町の紙源等が著名な存在だったが，「鮮米原料新式精米屋」が営業をはじめるに及んで漸次圧迫されて，消滅したといわれる。

大阪に臼二百台を備えて稼動するほどの「鮮米原料新式精米所」が10軒もあったことは（この数は後さらに増加する。第2章脚注6参照），大阪に朝鮮米が多量に流通していたこととともに，輸入された朝鮮米に夾雑物が多く混ざっていたことを表している。

朝鮮からの米穀輸出形態の変化に伴って，日本米穀消費市場の流通体系も

---

33)「大阪に於ける米の取引」前掲，3頁。

また変化を迫られたのである。

第3 「内改良玄米」輸出の増加

　日本の籾摺用具で摺られた朝鮮玄米を「改良玄米」と称することはすでに述べたが，それらのうち日本人商人によって摺り上げられたものを「内改良玄米」と称した。対語として「外改良玄米」がある。これは日本の籾摺臼をもって朝鮮人が摺り上げた玄米のことである。内改良玄米に対する需要が大阪・兵庫で増加する背景をみておく。

　第一に，日本米穀市場で「内改良玄米」が，朝鮮固有の方法によって摺られた「在来玄米」より高価格で取引されたことがあげられる。すなわち，「韓人固有ノ方法ニヨリ精製セラレタル玄米ヨリ一割以上ノ高価ヲ維持」したのである。朝鮮固有の臼で籾摺した玄米は「多量ノ籾ヲ留メ且ツ多クノ米屑ヲ混入シ」て[34]，籾摺，精選が「内改良玄米」より劣っていた。朝鮮の各農家では「磨ル臼ハ挽臼ノ如ク木ニテ作リタルモノニテ作業スルノ仕掛ナリ
籾殻ノ脱却極メテ遅ク又屑米ヲ生ジ易シ「千石通シ」等稀ニ見ル所ニシテ只箕ヲ見ル」[35]状態であった。その市場価格の差が「米質ニ至リテハ彼此甲乙ノ差アルナシ　唯精製ノ方法」によるものであったゆえ，開港場商人が籾摺業に進出をはかったのである。

　第二に，商人にとっては籾摺業の原料である籾の購入は，少なからぬマージンを期待できた。群山の例によれば，「明治二十八年頃には籾を二円程度で買ってそれを玄米にして内地に送るのだが，其の頃の内地の相場が十二，三円だったので諸掛りを差引いて尠くとも一石に就いて六円以上は儲かつた」[36]のである。

　第三に，籾の買付が容易になったことである。朝鮮では小作料は，定租法，打租法，執租法の三つの方法のいずれかで徴収されていた。定租法はあらかじめ定められた定額の小作料を徴収すること，打租法は小作地の生産実収高に応じて徴収すること，執租法は小作地の立毛によって収穫高を推定して小作料額を決定し徴収することで，それぞれ定額法，並作法，検見法とも

---

34) 「木浦籾摺業状況」1903年10月22日『通商彙纂』改第48号。
35) 「朝鮮国忠清道地方巡回復命書」前掲。
36) 「施政二十五周年記念朝鮮農事回顧座談会速記録」『朝鮮農会報』第9巻第11号（1935年11月），19頁。また「朝鮮国忠清道地方巡回復命書」前掲がある。

いわれた。定租法による小作料は白米もあったが，打租法，執租法による徴収は籾の形態でなされたので，地主の手元に大量の小作米が籾の形態で集積していたのである。「一般地主カ徴収スル小作料ハ悉ク籾ヲ以テ収納スル習慣ナルヲ以テ大地主ハ自家所得ノ籾ヲ精製スル如キハ殆ント不可能ノコトタルヲ免カレス　是ノ如キ原因ヨリシテ布場ニ現出スルモノ多クハ籾ノ侭ナル有様ナリ」[37]．

では籾摺業の形態はどうだったのか。籾摺臼及び精選器は大部分が日本から輸入されたが，その輸入額を開港場別に示すと表1-5の通りである。輸入港は木浦・群山が中心で，居留民には籾摺臼製造者も存在していて，釜山には1897年に3人いたことが統計に残されている[38]。開港場別の籾摺業者数をみると，釜山は1902年現在兼業で2戸程度，木浦は1903年に20戸，群

表1-5　開港場別籾摺道具輸入状況

開港場	年	仕出地	種類	個数	金額（円）
木浦	1902	日本	玄米臼，玄米通	492	1,956
	1903	日本 他開港場	玄米臼，玄米通	596 8	1,764 26
	1904	日本	玄米臼，玄米通 （再輸出：日本ヘ1個8円，他開港場ヘ3個30円）	405	1,476
群山	1899	仁川，木浦	玄米臼	61	281
	1902	日本 仁川 木浦	玄米機 玄米機 玄米機		133 121 106
	1903	日本 仁川	玄米機 玄米機		1,410 506
	1904	日本 木浦	玄米機 玄米機 （再輸出：日本ヘ2000円，木浦400円）		1,587 17

出典：『通商彙纂』各年度商況報告。

---

37)　「木浦籾摺業状況」前掲。
38)　「三十年中釜山港貿易年報」『通商彙纂』第101号。

山は 1902 年に 8 戸であった。籾摺道具の輸入港と籾摺業者の分布を考慮すると，「改良玄米」の輸出は主に木浦・群山であったと思われる。

木浦の籾摺業を取り上げて,「改良玄米」の経営実態をみよう[39]。籾摺業者の実際の仕事は 10 月から翌年 5 月までで，朝鮮人労働者を雇用して行われた。労働力合理化の観点から 6 台の臼を中心に何種類かの道具を結合してユニットを構成したが，1 ユニットの諸器具及びその価格は表 1-6 の通りである。

表 1-6　日本製精選器具 1 ユニットとその価格

器具	1 ユニット	価　格	器具	1 ユニット	価　格
臼	6 台	4 円 50 銭	万石	1 台	12 円〜13 円
唐箕	1 個	27〜28 円			450 文
千石	2 台	7 円内外	床敷	100 枚	(70 銭内外)

出典:「木浦籾摺業状況」(1903 年 10 月 22 日)『通商彙纂』改第 48 号より作成。
註：価格はいずれも木浦での 1 台（個、枚）当りの引き渡し価格である。

第 4　ユニットの精米用具をめぐって

唐箕，千石通，万石通等の精選器は長く使用できるが,「臼ノミハ一台ニ付大抵百六七十叺ヲ精製スレハ遂ニ使用ニ堪ヘサルニ至ル　而シテ当業者カ一石ニ対スル摺上ノ器械費ハ六銭内外」であった。労賃支払形態は「通例日給ノ方法ヲ用イス使事ノ成功高ニ応シテ定ム　即チ一叺摺上賃幾許ト定ムルモノ多」かった。

1 日の摺上量は 12 人を雇って 6 台の臼を使った場合，1 日平均籾 60 叺から 70 叺であった。労賃は総計 4 貫 200 文から 4 貫 900 文であった。生産高・労賃いずれも平均値をとって計算すれば，1 石は 2 叺だから，1 石の籾を摺り上げるのに 140 文かかることになる。日本貨幣（1903 年 10 月現在，1 銭＝63 文内外）に換算すると，約 2 銭 2 厘ということになる。1 人当りの日給に換算すれば約 6 銭である。この賃金は単に土臼を回転させることだけに対するものなのか，それとも，精選までの全工程に対するものなのかについては記述がないが，労働節約のため臼 6 台，精選道具各 1 台で 1 組になっていた

39)　以下の叙述の資料は「木浦籾摺業状況」前掲による。

ことから，後者であったと思われる。ユニットには床敷100枚が含まれているところから推せば，籾摺の前に乾燥作業が行われていたようではあるが，その作業を上記の12人が行っていたかは不明確である。いずれにせよ，日本人による籾摺業は明らかに朝鮮人労働者の低賃金を基盤にして成り立っていた。

　日本での籾摺は元禄時代以来人力で行う土臼で，これが1921年にゴムロール式が普及するまで唯一の籾摺器であった。この土臼と朝鮮在来の籾摺臼との能率の差はどうだったのか。

　朝鮮在来の籾摺臼は人力による木製のナムメ（木臼）と畜力を利用する石製のヨンザメの2種類があった。畜力によるヨンザメは黄海道・平安道・咸鏡道等全国的に使われていた。籾から白米に一貫して加工するのが一般的だったが，中北部では籾摺機として使用されていた。工程に関する資料はまだ見つかっていないが，「在来農具中優秀のもの」といわれていた。穀倉地帯であった南部地方での籾摺器はナムメで，大型，小型の2種類があった。朝鮮総督府で出した『朝鮮ノ在来農具』によると，大型は一日二人掛けで約8石，小型は一日二人掛けで約5石を摺り上げた。耐用年数は使用の程度によって差があるが，普通「目立て」を行いながら15年ほどは使用できる[40]。ナムメの値段は1899年籾摺臼の産地慶尚南道河村で1台1貫500文であって，日本貨幣に換算すると3円10銭にあたる[41]。

　木浦を例に，日本の籾摺臼たる土臼と，朝鮮固有の籾摺臼の木臼と比べると，むしろ朝鮮臼の方が生産性が高そうにみえるが，単純に比較することはできない。なぜなら，籾摺の労働生産性は籾摺を行う前後の調製過程まで含めて考察しなければならないからである。土臼は「木臼に比べると多量の籾を臼に供給でき，しかも往復の揺動運動でなく連続の回転運動（クランク機構）により，能率ははるかに高い」との記述もある[42]。当時の日本の土臼と朝鮮の木臼の構造の比較が必要である。

　では，つぎの工程である精選器具にはいかなる差異があったのか。

　日本の調製器具には脱穀された籾に混じっている藁屑をとるための唐箕が

---

40) 朝鮮総督府勧業模範場『朝鮮ノ在来農具』1914年，67頁。
41) 「韓国晋州付近農商況」（1899年5月29日附釜山帝国領事館報告）『通商彙纂』第139号。
42) 岡光夫外編『稲作の技術と理論』平凡社，1990年，254頁。

あり，籾摺した玄米から砕米，籾や秕を除く千石通，万石通などがあった。千石通は篩の技術を応用して考案されたものだが，日本では年貢米と小作米とが玄米であったために，玄米調製の精選器が発達・普及したのである。

それに比して朝鮮の農村では「穀ヲ篩分スル篩ヲ用ユレトモ唐箕ヲ有スルモノハ村内屈指スヘキノミ　風選スル普通箕団扇又ハ箕ヲ以テス　調製ハ稀ニ唐箕ヲ以テ籾殻ヲ除クニ過キサルカ故ニ砂粒，籾米等ヲ混スルコト多」[43]かった。そこで開港場の日本米穀商人は玄米の声価を高める努力をする一方，僅少の資本と安価な労賃を結合して，土臼と千石通，万石通をセットにしてユニットを構成したのである。

日清・日露戦間期の精米業をみると，機械精米業はほとんど増加しなかったが，開港場における日本人精米業者は相当な数を占めていた。朝鮮人の安い労賃を基盤にした足踏臼が有利であったからである[44]。

　　釜山ニ於ケル経験ニ依レバ機関精米業ト対立シ得ベキノ前例アリ　釜山ノ如キハ足踏却ツテ蒸気機関ニ超過シテ盛ンニ精製輸出ヲ為ス有様ナルガ故ニ当港ニ在リテモ亦タ将来賃銭ノ低廉ナル韓人ヲ使役シテ足踏臼ノ隆盛ヲ見ルノ時期ナキニシモアラサルベシ

搗精器の輸入状況をみても1898年単価3円程度の「米搗臼」を日本から輸入する様子が『通商彙纂』にみられる。各開港場の日本人居留民の職業構成を見ると，釜山の場合1902年18人，1903年23人が精米業者であった。足踏精米が相当活発であったことが間接的に読みとれる。

第3項　米穀輸出商の組織化と「産米改良」
――朝鮮人商人との取引円滑化と米の検査――

日清・日露の戦間期に，朝鮮人商人との取引の円滑化及び輸出米の品質改善を目的として米穀商人の組織化が進んでいく。各開港場別にその過程と生じた問題を見ていこう。

---

43)　「朝鮮国忠清道地方巡回復命書」前掲。
44)　「木浦精米事業ノ景況」(1899年2月15日)『通商彙纂』第126号。

第1　仁川の米穀取引所と穀物市場

　日清戦直後から，朝鮮の米輸出額が増加し，日韓商人間の取引が活発化する。1895年，日本米穀輸出商は，仁川貿易商組合を結成し，輸出米の品質向上のために検査員を設置した。ただしこの段階では，産米検査は実行できなかった。

　翌1896年「仁川米豆取引所」を設置するべく，領事館に申請がなされている。認可申請書に添付された「設立理由書」に仁川輸出米の状況及び輸出米の品質改良のための商人の努力・方策が表れている。長文だがあえてそのまま引用する[45]。

一，仁川港ハ朝鮮国平安，黄海，京畿，忠清ノ四道及全羅道ノ一部ヨリ産出スル米豆ノ集合地ニシテ当港輸出入ノ品物夥多アリト雖米豆取引ノ如何ハ啻ニ当港ノ栄枯ニ係ルノミナラス日韓貿易ノ盛衰ニ関セリ　然ルニ其品質均シカラス価格同シカラス其標準ヲ定ムルコト甚タ難シ　従テ取引ノ妨碍ヲ来タスコト多ク之カ為此弊ヲ防カント欲ス　是レ本取引所ノ設立ヲ要スル事由ノ一ナリ

二，米豆ノ品質及価格ノ標準ノ一定スル時ハ帝国内地ニ居住スル人ニ至ルマテ其品質及価格標準ヲ知リ従テ米豆輸出ニ至大ノ便利ヲ與フルニ至ラン　是レ本取引所ノ設立ヲ要スル事由ノ二ナリ

三，先年当港貿易商組合ニ於テ輸出米ノ改良ヲ企テ検査員ヲ設ケシモ終ニ其目的ヲ達スルコト能ハサリシハ今ニ遺憾トスル所ナリ　故ニ本取引所ヲ設立シ価格ノ高下ヲ定メ一般ノ生産者ヲシテ粗悪米ノ価格低廉ナルヲ明知セシメ以テ品質ノ改良ヲ計ラント欲ス　是レ本取引所ノ設立ヲ要スル事由ノ三ナリ

四，近来白米ノ米質非常ニ粗悪ニシテ殊更ニ水分ヲ含蓄セシメタルモノ多ク之カ為腐敗ヲ来シ意外ノ損失ヲ生スルコト多シ　若此弊ヲ矯正セスンハ其損失ヲ蒙ル者将来益多キニ至ラン　故ニ本取引所ヲ設ケ其弊害ヲ防カント欲ス　是レ本取引所ノ設立ヲ要スル事由ノ四ナリ

五，近来奥地ニ行商シ米豆ノ買集ヲ為ス者甚タ多シ　然ルニ価格ノ趨勢ヲ審ニセス猥リニ購買シ以テ損失ヲ来ス者尠カラス　故ニ本取引所ヲ設ケ価格ノ趨勢ヲ知ラシムルトキハ奥地行商者ニ非常ノ便益ヲ與フルト同時ニ之カ奨励ヲ為スノ好果ヲ得ヘシ　是レ本取引所ノ設立ヲ要スル事由ノ五ナリ

六，当港ニ於テ米豆取引所ヲ設立シ売買上便益ヲ與フルトキハ各道ノ米豆当港

45）　秋山満夫『株式会社仁川米豆取引所沿革』1922年，2〜4頁，7〜8頁。

ニ集合シ当港ノ商品各道ニ散布シ当港集散ノ増加スルハ理ノ見易キ所ニシテ
従テ日韓ノ貿易上一層ノ進歩ヲ見ルコトヲ得ヘシ　是レ本取引所ノ設立ヲ要
スル事由ノ六ナリ

　仁川港及び日本での朝鮮米の取引円滑をはかること，また品質改良をはかること，粗悪な白米の弊害を防止し，行商者への便益をはかること，さらに日韓貿易の進歩のためにも取引所の設立が必要であるとしているのである。
　許可申請が容れられ仁川米豆取引所は設置される。しかし1899年に日本政府は緊急勅令をもって取引所規制に乗りだし，多くの取引所が解散させられるという事態の推移のなかで，仁川取引所も領事から投機的であるとの理由で解散命令が出される等の紆余曲折があったが，引き続き機能を保ちつづけた。その結果，以下のように評されるに至った[46]。

水気米等ノ粗悪米ノ殆ンド市場ニ現ハレザルニ至リタルハ，是レ全ク米豆取引
所ニ於テ標準米ヲ備ヘ厳ニ粗悪米ノ代用ヲ排斥シタルガ為メ韓国人ヲシテ粗悪
米ヲ仁川ニ輸送スルノ不利不得策ヲ感知セシメ，其結果トシテ米質ニ顕著ナル
改良ヲ見ルニ至リタルモノニシテ亦以テ米豆取引所ガ貿易市場ニ與ヘタル利益
ノ顕著ナルモノナリ

　1900年には付属倉庫を建設し収入の増殖をはかると同時に，「従来本邦居留民地ニ於ケル倉庫ノ設備不充分ナル為米穀其他ノ貨物ヲ埠頭ニ露積スルヨリ生スル品質包装ノ損傷ヲ防止シ当業者ノ利便ニ資セシニ意外ノ好果ヲ収メ」[47]るという効果もあげた。
　1903年になると，仁川の日本人穀物商らは「穀物協会」を結成する。「朝鮮人側には古くより紳商協会と称する同業者の共益機関があるに反し，日本人営業者はその店舗随所に散在し個々の取引を為すに止まり，従って日々相場の不統一なるは勿論その受渡上に関しても常に紛議絶えず且つ日鮮穀物商の勢力対抗上頗る不利なるを慮」[48]って結成されたものだった。
　「紳商協会」の背景を述べておく。開港以降，開港場を中心に輸出入商品

---

46)　『仁川府史』1933年，1055頁。
47)　秋山満夫『株式会社仁川米豆取引所沿革』前掲，8頁。
48)　『仁川府史』前掲，1177～1179頁。

流通体制が形成されていくなかで、輸出入商品流通を担った朝鮮人商人は開港場客主と呼ばれる。ここに登場した紳商協会は客主組合の一つである。客主の役割は主に委託売買・金融周旋であった。江華島条約によって開港場では日本貨幣の使用が認められていたとはいえ、現実に市場に流通していたのは韓銭であったから、日本輸出入商の取引は、多くは開港場客主を仲立ちとしてのものだった。

　穀物協会は事業の一環として、仁川港に集散する穀物を審査し、売買する「穀物市場」の建設を推進する。「仁川穀物市場設立趣意書」はつぎのとおりである[49]。もっとも、穀物検査は日露戦争の勃発によって実施できなかったという。

　　往年仁川港ヨリ輸出スル米穀ハ其品質ノ純良ナリシヨリ優ニ他ノ輸出諸港ヲ凌駕シ頗ル好評ノ下ニ日本内地ニ需要セラレ貿易ノ趨勢日ヲ遂フテ隆盛ノ観アリシモ、輓近ニ及ンデ品質漸ク粗悪ニ傾キ凡ソ当港ニ輸来スル米穀ハ少数ノ純良品ヲ除クノ外、必ズ多少ノ水分ヲ含有スルカ否ラザレバ許多ノ秕ヲ雑糅スルヲ常トス。而シテ他ノ諸港ニ於テハ彼ノ釜山松原米ノ如キ、木浦内改良米等ノ如キ頻リニ輸出穀物ノ改良ヲ励行シ其実績ヲ発現セル影響トシテ、需要地ニ於ケル仁川米穀ノ声価惟フニ今ニシテ之レガ改良ヲ策スルニアラズンバ需要全ク杜絶シ仁川米穀ノ輸出ハ遂ニ地ヲ払フニ至ル可キヤ必セリ。即チ米穀改良ノ挙ハ仁川貿易ノ発達ヲ期図スル所以ニシテ協会ガ穀物市場ヲ新設セムトスルノ趣旨ナリトス

第2　釜山・鎮南浦の状況

　ところで、釜山開港場では当時居留地日本人商人は、朝鮮人との取引、また日本の輸入米穀商との取引で、米の品質をめぐるトラブルの多発に悩まされていた。米穀商は1901年領事の認可を受け、釜山商業会議所監督の下に釜山穀物商及釜山穀物輸出商の両組合を組織し、取引規則を定め、商取引の鞏固を図った[50]。

　一方、鎮南浦では「輸出米穀ノ改良ヲ計リ海外ニ於ケル当港米穀ノ声価ヲ唯維持スル」目的で輸出穀物商組合が設立された。当組合は当港輸出米穀商

---

49)　同上1055頁。
50)　森田福太郎『釜山要覧』1912年、244～245頁。

全体を網羅したものだったが，経費過多で組合員の負担が重く組合設立当初の趣旨に悖る嫌いもあるということで，日露戦後日本人商業会議所が事務を掌握し，組合費として輸出米穀一石に対して従来一銭ずつ徴収してきたのを半減して五厘とした。この結果「未タ輸出米穀ノ検査等ヲ為スニ至ラス唯々組合員ニ対シ時々注意ヲ與ヘ反省ヲ促スニ止マルト云フ 然レトモ組合設立前ニ比セハ当港輸出米穀ハ大ニ改良セラレ海外ニ好評ヲ得ルニ至リタル」[51]との報告がある。

それぞれ規制力の差異はあるが共通の課題をかかえて，米穀商人の組織化がはかられていくことがうかがえよう。

第3　群山の水湿米検査

群山はこの時期，米穀検査を実際に行った唯一の開港場である。開港後まもなく，1901年春に群山貿易商組合が結成され，「水湿米排斥」のために輸出米の検査を実行することを決議した。しかしその年は旱魃で米穀貿易は不振で，検査は実行できなかった。翌1902年は豊作で群山港への出穀も盛んであったので，米穀輸出商組合（貿易商組合から改編）は，「当港ヨリ本邦ヘ輸出スル米ニ対シ組合ニ於テ検査ヲ施行スルコト」「検査ヲ通過シタル米ニハ組合ヨリ外俵ニ一定ノ章標ヲ付シ水湿米ト認メタルモノニ対シテハ右ノ章標ヲ付セサルコト」「検査ノ為メニ要スル費用ハ本邦ヘ輸出スル米一俵ニ付一銭ノ割合ヲ以テ組合員之ヲ分担スルコト」「検査実施ノ為メ組合ニ検査員ヲ置キ其員数人撰監督其他実施ニ関スル詳細ノ方法手続ハ役員会ノ定ムコト」を決めた。そこで11月上旬，2名の検査員を置いて，「本邦ヘ向ケ輸出スル米穀ヲ船積前埠頭倉庫，店頭」等で検査し，合格と認めたものには外俵に赤色の染料をもって「群検」の章標を押捺したのである[52]。

検査が開始されてまもなく，米の回着・輸出量が非常に増加し，2名の検査員では到底検査できない状況になった。特に「水湿米益々饒出シ回着米ノ大部分ハ此種ノ粗米ナリシコト」と「粗悪米ハ殆ト普通米ト見倣サル、ニ至リテ商人之ガ輸出ヲ為シ敢テ怪ムノ風ナカリシコト」から，徹底的に合否分

---

[51]　関税局『貿易月報』(6月分) 第1号，1908年8月。
[52]　以下の引用は「群山港米質検査ノ実況」(1903年2月18日附在群山帝国領事館分館報告)『通商彙纂』第256号による。

別を実施するために検査方法を変更せざるをえなかった。そしてつぎのような決議と方針が立てられた。

  決　議
 一，絶対的ニ水湿米ノ港内ニ入ルヲ防止スルノ目的ヲ以テ左ノ事項ヲ励行スルコト
 二，米穀ノ入リ来ルヘキ水陸ノ要所ニ検査員ヲ派遣シ入リ来ル米穀ハ漏ナク之ヲ検査シ水湿米ト認ムルモノニハ青色ニテ外俵ニ「群検」ノ押印ヲ為スコト
 三，前項群検ノ押印アルモノハ勿論其他検査員ヨリ水湿米ノ告知アリタルモノハ組合員ニ於テ断シテ之ヲ購買セサルコト
 四，組合員中若シ港外ニ於テ誤テ水湿米ヲ買入レタル場合ニハ之ヲ本邦ヘ向ケ輸出スヘカラサルコト
 五，水湿米ヲ持来リタル韓人ハ之ヲ説諭シ之ヲ韓国警吏ニ引渡シ或ハ之ヲシテ港内ニ入ラシメサル等組合ニ於テ適宜相当ノ処置ヲ為スコト
  方　針
 一，水湿米ハ組合員ニ於テ全然之カ取引売買ヲ為サ、ル方針ヲ取ルコト
 二，客主会ニ交渉シ本邦人ト同一ノ歩調ニ出テシムル方針ヲ執ルコト

　すなわち群山港への搬入路たる水陸の要所で米全体を対象に水湿検査を行い，港内に水湿米が搬入されないようにし，水湿米の押印があるもの，また港外で水湿米を購入した場合は，輸出しないように組合員の団結を再びはかった。一方，産地米穀商人と日本人輸出米穀商人を結ぶ開港場客主会に助力を求めて交渉した。

　12月6日から検査員を8名に増加し，「客主会ニ交渉シ之ヲシテ八名ノ人員ヲ派出シ事業ノ助力ヲ為サシメ」各々の部署を定め水陸の要所に配置し役員が監督するなかで，当港に回着する米を漏れなく検査した。その結果，水湿米と認めたものには決議とおりの処置を施した。

　検査にあたっては，「韓国警吏ニ請ヒ其助力ヲモ」求めた。「水湿米ニハ一々押印シ荷主ハ之ヲ説諭シ之ヲ追返ヘシ肯セサルモノハ之ヲ警吏ニ付シ例ノ太皷ヲ負ハセテ道路引廻シノ懲罰ヲナシ腕力ヲ以テ抵抗スル者ハ腕力ヲ以テ之ヲ取押スル」など強硬な手段を使って実施したのである。

　また，「水湿米ヲ群山港ニ運出スルモノハ警吏ニ捕セラルヘシ，日人ノ殴打ヲ受クヘシ」等のさまざまな「風説」が伝播されて「当港ニ回着水湿米ハ

俄ニ其量ヲ減シ爾来組合カ次第ニ検査ヲ厳ニスルニ連レ水湿益々軽微トナリ現今ニ於テハ回着米ノ品質大ニ高マリ之ヲ検査開始以前ニ比スレハ水湿米皆無ト称スルモ不可ナキ状況トハナリタリ，米質検査事業茲ニ至リテ先ツ第一ノ目的ヲ達シ」たのである。

　群山港の検査は，日本人輸出米穀商組合のイニシアティブのもとに実施されたが，朝鮮側の権力を利用してはじめて可能であったのである。

第4項　叭・荷造検査の実施

　輸出米は遠距離の輸送と幾度かの積替えが想定される。包装は運搬と貯蔵の重要な要素であり，不完全な場合，荷崩れ・中身の漏出・変質を免れない。当時輸出米の包装は日本から輸入した縄叭を使用していた。仁川の場合，輸入叭の供給元はすべて大阪の商人であり，産地は江州，伊賀，播州等であった[53]。木浦の場合は帆船便を利用して大阪・広島・下関・伊予地方から輸入されることが多かった[54]。

　開港当初，輸出米の荷造になんらかの規定があろうはずはない。したがって叭の品質，値段はまちまちで，叭需要が増えるなかで品質が劣悪なものが混入し，「甚しきに至りては『色着き』と称し水気の為に変色せし極めて粗悪なるもの」も輸入された。開港場商人においても費用の関係上安い粗悪縄叭を使用し，あるいは，輸送費用を浮かせようと5斗入叭に5斗1，2，3升ほども詰め込むこともあった。これら荷造不良は輸出先たる阪神地方に到って荷崩れしていることも多く，その弊害は甚だしかった。船舶への積込みまたは陸揚げ中に米が漏出して，汽船会社と荷受主との間で争いが生ずること度々だった。

　かくして，海運界の両巨頭，日本郵船と大阪商船とが談合して「五分減量無弁償」を決定し，荷主または荷受主が弁償を要求しても断乎として応じなかったので，荷主は多大の損害を被ることになった。五分減量無弁償，すなわち1叭（5斗入）に対し2升5合までは不足を来しても弁償しないとなれば，輸送中この分量までは窃取されても泣き寝入りということになる。海

---

53)　『仁川府史』前掲，1134頁。
54)　谷垣嘉市『木浦誌』1914年，500頁以下。

運会社と荷主との間に立つ貿易商は「これ要するに荷造不良の罪にして，必ずしも海運業者の処置を非難すべきにあらず，結局荷主各自が不注意の致す所」と見做したため，米穀商らは荷造の改良を緊急の問題と認識し，その対策に乗り出した。

大阪の朝鮮貿易商組合及び釜山・仁川・元山等の開港地の貿易商が荷造改良の方策を模索した結果，釜山は1902年3月，元山は4月，仁川は10月，木浦は12月各々領事館令をもって輸出穀物荷造改良規則を制定した。4領事館令の内容に違いはない。

規則は縄叺の重量，品質の標準を定めるものだが，縄叺は日本からの輸入品なので，日本の標準にあわせられている。施行細則で輸入叺の検査規則が定められているが，それによれば検査不合格の縄叺は積み戻すこととされた。以下に規則・細則を紹介するが，当時釜山日本人商業会議所職員だった岡庸一は，検査の実施によって「韓国より輸出する穀物類の彼我共に幾分の損失を被りたるもの遂に全く皆無となるに至らん」と語っている[55]。

輸出穀類荷造改良規則
第一条　本規則に於て輸出穀類と称するは米，大豆，小豆，マサラ，小麦，麦安，大麦，胡麻，黍，荏子に限る
第二条　輸出穀類の荷造に用いる叺及縄は左の規定に従ふべし
　一　叺　五斗入一枚の重量七百匁以上のもの及び三斗入壱枚の重量四百五十匁以上のものを用ひ且つ其両端縫縄及口縄の堅固なるものに限る
　二　縄は本邦太六若くは之に代用し得る強靭なるものにして重量拾尋に付百拾五匁を下らざるものを用ひ縄の掛方は縦四筋横二筋となすべし
　三　叺の容積は五斗入及三斗入の二種とし其実際の積量右の容積に対し弐升以上の過不足なきを要す
第三条　前条荷造に用いる叺及縄は商業会議所の選定せる検査員をして之を検査せしむ
第四条　第二条の規定に違反する叺又は縄を輸入せる者あるときは其輸入の当日より三ヶ月以内に之を本邦に積戻さしむべし
第五条　第三条の検査未済若くは検査不合格の叺又は縄は之を使用し若くは売買することを禁ず

55)　「領事館令」第二号明治三十五（1902）年三月十三日及び領事館令第三号明治三十五年四月十七日である。岡庸一『最新韓国事情』青木嵩山堂，1903年，798〜800頁。

第六条　本規則の施行上必要なる諸費用は総て商業会議所の負担とす
附　則　本規則は明治三十五（1902）年五月一日より施行す
輸出穀類荷造改良規則施行細則
第一条　叺又は縄を当港に輸入したるときは其荷受主より直に之を商業会議所に届出検査員の指定する場所に於て検査を受くべし
第二条　検査員は荷受主より届出の順序に依り検査を施行す
第三条　叺及縄の重量に関し輸出穀類荷造改良規則第二条に規定せる制限を免れんが為め叺又は縄に湿気を含ましめ其他詐偽又は之に類する手段を用ひたるの形跡あるときは検査当時の重量如何に拘はらず之を同規則第二条の規定に違反するものと認むることを得
第四条　検査員は叺縄検査の上輸出穀類荷造改良規則第二条の規定に違反せざるものと認むるときは（検査済）の印を是に押捺し同規定に違反するものと認むるときは（不合格）の印を是に押捺す
第五条　商業会議所は輸出穀類荷造改良に関し評議員三名を置き同会議員中より之を選挙す
第六条　検査員の検査に対する不服の申立あること商業会議所に申し立つることを得
第七条　商業会議所は検査員の検査に対する不服の申立あるときは之を本細則第五条の規定に依る評議員の裁定に附す
第八条　検査に不合格の場合には荷受主より其数量を記したる証書を商業会議所に差出すべし
第九条　輸出穀類荷造改良規則第四条に依り検査に不合格の叺又は縄を本邦に積戻すに当りては之を商業会議所に届出其数量に付検査員の検査を受くべし
附　則　本細則は明治三十五年五月一日より之を施行す

　この荷造改良規則は，1915年朝鮮総督府が「朝鮮米穀検査規則」を発布し，それによって輸移出朝鮮米の包装の規定が定められるまで，輸出朝鮮米の包装を統制するものとして機能した。

第5項　日本人による農事改良の試みと違法な農地取得・営農

　当時朝鮮米は日本米穀市場で砂石混入が問題視されていた。まだ石抜器が発明されていない時代であるだけに「単に混ずる砂石を除去するのみに白

米一石に付五六十銭の労銀を費しつゝあり，是れ全く稲扱及其調製の不完全に原因するもの」として，木浦商業会議所は輸出米改良の一策として，1901年8月釜山商業会議所とともに，つぎのような請願書を日本公使に提出して，刈り取った稲の調整が蓆の上で行われるように韓国政府が奨励するように促した[56]。

> 茲に最も会得し易く且つ最も実行の容易なるは稲扱法改善の一事に有之候様相認め候，従来彼等の稲扱法を見るに我邦の如く蓆を用いす，直に地上に於てするか故に，砂石の混入すること甚た尠からす，為に米質は佳良なるにも拘らす需要者は之を嫌ひ，従て市場に声価を高むることを得すして一段劣等視せらるゝの止むを得さるは頗る遺憾に堪へさる次第に御座候，向後幸いに此一点のみの改善を奏するたけにて尚且つ韓国米の声価は毎石一円方の高位を保つべきは実地当業者の認めて疑さる所に有之候，而して此事たる唯僅に従来の地上取扱法を廃して蓆上取扱法に依るに止まるものなれば，韓国農民をして之を実行せしむること格別の難事に有之間敷，韓国政府に於て適当の奨励をなせは寧ろ甚た行はれ易き事柄と確信仕候

釜山日本人商業会議所ではさらに，1903年6月25日，韓国農事改良の一端として稲扱の習慣改良を韓国政府へ勧告することを求める請願書を林公使へ出している[57]。

また木浦日本人商業会議所は1901年12月，日本農商務省に「当地方に好適すべき優良種の選定及購送方配慮の依頼書」を提出し[58]，品種改良によって輸出米の商品化を高めようとしている。以下である。

> 先づ種子改良の有利なることを韓国人一般に自覚せしむる為め，取敢へず当地方の重要農産物たる稲及綿花の種子を本邦より輸入し，来三十五年の播種期に臨み，適当なる方法に依り無代価を以て若干づゝ分配試作せしむることに決定致居候

日本の農商務省はこの依頼に対し，山口県下産米の中生種の「都」を紹介し，これを商業会議所は「当港付近数郡内の信用すべき鮮人に配布」[59]した。

---

56) 『木浦誌』1914年，509～510頁。
57) 以下の記述は，岡庸一，前掲書，48～51頁による。
58) 『木浦誌』前掲，507～508頁。
59) 同上，507頁。

輸出米穀商が生産者の産米改良に介入するのは植民地全時代を通じて一貫していたが，その端緒は 20 世紀早々のこの時代に遡る。

さらに特記すべきことは，日本人が土地を買収し経営する農事団体がつくられることである。

1902 年に設立された「木浦興農協会」は，「朝鮮に於ける営農団体の嚆矢」といわれている。この団体は「韓国農事の振興を図り，彼我の利益を進め，通商貿易の隆運を期する為め，木浦地方に於ける農事の改良試作を行ふを目的」として，耕地を買収して農事を経営することを目的とする。設立は当時の木浦の領事，若松卯三郎の「切実なる奨励」の下で行われたが，発起人は商業会議所の会頭西川太郎一，副会頭木村健夫，常任委員福田有造，藤森利兵衛，平岡寅治郎など輸出米穀商を中心に構成され，土地が肥沃な栄山浦あたりの水田，畑を買収し，朝鮮人農民に耕作させた。当時期，日本人の農業地取得は条約上も朝鮮国内法上も違法だったが，彼らは「朝鮮政府は最早此以上に論争するの実力をば有せざりし」と判断し，「木浦居留地有志者の如きは土地所有権の帰着点を我帝国の実力に信頼すれば可なりとして，毫も其間に疑惑を挟むことあらざりき」と語っていたのである[60]。

翌 1903 年には，仁川に「勧農会」[61]なる営農団体が資本金 1 万円で創立されている。資本金の約 7 割を投じて忠清南道の江景地域に水田を買収し，朝鮮人農民をして小作させ，その小作料で荒蕪地を買収し，開墾して農地拡大を図るといった動きがみられる。

日清戦後，朝鮮の甲午改革に伴う米の商品化の進展と歩を一にして，日本米穀商の買付は，白米を圧して籾，玄米が過半となり，日本人が直接に籾摺業を経営する開港場も出来している。日本人米穀商はさまざまな方法で朝鮮米の声価の向上をはかる一方，韓国政府への農事改良の請願，品種改良への試み，さらに違法に朝鮮人の名義を借用し土地を購入して営農するなど，生産改良への介入がはじまる。こうした動きは，朝鮮における日本の政治的支配力によって支えられていたのである。

日露戦争の勝利によって，日本の朝鮮に対する発言権は，絶対的なものとなった。その地位は，第二次日英同盟とタフト桂覚書協議，そしてポーツマ

---

[60] 同上，456〜462 頁。
[61] 岩永重華『韓国実業指針』宝文館，1904 年，157〜162 頁。

ス条約によって，利害関係を有するすべての大国，英米露三国の承認するところでもあった。それら各国の同意こそ韓国保護条約締結の基礎であった。韓国は統監府の監視の下，事実上日本の支配下に置かれることになる。

　日本人の韓国農業分野への進出は際立っていた。表1-7は総督府の統計を出典とするが，30町歩以上の土地を所有する日本人地主は1909年6月現在135人であった。日本人は土地建物証明規則（1906年10月）と土地建物典当執行規則（1906年12月）公布以前は，開港場から4キロメートル外の土地所有は禁止されていたが，この表はそれ以前から日本人による土地集積があったこと，なかんずく1904年「日韓議定書」締結から1907年「第三次日韓協約」締結の時期に急増していることを示している。また，表1-8からは，日本の府県が会社を組織して，あるいは出資し，あるいは補助金を給付して日本人の農業進出を後援している様子が読みとれる。以下の米穀をめぐるいくつもの動きは，これらの事実の上に展開する。

表1-7　30町歩以上所有の日本人地主数（創業年度別）（1909年6月現在）

所有規模（町歩）	1903年以前	1904年	1905年	1906年	1907年	1908年	1909年	計
30-50	1	4	3	2	3	7	0	20
50-100	3	6	7	4	7	3	0	30
100-200	2	5	5	12	6	0	1	31
200-300	3	5	2	2	0	0	0	12
300-500	2	2	5	10	2	0	0	21
500-1,000	1	3	1	3	3	1	0	12
1,000-2,000	0	1	1	1	2	0	0	5
2,000-5,000	1	0	1	0	0	0	0	2
5,000以上	0	1	0	0	0	1	0	2
計	13	27	25	25	23	12	1	135

出典：韓国統監府『第三次統監府統計年報』（1910年），247-256頁より作成。
備考：所有地は耕作地以外を含む。所有規模の不明のものは除外する。

表1-8　日本人農業植民会社及び農業組合一覧　　　（単位：円）

府県	会社及び組合	設立年月	設立目的	資本金	補助金
東　京	韓國興業株式会社	1904. 9	土地購入，租借，土地担保貸付，植林，養蚕，水利	300,000	ND
福　岡	韓国奨励組合	1905.12	移住者便宜提供	100,000	8,500
香　川	韓国勧業株式会社	1906. 8	移住者便宜提供，貸金業，土地売買，貸与，開墾	1,000,000	3,000
東　京	韓国拓植株式会社	1906.11	荒蕪地開墾，田畑，宅地買収	300,000	ND
和歌山	韓国興業株式会社	1906.12	耕地，宅地買収，荒蕪地開墾	1,000,000	ND
山　口	大韓勧農株式会社	1907. 6	不動産担保貸金業，農事経営	500,000	ND
島　根	山蔭道産業株式会社	1907. 6	既耕地買収，未耕地開墾，貸金業，輸出入委託売買	300,000	12,000
香　川	韓国実業株式会社	1907. 6	貸金業，土地，物品売買，貸付，農業及び付帯事業	100,000	ND
岡　山	韓国企業株式会社	1907	荒蕪地開墾，耕地買収，鉱山	230,000	ND
高　知	土佐勧業株式会社	1908. 1	開墾，造林	30,000	18,000
岡　山	韓国農業奨励組合	1908. 5	移住者補助，農場経営	100,000	3,000
石　川	石川県農業株式会社	1908. 7	一般農事，移民	ND	3,000
長　野	韓国長野県組合	1908	移住者便宜提供	500,000	3,000
佐　賀	韓国興業株式会社	1908	農事経営	ND	ND
香　川	韓日興業株式会社	1908	農事経営	30,000	ND
大　分	韓国興業株式会社	ND	農事経営	ND	600

出典：韓国統監府『韓国ニ於ケル農業ノ經營』（1907年），41-42頁より作成。

第3節　日露戦後から「日韓併合」まで（1905〜1910）

第1項　輸出米の推移

　この時期の朝鮮米の特徴の一つは，輸出先がそれまでの日本一国から，中国・ロシアへも向かうようになり，それに伴って輸出量が増えたことである。

まず，中国への輸出米の状況をみる。中国東北地域（南満洲）に日本の勢力圏が拡大するにつれて，日本人居住民が急増する。大連港が開放されると，朝鮮半島西岸の仁川，鎮南浦との航路が開かれ，朝鮮米が輸出される。日露戦争中は日本産の大分米・防長米が中国に入っていたが，戦後は朝鮮産米に移行する。大連へ輸出された朝鮮米は南満洲鉄道を通じて長春まで販路が広がり，在満日本人だけでなく中国人の需要にも応えたのである[62]。

ロシア，主にウラジオストーク，サハリンへの販路拡大も日本人居住者の増加に伴ったものである。ウラジオストーク，サハリンは朝鮮北部と交流があるが，その沿岸貿易を担ったのは釜山港であった。ウラジオストークは長く自由港として精米が無税であったが，1909年，精米に高率関税が賦課されるようになった。その結果，精米の輸出は急減し，それにかわって籾が輸出される運びになる。

この時期，米穀の総輸出量は増えるが，日本への輸出はあまり増加しなかった。その主たる原因は1905年7月から朝鮮米に高率の輸入関税が賦課されたことにある（表1-9参照）。

つぎに表1-10をみると，中国満洲とウラジオストークに輸出される米の種類はほとんど精米で，輸出米中の精米は，日本に仕向けられるものより満

表1-9　日本における朝鮮米（籾を含む）輸移入税の変遷

年月日	税率	摘要
1905年6月30日以前	無税	
1905年7月～1906年9月30日	従価1割5分	税率ハ毎百斤64銭1厘ノ割合ニ依ルコトトセリ
1906年10月1日～1911年7月16日	毎百斤64銭	税率改正
1911年7月17日～1911年7月28日	同1円	税率改正
1911年7月29日～1911年9月30日	同64銭	税率改正（低減）
1911年10月1日～1912年5月27日	同1円	税率改正（復旧）
1912年5月28日～1912年10月31日	同40銭	税率改正（低減）
1912年11月1日～1913年6月30日	同1円	税率改正（復旧）
1913年7月1日	無税	廃止

出典：日本農林省農務局『米穀要覧』（1930年）42頁より作成。

62）岡田重吉『朝鮮輸出米事情』同文舘，1907年，39～40頁。

洲,ロシア領ウラジオストークへの割合が多かった。

日本への輸出米は玄米85％精米15％の構成だったが,その精米は中白米が大部分であった。当時機械精米業の先進地である仁川での様子をみると,「本国ヘ移出スル白米モ地方ヨリ来集セル足踏米等ニシテ前記摩擦精米ハ何レニモ移出ナシ」[63]とある。いわゆる中白米が日本に輸出されていた。

ほとんどが玄米の形態で輸出される事情はつぎのようである[64]。

> 蓋し内地に対しては玄米を主とし,精米の輸入額僅少なるは精米費用の点に就いては我が内地の方入費少く,且つ内地に於ては朝鮮米を其の侭売買せらるゝは稀れにして,多くは内地米と混交して市場に現はれ,其の混交するに就いては,玄米の侭石抜きを行ひ,夫れを混交したる上精白するもの也

表1-10 仕向国別,種類別輸出米の推移　　　（単位：円）

年度	種類	日本	中国	ロシア	計
1908	玄米	3,392,388	2,121	86	3,456,459
	精米	1,305,828	1,160,531	446,607	2,912,971
	その他	110,812	4,293	296	115,401
	計	4,809,028	1,166,945	446,989	6,484,831
1909	玄米	3,152,870	173,440		3,326,310
	精米	694,343	971,630	337,862	2,003,870
	その他	95,868	10,825	93,684	200,377
	計	3,943,081	1,155,895	431,546	5,530,557
1910	玄米	3,439,920	60,677		3,500,838
	精米	552,641	1,423,416	33,616	2,120,505
	その他	161,028	43,986	226,948	431,962
	計	4,153,589	1,528,079	260,564	6,053,305
1911	玄米	2,415,852	116,117		2,531,969
	精米	300,583	1,482,677	86,783	1,870,043
	その他	109,675	14,005	758,080	881,760
	計	2,826,110	1,612,799	844,863	5,283,772

出典：関税局『韓国外国貿易年表』(1908-9年),朝鮮総督府『朝鮮貿易年表』(1910-13年)より作成。

---

63)「米穀集散取引ノ状況（一）」『財務彙報』第3号（1910年11月),64頁。
64) 岡田重吉,前掲書,92～94頁。

つまり，輸出米のなかで玄米が圧倒的に多くなった背景には，日本での精米費用が安価であることと，日本消費市場では日本産玄米と混交して販売する流通にその原因があったのである。

実際，朝鮮の開港場での精白諸費用は玄・白米の価格差に見合うものではなく，精米にして輸出することは不得策であった[65]。

阪神地域の精米業は，朝鮮米が大量に輸入されるようになる1890年代に成立するが，日露戦後に最盛期を迎え，1907年頃には精米業者は40軒にも上った[66]。

第2項　検査制度の実施

第1　群　山

すでにみたごとく，群山ではいち早く1902年に米穀検査を実施している。当初は輸出米穀商組合が水質米検査を実施していたが，日露戦後には整備され権威をもつに至った日本人商業会議所が検査主体となり，1907年「米質検査規則」[67]を発布し，体系的に検査を行うようになった。

　　米質検査規則
　第一条　本会議所は水湿米防止の目的を以て米質検査を行ふ
　第二条　本会議所に検査員を置き水陸の要所に於て本港に廻着する米穀を漏なく検査し水湿米と認めたる米は検査員に於て其外俵に赤色（クンケン）の「スタンプ」を押捺すべし
　第三条　（クンケン）印付の米は居留地外に搬出せしめ或は相当代価を以て買い上げ或は（クンケン）印付の佞荷主の指定地に輸出するの手数を取るべし
　第四条　検査に異議あるものは直に口頭又は書面を以て本会議所に抗告することを得
　第五条　本会議所に於て前条の抗告を受けたるときは審査員三名以上を選び之を審査せしむ
　第六条　審査員の決定に対しては異議を唱ふことを得ず
　第七条　前条審査の結果合格品となりたるときは外包に審査合格（黒色）の

---

65)　「米穀集散取引ノ状況（一）」前掲，64頁。
66)　「大阪に於ける米の取引」前掲，3頁。
67)　保高正記他『群山開港史』1925年，161頁。

「スタンプ」を押捺す
　　但荷主の請求に依合格証明書を以て之に代ふることを得
第八条　本港より輸出する米は壱叺に付金壱銭の検査料を輸出人より徴収す
第九条　本規則施行に依り損害を生ずる場合あるも本会議所は其責に任せず
第十条　本規則は明治四十年十二月一日より之を施行す

第2　仁　川

　仁川港では，1903 年，穀物商らが「穀物検査ヲ行ヒ玄米一斗ニ対シ五合以上ノ混籾アリト認ムル玄米其他品質劣等ノモノハ不合格トシテ之カ輸出取引ヲ禁シ以テ農民ノ覚醒ヲ促カサンコト」[68]を目的として穀物協会を結成したが，日露戦争の勃発によって検査は実施に至らなかったことすでに述べたところである。
　仁川では 1908 年に至ってはじめて検査が実施されるが，以下の記述が示すごとく穀物協会員以外への強制力はなく，実施して 2 年後の 1910 年 3 月に廃止するに至った[69]。

　　如上検査改良ノ手段ハ遺憾ナク其目的ヲ達スルコト能ハサルノ事情存在シタリ　即穀物協会ニ於テ検査ノ結果不合格トナレル米穀ハ協会ノ会員間ニコソ輸出取引禁止ノ効力ヲ存スレトモ会員外ノ穀物商ニハ其効力ヲ及ホスコト能ハスサレハ協会ノ検査ニ於テ不合格トナルモ荷主ハ大ナル痛痒ヲ感スルコトナク或ハ当初ヨリ協会ノ検査ニ応セス直チニ取引セラルルモノモ少ナカラサルノ状態ナリシナリ　此ニ於テ協会ノ輸出米検査モ遂ニ米穀改良ノ実ヲ挙クルコト全カラス

　仁川で検査が失敗に終わったのは，まず穀物協会の組織が不安定なものだったことによる。協会が日本人米穀商の総体的な組織ではなく，多くのアウトサイダーの存在を許していたことが大きい。さらに仁川米穀市場圏では朝鮮人客主の商権が強く，日本人輸出商の思いとおりにはいかなかったこともあった。

---

68)　朝鮮銀行月報臨時増刊『仁川港経済事情』1915 年，70 頁。
69)　「米穀集散取引ノ状況（一）」前掲，49 頁。

第3 木 浦

　木浦では1909年12月から米穀検査が実施されるが，それは「玄米の輸移出検査を施行したるを以て嚆矢」[70]とすると総督府から評価されるところである。

　木浦での玄米検査は，同港の有力商人，土肥庄作，中上国治郎，守田千助，呼子直七，木村健夫，谷村道助，山内平助，中上庄吉，高田平治郎，橋本由之助，平岡寅治郎，山野滝三らが商業会議所に建議し，その意向にそって商業会議所が実施する形ではじめられるのだが，この背景には廻着米の大部分が籾であって（表1-11参照），籾摺を木浦港内の籾摺業者が行うので玄米検査が容易であったという事情がある。

　米穀輸出商らの建議書はつぎのとおりである[71]。

> 米は当港輸出品の大宗にして，其輸出の多少は当港貿易の消長，市場の盛衰に重大なる関係を有し候，然るに近来阪神地方に於て木浦玄米は劣悪なりとの評あり，従って顧客をして買入を躊躇せしむるのみならず，同一質の玄米も木浦と言はゞ幾分下値にあらざれば取引せざる状態に在りとの不快なる情報は我々の常に接受する所也，之を要するに当港の籾摺業者が一時の小利に眩惑し，僅少の日子と費用とを吝み，乾燥の充分ならざる籾を以て玄米とするの為なりと

表1-11　木浦港回著米（玄米・白米・籾）の構成　（単位：石）

年	白　米	玄　米	籾	年	白　米	玄　米	籾
1903	3,153	13,778	17,090	1910	20,441	33,279	169,742
1904	4,099	55,365	76,661	1911	4,857	29,244	136,995
1905	0	78,953	117,865	1912	2,469	17,871	106,660
1906	0	83,902	98,555	1913	12,444	8,626	164,800
1907	20	54,965	156,550	1914	8,600	7,723	195,317
1908	2,859	39,719	132,647	1915	19,746	23,873	271,734
1909	5,131	27,082	142,626				

出典：木浦商業会議所『木浦商業会議所統計年報』各年度版より作成。

---

70) 朝鮮総督府穀物検査所『朝鮮の穀物検査』1938年，1頁。
71) 以下の記述並びに引用は，『木浦誌』前掲，516～522頁による。

は貴会議所に於て今春縷々当業者に警告せられたる如くに御座候，然るに其後何等改せらるゝの点を発見せざるのみならず，却て劣悪に傾くの傾向有之候
　乃ち之が改良を図り従来需要地に於ける不信を回復せんには，一片の警告到底実行を期し難く候に付ては，此際進んで米質検査規則を設け，貴会議所に於て充分之を奨励せば其効果捷径にして且つ有効なるべく確信仕候間，相当の方法を購求し，該検査法を設けて米質乃改良に資せられ度，此段以連署及建議候也

　建議書の案件は商業会議所役員会の審議に上がり，「米質其ものゝ改良は不可能なれども，乾燥を充分にするは必要なり，依って検査規則を設け摺製を取締り改良に資すること」が決まって，玄米検査規則を制定し，理事庁理事官の認可を受け，港内の籾摺業者によって摺り上げた，いわゆる「内改良玄米」を対象に検査を行うことになった。検査規則の内容をみておこう。

規則の要領
一，人為的粗悪品を根絶し，改良の実を挙ぐる為め，当港に於て摺製したる玄米に対し，乾燥の良否及び籾混交の歩合を商業会議所に於て検査す。
二，検査は凡て検査員の認定に依る，其標準は，乾燥の良否に在りては，光沢を失せず上摺れせざるものを合格とし，籾混合の歩合は百分の五以内を合格とす，若し検査員に於て適否を識別し難きときは審査委員会の判定に依る。
三，検査合格の玄米には検査済の証を附し，本会議所会員の摺製したる玄米にして検査済の証なきものは輸出することを得ず。
四，検査料は一石に付弐銭とし，検査請求者より之を徴収す。
五，此規則に違反したる者は本会議所役員会の決議に依り五拾円以下の過怠金に処す。

　検査の主体は木浦商業会議所で，検査の項目は乾燥，籾混合の歩合であった。標準は「乾燥の良否に在りては，光沢を失せず上摺れせざるものを合格とし，籾混合の歩合は百分の五以内を合格」とした。乾燥が重視された背景には，日本の土臼によって籾摺する場合，朝鮮の籾摺器のモンメで籾摺する場合に比べると，原料籾の乾燥が十分でなければ，玄米に胴擦が多くなりまた砕米が多く生じる，という事情があった。

　また不合格品は輸出させない方針をとったので，検査実施後声価が向上し，釜山米，群山米より高く評価され，当時の木浦米は「朝鮮第一流の品

質」と評価された。以下は，臨場感をもってその様子を伝えている。

> 実施後間もなく需要地に於ける声価は逐日昂騰し，既に翌四十三年一月に於ては，大阪に於て釜山米より三十銭下げ，群山米と同格，其他之に準するの格を示し，爾来益々声価を高め同年八月に至りては釜山米より八銭高，群山米より三十一銭高てふ著しき成績を挙げたり，其後時と場合に依り種々なる外因の為に声価を害したる事情なきにあらざりしも，概して言へば玄米検査実施以来の効果は頗る著大なるものにして，大阪に於ける木浦米は朝鮮第一流の品質なり

　一方，木浦商業会議所は検査の実施直後，臨時会の決議により米穀輸出商の立場から，産米改良，検査実施，農事改良奨励監督官設置等を要請する意見を当時の韓国統監寺内正毅に提出する。これには以下の内容が含まれる。

　　一．撰種を励行せしむる事
　　二．乾燥を充分ならしむる事
　　三．稗及砂石の混入を防ぐ事
　　四．刈入の時季を限定する事
　　五．エビ米の混入を防ぐ事
　　六．各郡に農業技術者を置き，農事改良奨励監督を為さしむる事
　　七．輸出米に対して米質及荷造俵装検査を施す事

　かくて，日本の実力と権威が朝鮮を覆うなかで，「総督府の時代」がはじまろうとしていたのである。

朝鮮半島の在来農具

石臼　　　木臼　　　石臼

ムルレバンア

出典：上図、박호석、안승모『한국의 농기구』어문각、2001年。
　　　下図は次頁と同じ。

ディディルバンア

籾摺臼（モンメ）

ヨンザバンア

出典：『겨레전통도감 농기구』도서출판 보리, 2009年。

第 2 章

「日韓併合」と植民地農政
(1910 年代)

すでに韓国保護条約（第二次日韓協約）によって外交権を剥奪され保護国化されていた韓国は，1907年，第三次日韓協約によって，内政支配権をも日本に握られた。軍隊まで解散させられ，「併合」までは一跨ぎにすぎなかったともいえよう。
　ところで，日本政府の「対韓方針ニ関スル決定」（1904年6月）にはすでに「韓国ニオケル本邦人ノ企業中最モ有望ナルモノハ農事ナリ」なる一文がある。「本邦人」が韓国において農場を経営するにあたっての最大の桎梏は，土地投資に不安が付きまとうことであった。1910年8月29日の「併合」によって，土地登記制度をはじめとする土地投資への保障の道が開かれたのである。併合以後，日本資本の農業進出は安定した投資として，韓国全土を席巻することになる。総督府は農務部を設置し，いくつかの県は，農民の韓国移住を推進する組織を作りもした。多くの日本人地主が誕生した。「東洋拓殖株式会社」はそのシンボルといえよう。
　かくて，日本による植民地農政は，本格的な歩みをはじめることになる。

第1節　「自主的」検査の実施

第1項　日本米穀市場の制度的変化と輸移出米の推移

　1913年，朝鮮米をめぐって，二つの大きな制度上の変革が起きた。
　第一は，日露戦後懸案になっていた朝鮮米移入関税撤廃法案が帝国議会を通過したことであり，第二は，取引所で朝鮮米が受渡代用米に採用されたことである。日本米穀市場におけるこの二つの制度的変化は，朝鮮を日本本土の食糧供給地に本格的に位置づける布石となった。

第 1　朝鮮米関税の撤廃

まず，関税問題から入っていこう。

日露戦争の戦費は大部分公債によったが，増税もその一部をなした。2次にわたる非常特別税がそれであるが，最大のものは地租増徴であった。それまで無税だった朝鮮米に，1905年7月から課された米籾輸入税は，両国間の国際約定に反するものであったが，日本本土における地主の地租の負担増に対応しての，バランスともいうべきものでもあった。

米穀をめぐる関税については，総督府の課す輸移出関税と，日本大蔵省の課す移入関税の二本立てであったが，前者はすでに1912年に撤廃されていた。後者の撤廃は，日本国内で大きな政争の具となっていた。（国会周辺での）議論は，利害関係がある（日本本土の）地主勢力と（日本人である）朝鮮米穀商の間の綱引きであるだけではなく，大日本帝国の「戦後経営」をめぐる重農主義と重商（工）主義の対立に必然的に拡大された。そのなかで「朝鮮開発」，朝鮮米の位置づけも議論されたのである。利害関係が深い大阪商業会議所，および在朝日本人商業会議所は毎年決議・請願・陳情等で廃止要求を行っていた。こうした議論をふまえて，いわゆる大正政変後成立した第一次山本権兵衛内閣下の第30回帝国議会で，朝鮮米移入税撤廃法案が通過した（1913年4月9日）。朝鮮米の無関税化は1913年7月1日より実施された[1]。

当時，仁川の玄米（中等米）価格は1石当り15円03銭であり（1913年7月），移入税は1石当り2円50銭（100斤当り1円，1石は約240斤）だった。

移入税廃止以後朝鮮米の日本米穀市場での位置は大きく変化する。ずっと無関税であった台湾米の移入量は，1905年の朝鮮米への課税以来，朝鮮米輸入量をはるかに上回っていたが，1914年には両者の関係が逆転し，以後は移入額に占める朝鮮米の比重が急増する。また日本の国内消費額に占める植民地米の比重も，1913年以前は2%前後であったが，1914年には3.6%に増大した（表2-1参照）。

一方朝鮮では，それまで米穀の輸移出高が米穀総生産に占める比重は約2～3%にすぎなかったが，1913年以後10%を超えるようになった。米の無関税

1）　ここまでの記述は，持田恵三「食糧政策の成立過程（一）」『農業総合研究』第8巻第2号（1954年），207頁等による。

化が朝鮮内部の生産・流通・消費にいかに大きな変化をもたらしたかがうかがえよう（表2-2参照）。

表2-1 日本本土における米穀移輸入高の推移 （単位：千石）

年	生産高	輸入高	移入高		輸移入高
			朝鮮より	台湾より	
1912	51,711	2,011	246	652	2,909
1913	50,222	3,329	294	981	4,605
1914	50,259	2,471	1,023	812	4,307
1915	57,007	517	1,872	694	3,084
1916	55,924	291	1,332	801	2,426
1917	58,452	523	1,195	786	2,505
1918	54,567	3,663	1,732	1,139	6,534
1919	54,700	5,432	2,805	1,262	9,500
1920	60,818	750	1,652	663	3,066
1921	63,208	816	2,904	1,034	4,755
1922	55,180	3,791	3,136	740	7,668
1923	60,693	1,623	3,453	1,131	6,208
1924	55,444	3,327	4,547	1,658	9,533
1925	57,170	5,137	4,428	2,522	12,088
1926	59,704	2,141	5,213	2,186	9,541
1927	55,592	4,129	5,903	2,637	12,670
1928	62,102	1,756	7,068	2,430	11,255
1929	60,306	1,277	5,377	2,253	8,909
1930	59,557	1,249	5,167	2,185	8,602
1931	66,875	830	7,992	2,698	11,521
1932	55,215	986	7,198	3,419	11,603
1933	60,390	998	7,531	4,216	12,747
1934	70,829	174	8,952	5,123	14,251
1935	51,840	73	8,434	4,511	13,020
1936	57,456	409	8,970	4,823	14,204
1037	67,339	287	6,736	4,855	11,879
1938	66,319	151	10,149	4,970	15,271
1939	65,869	156	5,690	3,962	9,809

出典：食糧管理局『米麦摘要』（1941年3月）より作成。

表2-2　朝鮮における米穀の生産高と輸移出高　（単位：石，％）

年	生産高	輸出高	比率	移出高	比率
1910	10,405,613	201,741	1.93	488,129	4.69
1911	11,568,362	229,615	1.97	280,260	2.42
1912	10,865,051	234,299	2.16	291,022	2.68
1913	12,109,840	183,381	2.16	393,277	3.25
1914	14,130,578	192,293	1.51	1,099,197	7.78
1915	12,846,085	272,738	1.36	2,058,385	16.02
1916	13,933,009	384,080	2.12	1,439,382	10.33
1917	13,687,895	637,048	2.76	1,296,514	9.47
1918	15,294,109	212,872	4.65	1,979,645	12.94
1919	12,708,208	84,034	1.39	2,874,855	22.62
1920	14,882,352	111,602	0.66	1,750,588	11.76
1921	14,324,352	189,389	0.75	3,080,662	21.51
1922	15,014,292	73,130	1.32	3,316,245	22.09
1923	15,174,645	38,647	0.49	3,624,348	23.88
1924	13,219,322	30,778	0.25	4,722,541	35.72
1925	14,773,102	14,986	0.23	4,619,504	31.27
1926	15,300,707	9,003	0.1	5,429,735	35.49
1927	17,298,887	10,343	0.06	6,186,925	35.76
1928	13,511,725	1,567	0.06	7,405,477	54.81
1929	13,701,746	9,862	0.01	5,609,018	40.94
1930	19,180,677	6,846	0.07	5,426,476	28.29
1931	15,872,999	3,409	0.04	8,409,005	52.98
1932	16,345,825	16,130	0.02	7,569,837	46.31
1933	18,192,720	102,199	0.1	7,972,219	43.82
1934	16,717,238	75,386	0.56	9,425,836	56.38
1935	17,884,669	144,509	0.45	8,856,722	49.52
1936	19,410,763	52,991	0.81	9,460,421	48.74
1937	26,796,950	40,035	0.27	7,161,553	26.73
1938	24,138,874	293,814	0.15	10,702,890	44.34
1939	14,355,793	842,628	1.22	6,051,802	42.16
1940	21,527,393	ND	―	ND	―
1941	24,885,642	ND	―	ND	―
1942	15,687,578	ND	―	ND	―
1943	18,718,940	ND	―	ND	―
1944	16,051,879	ND	―	ND	―

出典：『朝鮮貿易年表』（1910, 11年），『朝鮮米穀要覧』（1937, 40年），『朝鮮経済年報』（1948年版）より作成。

第 2　定期市場での受渡代用米採用

　日本は，江戸期以降，世界史的にみてもきわめて発達した「米市場」を持っていた。その大阪市場において，朝鮮米がいかに受容されていくか，受渡代用米採用の経過をみていきたい。

　便宜を考え，受渡代用取引について説明しておく。いかなる商品であれ，銘柄取引が進むと，それぞれの銘柄についての市場での評価，言い換えると銘柄間の価格差が固まる。ある特定の銘柄を標準品と決めておけば，その標準銘柄の市場価格が定まると自動的に他の銘柄の価格も決まってくる。売買約定の履行の際に，あらかじめ定めた受渡代用の銘柄（供用品）を価格相当分提供することをもって履行とみなす，それが受渡代用取引である。本来は商品取引所での先物取引の形態だが，繊維・雑穀などでは業者同士の実売買でもみられる。朝鮮米が受渡代用米に採用されるということは，あらかじめ定められた銘柄＝供用品と認定されることを意味する。しかし，朝鮮米の場合には，精米市場がもともと国内産米のためのマーケットだったことともかかわって，国内産米に代用して，といったニュアンスが，新聞記事などではときに含まれている（たとえば大阪毎日新聞 1913. 6. 20，読売新聞 1913. 3. 20，中外商業新報＝日本経済新聞の前身 1914. 11. 15）。

　朝鮮米を日本米穀市場で受渡代用米に採用することを最初に提唱したのは，木浦・仁川両商業会議所であった。それを後押しして在韓国日本人商業会議所連合会が 1908 年に決議し農商務大臣に請願したことからことははじまる。代用米採用請願の目的はもちろん日本米穀市場での朝鮮米の取引拡大であったが，その請願は商人らの努力によって達成された産米改良の成果を前提にしていた。その経緯は次に引く請願書によっても知ることができる[2]。

> 　韓国当業者は多年種々の方法により之れが品質改善の途を講じ取引の隆盛を図りたる結果，今や其品質は著しく改善せられ，之をして本邦中位の米質に比するも敢て遜色なく其滋味は寧ろ優るものあるを認む，近年戦時税の附加は勿論価額の昇進其他輸出障碍少なからざるにも拘らず，本邦向輸出の年々増加するは是れは其真価の事実に証明せらるゝものにして，而も其取引をして猶一層旺

---

2)　「本邦米穀取引所定期市場受渡代用米中に韓国米を採用せしむる件に付請願」（1908 年 12 月 15 日）谷垣嘉市『木浦誌』1914 年，525 頁。

盛ならしむるは，彼我当業者の便宜は勿論，韓国開発上一日も忽諸に附すべからざる問題也とす，其方法たる種々あるべしと雖も，今其一法として東京，大阪，兵庫，桑名，馬関等の米穀取引所に対し其受渡代用米中に韓国米を採用せしむるを以て最も捷径なるべし

この請願書は，受渡代用米の採用によって，「其取引は益々旺盛なるべきは勿論延ひて一般米質改良上に及ほす効果も亦た著大なるもの」とも述べている。この請願は，さらなる米質の改良をもねらうものであった。

当時の農商務大臣大浦兼武はこれを「時期尚早」と却下したが，「日韓併合」後再び請願がなされ，1913年，それに応える形で米価調節のため朝鮮米代用が許可されることになった。経緯を農商務省食糧局の文書でみておこう[3]。

明治四十五年五月十三日ニ至リ米価漸騰ノ勢ヲ示シタレハ愈々台鮮米代用制度ノ実行ヲ促シ其ノ結果トシテ本年端境期ナル八，九，十ノ三ヶ月ニ於テハ全国米穀取引所ハ挙テ台鮮米ノ代用ヲ実施シタリ，（中略）右端境期ヲ経過シタレハ此ノ代用制ヲ一時中止シタルニ米価再ヒ平調ヲ逸セムトスルノ気勢ニ在リタルヲ以テ農商務省ハ茲ニ端境期ノミニ限ラス常時ニモ之ヲ代用セシムル方針ヲ執リ大正元年十一月二十八日附ヲ以テ……

農商務省の許可を待つようにして，まず大本の堂島取引所（大阪）が朝鮮米を受渡代用に採用した。当初は米穀取引所での代用は単に「朝鮮米」と銘柄づけられていた。道営検査が本格的に実施されるにつれ，検査制度の格付にそって細別されていく。

それを皮切りに，多くの地方の米穀取引所でも朝鮮米の代用制が実施されていった。東京で採用されたのは，1914年11月であった。

代用米制度の影響は，まず需要量の増大と，販路の拡張として現れた。また正米市場において朝鮮米の銘柄で取引するものも現れるようになった。それまで正米市場では，朝鮮米はすべて日本内地米に混入して販売されていたのである[4]。

しかし，従来取引が僅少であった地域では，取引上のトラブルが発生し

---

3) 農商務省食糧局『大正以後ニ於ケル米価並米量調節』1924年。
4) 中村彦「朝鮮米の内地販路拡張に就て」『朝鮮農会報』第10巻第1号（1915年1月），14～16頁。

た。夾雑物，特に石の混交である。「玄米精選所を設備せし大阪，神戸以外の地方に於ては，該米の処分に窮し遂に大阪又は神戸に逆送」される例が現れ，また東京では，「石の混ぜる朝鮮玄米を購買して精白となすも，石を除去するに手数を要し精白後直に得意先に配付すること能はざる」[5]などという例が生じた。これらが桎梏となり，売れ行きは伸びなかった。長年朝鮮米を扱ってきてすでに玄米精選所が整備されていた大阪・神戸——大阪については1913年当時，朝鮮玄米を移入，精選，精米し小売業者及び消費者に売買する「鮮米原料新式精米屋」（第1章第2節第2項第2参照）が21戸存在したという事実がある[6]——と異なり，東京で玄米精選所が設立されたのは，多量の朝鮮米が移入された1914年のことだった。「本春初めて必要に促され玄米精選所の二，三を開始せらるる」なる記述がある[7]。

受渡代用品としての朝鮮米の消長については，本章の掉尾（第5節第5項）で振り返りたいと思っている。

第2項　在朝日本人米穀商による「自主的」検査

第1項で述べた日本米穀市場での制度的変化は，米穀輸移出商にとって朝鮮米の取引量及び取引地域を拡大する絶好のチャンスであった。輸移出税に加えての移入税の廃止により，朝鮮米は日本米穀市場で価格競争上の優位性を獲得した。そして日本米穀取引所の受渡米に朝鮮米が採用され，正米市場で銘柄として待遇されることにより，大量取引が可能になったのである。

ここにおいていよいよ朝鮮米の声価をあげるべく，検査制度の制定が急務となった。輸移出米穀商らは，総督府に，官製の検査制度を軸とした朝鮮米の総合的・体系的流通政策を樹立するよう強く働きかけた。

朝鮮総督府は「輸移出米ニ調整法ノ改良ヲ急速ニスルノ必要アルヲ認メ」たが，まだ具体的な米穀流通政策の立案には至っていなかった。この間の経緯は以下に詳しい[8]。

---

5) 同上。
6) 大阪堂米会『堂島米報』第132号（1932年6月20日），3頁。
7) 「朝鮮米の内地販路拡張に就て」，前掲同所。
8) 小早川九郎『朝鮮農業発達史』政策篇，朝鮮農会，1944年，210頁。

明治四十五年（中略）当時大阪ノ当業者ガ定期受渡米ノ調達ノ為偶々上阪中ノ仁川ノ吉金氏ニ朝鮮米ノ籾半分米半分ノ玄米ヲ注文シテ来タ。併シ吉金氏トシテハ朝鮮トシテモ各港共産米ノ改良ニ熱心ナルトコロヘ態々仁川カラ半粗半米ノ玄米ヲ作リ仁川米ノ声価ヲ傷ツケルコトモ如何カト考ヘタノデ当時ノ米穀商組合長奥田貞次郎氏ノ処ヘ（中略）電報ニテ照会シタルニ奥田氏ハ此ノ際若シ吉金氏ガ売ラナケレバ他ノ人ガ売ルデアロウカラ「引受ケテ差支ヘナイ」ト云ッテ来タノデ氏ハ二万五千俵ノ売契約ヲナシテ仁川ニ帰ッテ来タ。（中略）然ルニ一万八千俵移出シタラ大阪カラ「ソンナ米ハイラネ」ト云ッテ来タ。ソノ結果（中略）斯カル不純ナ取引ヨリ朝鮮米ノ声価ヲ失墜スル人ガアッテハト非難囂々タルモノガアッタノデ総督府デモ感ズルトコロガアルトコロヘ仁川，奥田氏ヲ始メ三人ガ本府ニ押シ掛ケ遂ニ本府ヲ説服シ大正二年六月カラ地方庁ノ指導監督ノ下ニ商業会議所又ハ穀物同業組合ガ輸移出米検査ヲ励行スルヨウニナッタノデアル。奥田氏トシテハ以前カラ本府又ハ地方庁直轄事業トシテノ輸移出米検査ヲ再三繰返シ請願シタルモ予算関係モアリ本府デハ常ニ時期尚早トシテ之ガ実施ヲ見ルニ至ラナカッタノデ氏ガ前記半粗半米ノ定期受渡米調達ノ照会ニ接シタ際モ此ノ際朝鮮ヨリウント劣悪ナル米ヲ移出シテ朝鮮米ノ声価ヲ失墜セシメ以テ本府当局ヲ動カサントスル心算デアッタトイフコトデアル。

朝鮮総督府は，米穀商同業組合あるいは商業会議所が主体となって検査を実施するにあたり，地方庁にバックアップするように通牒を発した。

すでに発足している群山・木浦に加え，1913年に釜山・仁川・鎮南浦で検査が実施された。翌年には検査はこれら開港地に加え，内陸の平澤及び慶尚北道鉄道沿線の米集散地に及んだ。

以下，仁川・鎮南浦，そして内陸地について，検査の進捗をみていこう。

第1 仁川

まず仁川では，1910年に中断されていた（第1章第3節第2項参照）検査が，1913年11月「当局ノ指揮監督ノ下ニ」再開される。仁川穀物協会内に米穀検査事務室を設置して検査にあたるに至るまでにはつぎのような事情があった[9]。

---

9) 朝鮮銀行月報臨時増刊『仁川港経済事情』1915年，70～75頁。

朝鮮米ハ移入税撤廃及内地取引所ノ受渡代用米ニ供セラルルニ至リシタメ販路一層拡張セラレタルモ調製法幼穉ニシテ批難ノ声高ク是ヲ以テ当港商業会議所ハ率先シテ鎮南浦，釜山等ト共ニ当局ノ指揮監督ノ下ニ仁川穀物協会内ニ米穀検査事務所ヲ設置シ米穀検査ヲ実施シタルニ好成績ヲ見タリ

以下に検査規則をあげておく。

（仁川港）米穀検査規則

第一条　本会議所ハ米穀ノ改良ヲ計リ其品位声価ヲ高ムルノ目的ヲ以テ仁川港ニ於テ集散スル米穀ニ対シ乾燥ノ良否並ニ籾殻，稗，砂及砕米等混合ノ歩合ヲ検査ス

第二条　仁川港ニ於テ米穀ヲ取扱ハントスルモノハ着荷毎ニ其所在地数量及生産地ヲ本会議所ニ申告シ検査ヲ受クヘシ

第三条　検査ハ総テ検査員ノ認定ニ依ル其標準ハ乾燥ノ良否ニアリテハ光沢ヲ失セス湿潤セサルモノヲ以テ合格トシ籾ノ混入歩合ハ百分ノ五分以内ヲ以テ合格トス

第四条　籾ヨリ籾摺ニヨリテ玄米ト為シタルモノハ荷造ノ上其場所又ハ一応浜下ケヲナシ検査ヲ受ケタル後ニアラサレハ売買又ハ倉入スルコトヲ得ス

第五条　検査合格ノ米穀ニ対シテハ検査証ヲ交付ス

第六条　検査不合格ノ米穀ハ第三条ノ標準ニ依リ改良ノ手続ヲ施シ更ニ検査ヲ受クルコトヲ得

第七条　検査済ノ米穀ヲ輸移出セントスルトキハ検査証引換ニ俵毎ニ検査済ノ証印ヲ押捺ス

第八条　検査済ノ米穀ヲ売買若クハ分割処分シタルトキハ其数量ニ応シテ検査証ニ裏書証明ヲ受クルモノトス

但検査済ノ玄米ヲ精米工場ニ搬入シタルトキハ直チニ検査証ヲ返還スヘシ

第九条　検査証ヲ有セサル米穀ハ売買輸移出又ハ其他ノ処分ヲ為スコトヲ得ス

但検査不合格品中乾燥不良ニシテ改良不可能ノモノハ地場用ニ限リ会議所ノ承認ヲ経テ処分スルコトヲ得

第十条　検査員ノ検査決定ニ対シ異議アルトキハ再審査ヲ申請スルコトヲ得

第十一条　前条再審査ノ申請アリタルトキハ本会議所ニ三名以上五名以下ノ審査員ヲ選ヒテ之ヲ審査セシム

但前項再審査ノ決定ニ対シテハ異議ヲ唱フルコトヲ得ス

第2章 「日韓併合」と植民地農政　53

　第十二条　検査済ノ米穀ト雖必要ト認ムルトキハ何時ニテモ再検査ヲナシ尚ホ検査ノ決定ヲ変更スルコトアルヘシ
　　但前項再審査ニ付テハ検査ノ決定ヲ変更スル場合ノ外検査料を徴セス
　第十三条　検査員ハ仁川港ニ於テ集散スル穀物ニ対シ何時ニテモ見刺ヲ以テ抽出ヲ行フ此場合ニ於テ荷主ハ異議ヲ申立ツルコトヲ得
　第十四条　検査料ハ五斗叺一個金五厘，朝鮮俵一個金七厘トシ申告者ヨリ徴収ス　再審査ノ場合亦同シ
　第十五条　本規則ニ違反シタル者ハ百円以上五百円以下ノ過怠金ニ処シ新聞ヲ以テ公告ス　家族又ハ使用人ニ対スル前項ノ制裁ハ営業主ノ責任トス
　第十六条　本規則施行ニヨリ損害ヲ生スル場合アルモ本会議所ハ其責ニ任セス
　付則
　第十七条　本規則施行前ヨリ仁川港ニ存在スル米穀並ニ仁川米豆取引所ノ売買ニ於テ受渡シニ提供スル目的ヲ以テ本規則ノ検査ヲ受ケタルモノハ不合格品ト雖大正三年三月三十一日迄随意ニ処分シ又ハ輸移出スルコトヲ得
　　但前項ノ米穀ニシテ本検査ニ合格セサルモノヲ輸移出セントスル時ハ「仁不」ノ「チヤツパン」ヲ押捺ス
　第十八条　本規則ハ仁川府尹ノ公認ヲ経テ大正二年十一月十二日ヨリ施行ス

　検査は，第一条にあるように，集散する玄米と中白米を対象にして，乾燥状態と夾雑物の歩合を検査するものであった。乾燥は「光沢ヲ失セス湿潤セサルモノヲ以テ合格」とし，夾雑物のうち「籾ノ混入歩合ハ百分ノ五分以内」（第三条）とされた。検査合格品には検査証を交付し，検査証のない米穀は「売買輸移出又ハ其他ノ処分ヲ為スコトヲ得ス」（第九条）として輸移出を「禁止」した。また違反者は「百円以上五百円以下ノ過怠金ニ処シ新聞ヲ以テ公告」（第十五条）するとともに，金融業者とも連絡を取り，違反者に対する信用供与を拒絶せしめたのである[10]。

　1913年11月創設以来1915年末までの仁川の成績をみると，受検数924,000余叺中不合格品は24,000余叺で，不合格の割合は約2.5％であった（表2-3参照）。これは，「きわめて好成績」と評価されていたものであった[11]。その背景として，①仁川商圏内の農家が（群山方面と異なって）小中農

---

10)　朝鮮穀物協会『朝鮮米移出の飛躍的発展とその特異性』1938年, 23頁。
11)　『仁川港経済事情』前掲, 70〜71頁。

が多く集約的農法によるため乾燥好く夾雑物の混入歩合が少ないこと，②この地方の農民が米穀改良の必要を理解し検査規則の内容を咀嚼して精製したこと，があげられていた。仁川と群山の商圏では，米穀生産の方法，産米改良の方式に差異があるようである。

表2-3　仁川における米穀検査成績　　　　（単位：叺）

種類	合格	1913	1914	1915 （五斗入）	（鮮米俵）
玄米	合格	69,607	358,523	652,342	
	（うち再改良）	(2,697)	(4,721)	(651,681)	(661)
	不合格	3,176	5,280	15,402	
中白米	合格	35,236	45,101	70,793 (70,491)	(302)
	不合格	ND	ND	ND	

出典：田中周次『仁川港経済事情』(1916年) 73～75頁より作成。
備考：1915年不合格は玄米と中白米の合計である。

第2　鎮南浦

　鎮南浦は従来，検査の試みもなかった開港場であったが，輸出米穀商組合の建議によって商業会議所が検査を実施することとなった。鎮南浦輸出米穀商組合の建議書はつぎのとおりである[12]。

> 当港々勢の隆替は一に米穀輸移出の盛衰に繋るといふも過言に非らず　然るに近来内地の主なる取引市場たる京阪地方に於て鎮南浦米と言へば直に劣等品を以て取扱はれ信用地に墜ち相場下落し需要者の排斥を受けつゝある傾向あり　是れ当港商勢の為めに最大の恨事といふべく又下名当業者の不利測るべからざるものあり　若し斯の如き状態を自然に放任せんか輸移出の減退を来すは勿論或は市場に其の跡を絶つに至るやも知るべからず実に鎮南浦港の為に由々しき問題として下名等の憂慮措く能はざる所なり　是れ畢竟するに近年内地各府県

---

12)「鎮南浦玄米検査」『朝鮮農会報』第8巻第12号（1913年12月），55～56頁。

は素より朝鮮内と雖釜山を始めとし各開港地に於いて競ふて改良精選を計り其の販路を拡張しつゝあるに方り独り我鎮南浦港のみ此等の施設方法を怠り何等講究する所なきに基因するものと信ぜらる故に下名等特に種々疑義する所ありし結果此の際貴会議所に於て鎮南浦港集散の玄米に対して適当なる検査を施行し不良米に対しては其の輸移出を禁遏するは勿論売買取引をも併せて之を制止し由りて以て改良米の取引を奨励し改良精選の実を挙げられん事を懇請する次第なり　幸ひに貴所にして建議を用ゐ検査励行に著手せられんか唯単に鎮南浦の声価を発揚し下名等当業者の取引に利便を来すのみならず当港貿易を隆昌にし港勢の進展に裨益する所大なるべし　茲に同業者一同記名連署を以て建議に及び候也。

　上の建議書は，各開港場が日本米穀市場で優位を争っている状況など，総督府農政の基本が確立する以前の特徴を表している。鎮南浦の場合も他の開港場の産米改良施策を見習って，検査を実施していこうとしていることがうかがえる。

　鎮南浦商業会議所中に「鎮南浦玄米検査所」が設立され検査が実施されるのは，1913年10月1日である[13]。

　鎮南浦玄米検査規則
　第一条　本会議所は玄米の改良を計り品位声価を高むる目的を以て当港に於て売買するもの及ひ輸移出するものに対し乾燥の良否，籾，稗，砂，砕米等混合の歩合を検査す
　第二条　当港に於て玄米を取扱はんとするものは着荷毎に其の所在地及ひ数量を本会議所に申告し検査を受くへし
　第三条　検査は凡て検査員の認定に依る　其の標準は乾燥の良否にありては光沢を失せす湿潤せさるものを以て合格とし籾の混合歩合は百分の五以内を以て合格とす　若し検査員に於て適否を識別し難きときは審査員会の判定に依る
　第四条　籾より白米を製する目的を以て籾摺り玄米となしたる後之を俵造したる時も亦前条に従ひ検査を受くへし
　第五条　検査合格の玄米に対しては外包に検査済の証印を押捺す
　第六条　検査済の証印なき玄米は売買又は輸移出することを得す

---
13)　以下の規則並びに記述は，大橋清三郎等編『朝鮮産業指針』1915年，1330〜1332頁による。

第七条　検査不合格の玄米は第三条の標準に拠り改良の手続を施し再ひ検査を受くることを得

第八条　検査済の米穀と雖も必要と認むるときは何時にても再検査をなし尚其検査の決定を変更することあるへし

第九条　検査済の証印ある空叺は本会議所より其証印の抹消を受けたる後にあらされは売却することを得す

第十条　検査に異議あるものは直ちに口頭又は書面を以て本会議所に抗告することを得

第十一条　本会議所に於て前条の抗告を受けたる時は審査員五名を選ひ之を審査せしむ

第十二条　審査員の決定に対し異議を唱ふることを得す

第十三条　検査員は鎮南浦に於て集散する穀物に対し玄米及ひ雑穀類を識別する為何時にても見刺を以て抽出を行ふ　此場合に於て荷主は異議を申立つる事を得

第十四条　検査員の数任期及ひ任免は本会議所役員会の議決に依り府尹の承認を得るものとす

第十五条　検査費は一石に付金一銭五厘とし申告者より之を徴収す

第十六条　本規則に違反したる者は五十円以上五百円以下の過怠金に処し一般に之を告知す　家族又は使用人に対する前項の制裁は営業主の責任とす

第十七条　本規則施行に依り損害を生する場合あるも本会議所は其の責に任せす

本規則は大正二年一〇月一日より之を施行す

　検査規則には「乾燥の良否にありては光沢を失せす湿潤せさるものを以て合格とし籾の混合歩合は百分の五以内を以て合格とす」(第三条) となっているが，実施初期は単に「籾の混入歩合百分の五以内をもって」合格とされていた。玄米の精選が進むにつれ，合格基準は漸次上げられ，1914年になると，籾の混入歩合は100分の3以内となり，さらに稗，土砂，砕米等の夾雑物の混入歩合も検査するようになり，夾雑物の混入歩合は100分の4ないし5以内とされた。鎮南浦における実際の検査の重点は，第一に籾の混入(籾摺状態)，第二に夾雑物の混入であった。

　また鎮南浦の玄米検査で特徴的なことは，不合格品は輸移出はもちろん，鎮南浦港市場での売買をも禁止したことである。そして規則違反者には高額

の過怠金（50円以上500円以下）を課した。表2-4にみるように，実施当初の10月は合格数より不合格数がはるかに多かった。その後，徐々に原産地における精選・改良が進んでいくのは，以下で明らかである。

> 荷主は止むを得ず之を改良して再検査を受けたる後に非ざれば市場に出して取引なし得ざるが故に生産者及び荷主は廻着後当港に於て改良手数の面倒を避けんが為めなるべく其の原産地に於て精選するの習慣を生じ来り時日を重ねるに従ひ自ら改良の実績を挙ぐる……

表2-4 鎮南浦における米穀検査成績　　　（単位：叺）

年	月	玄米総数 (a)	合　格 (b)	不合格 (c)	比　率 (a/c)
1913	10	24,379	6,691	17,688	72.6
	11	25,806	21,753	4,053	15.7
	12	57,965	56,953	1,012	1.7
1914	1	17,628	17,613	15	0.1
	2	10,142	10,142	0	0
	3	32,768	28,791	3,977	12.1
	4	17,702	15,621	2,081	11.8
	5	6,361	5,642	719	11.3
	6	1,276	1,276	0	0
	7	3,054	923	2,131	69.8
	8	7,478	3,086	4,392	58.7
	9	22,498	19,354	3,144	14
	10	24,758	23,066	1,692	6.8
	11	24,758	13,025	11,733	47.4
	12	51,934	51,273	661	1.3
1915	1	4,471	4,431	40	0.9
	2	2,708	2,428	280	10.3
	3	2,342	2,008	334	14.3
	4	5,760	5,304	456	7.9
	5	5,617	4,970	647	11.5
	6	11,422	10,816	606	5.3
	7	8,408	7,743	665	7.9

出典：大橋清三郎等編『朝鮮産業指針』1331-1332頁より作成。
備考：叺は5斗入。

第3　内陸地

　仁川・鎮南浦で検査が実施された翌年，1914年には，内陸地の京畿道平澤米穀同業組合と慶尚北道輸移出穀物改良組合においても検査が実施される[14]。

　検査規則等の資料はないが，『朝鮮農会報』に掲載された断片的な情報から慶尚北道の場合をみるとつぎのようになる。

　慶尚北道輸移出穀物改良組合は「慶尚北道内京釜鉄道沿線の金泉，金烏山，若木，倭館，新洞，大邱，慶山，清道，楡川の地域より汽車若しくは船舶を以て穀物輸移出をなさんとするものを以て」組織した団体であった。

　同組合は目的としてつぎの3点をあげている。

　　一，輸移出穀物及俵装の検査
　　二，輸移出穀物の販路及価格調査
　　三，輸移出穀物改良上必要なる事項等を以て業務となし専ら同道輸移出
　　　　穀物（当分の内玄米及大豆の二種を謂ふ）及同俵装の改良を図る。

　この組合の検査の特徴は俵装の検査があることである。この点は，各開港場での検査ではみられなかったもので，慶尚北道の俵装はすぐれており，特に縄の結び方は大阪地方において高い評判を勝ちとった[15]。つぎのことから他の地域の俵装とは異なっていたことが知られよう。

　　　従来朝鮮米ハ大抵縦二本横四本ノ縄ヲ掛クレトモ可成ナラハ慶北地方ノ如ク縦
　　　三本横四本ニ改メラレタシ　蓋シ前者ナラハ縦二本ノ内一本ノ縄カ切ルレハ米
　　　ハ叺ノ一方ニ傾キ其方ノミヲ膨ラシ米ノ脱出ヲ免レサレトモ後者ノ如クセハ此
　　　憂ナシ。

　慶尚北道の俵装の検査は，輸移出港を持たないという地域的状況が生み出したものである。船あるいは汽車便で一旦港まで運搬してから輸移出をするので積み下ろしが何回にもわたる。俵装の良否は基本的な要件であった。

---

14)　「慶北穀物改良組合」『朝鮮農会報』第9巻第10号（1914年10月），64頁。
15)　朝鮮殖産銀行群山支店『内地市場ニ於ケル朝鮮米取引事情』1916年，6頁。

第3項　実施上の問題

　地方庁のバックアップを受けながら，商業会議所あるいは穀物商同業組合が実施した「自主的」検査は次のような問題をかかえていた[16]。

> 漸次粗悪米の輸移出を防遏するに至り，旧時の如き甚だしき籾入米の濫輸移出は著しく減じ来りて，逐日鮮米の声価を昂むるに至りしといへども，今尚検査を誤魔化し，若しくは検査を受けずして，粗悪米を輸移出する奸商あるは甚だ概歎（ママ）すべきなり，何れの世にも此奸商なるものは絶えずといへども，此奸商業が自腹を肥さんが為に，鮮米全体の声価を落下せしむるに於ては到底忍ぶべからず，各港の米穀商は須く此等の奸商に対し何等か適切の制裁を加へて，彼等を矯正する措置を執るの要あるべし

　つまり検査によって籾の混入は従来より減少し，朝鮮米の声価は向上した。しかしなお，「検査を誤魔化し，若しくは検査を受けず」，「粗悪米」を輸出する「奸商」がいたのである。「奸商」による「粗悪米」の移出を口実に，日本の各取引所でその格付を変更しようとしたり，取引所の検査から排除したりする事態が起きた。つぎの『朝鮮農会報』の記事から，一部の「粗悪米」が日本米穀市場で朝鮮米の声価にいかなる影響を与えたかがわかる。

> 若し鮮米にして全く内地産米よりも甚だ劣等なりとせば止むを得ずといへども，吾人が屢々述べたるが如く今日の鮮米は其調製を注意して，籾及石の混入を除くに於ては決して内地産米に劣らざるのみならず，改良米の如きは内地産米の上位のものと匹敵するなり，是を以て需要は日に増加しつつあれども其価格の割合に昂進せざるは，全く籾石の混入多しと称して内地の米商が其声価を抑へ居るの状あるが為ならん
> 果して然らば其調製に深き注意を払ひ全く籾及石の混入を除却すれば，内地産米と同様の声価を保つを得べき筈なり，是故に鮮米の声価を昂進するには厳重なる検査によりて，籾石混入の輸移出を防遏するの外なし，吾人は此際検査所を増設すると共に，更に一層検査を厳行する方法を執るに至らん事を望まずんばあらず

---

16)　「輸移出検査」『朝鮮農会報』第9巻第1号（1914年1月），84〜85頁。

第2節　朝鮮総督府米穀検査規則の制定と部分的道営化

　朝鮮米は日本内地産米に遜色なきまでに改善されたが，籾，石の混入が多い粗悪米が移出される限り，それを口実とする買い叩きから逃れることができなかった。朝鮮米の声価・評価の向上には限界があった。粗悪米を移出する不正商人に対する制裁は，米穀商の自主的検査では，たとえ地方庁のバックアップを受けていたとしてもやはり不十分であった。

　日本米穀市場で朝鮮米の声価を高める第一義的な課題は，不正商人を制裁する＝籾の混入の多い粗悪米の輸移出を禁止することであった。そのために検査所の増設と，公共性をもつ強制的な検査制度が一層求められたのである。

　朝鮮総督府は，朝鮮米を日本米穀市場に見合うように標準化する検査制度を，緊急に作る必要があった。そして検査こそ，武断的な統治にもっとも整合する方法だった。検査制度が流通政策のなかで真っ先に実施されることになった歴史的な理由である。

　前節で述べたごとく，米穀検査は，朝鮮米穀商人の内在的な要求であっただけでなく，日本の米穀商の要求でもあった。彼らは朝鮮での公的な米穀検査を要請した。その経緯は以下の資料に明瞭である[17]。

> 併合後朝鮮米も政府の品種，品質の改良及び増産に努めたる結果米質幾分良好となり出荷亦増加し内地需要米の不足と相俟って大正二年遂に大阪米穀取引市場に於ては其の受渡米に朝鮮米代用制度を実施（他市場も之を倣ふものありたり）せるを以て取引上頗る便宜を得たれば移出益々増加し朝鮮米の銘を以て一般市場に販売するもの弗々現るゝに至れり　然れども其の時代に於ける朝鮮米は漸次改良せられたるとは云へ未だ内地に於けるが如き生産検査もなく又輸移出検査をもなさゝりしを以て土砂稗等の夾雑物の混入多く玄米，中白米の如きは精米上の不便尠なからざるのみならず包装容量等も一定せざりしを以て取引上の不便も亦多かりし結果取引商人は移出検査を希望……

---

17)　「大阪市場に於ける朝鮮米」『朝鮮農会報』第19巻第3号（1924年3月），58頁。

第1項　検査の形態と決定過程

　当初，総督府は直営による検査制度を考えていた。しかし朝鮮の「独立財政」へ向けて，1913年から財政支出を縮小しなければならなかったため，総督府直営の輸移出米検査制度は構想のみで終わった。その経緯は以下のとおりである[18]。

> 朝鮮総督府は……籾の除去に加ふるに朝鮮米の最大欠陥である石の除去に対し新な計画を立て先づ仁川を始め釜山，鎮南浦，群山，木浦の五ヶ所に米の改良場なるものを設け，之れが検査は総督府の直営事業として施行する事とし，一ヶ所約二万円の経費予算を計上すべく試みたが財政上の事情之れを容れるところとならず中止の已むなきに至りたヽめ，その便法として各道に一任……

　財政上の制約から[19]の路線変更であるが，道営検査の方針は全道商業会議所から意見を聴取したうえで決定するという手続きを採っている。その経過は以下のように報告されている[20]。

> **輸移出米検査意見聴取**
> 全道商業会議所にあて輸移出検査に係る米穀改良策に関し左記各項の照会を発せり
> 一，検査すべき米穀は輸移出すべき玄米に限り白米は検査の必要なきや
> 二，検査は乾燥の程度，籾，籾殻，稗，砕米等混入の程度を検するの外朝鮮米最も嫌忌せらるヽ土砂混入の検査を行ふ必要なるは勿論なるべも，其の検査を行ふに於ては石抜精選は検査の励行と共に当業者に於て自然行はるヽ見込なるや
> 三，米質の検査と共に包装及量目の検査を行ふ必要ありと認む如何
> 四，検査は合格不合格と定むる検査となすを適当とするや或は合格不合格を定めず品位に依り等級区分を定むる検査となすを適当とするや或は合格品は品位に応じ等級区分を付するを適当とするや

---

[18] 仁川府『仁川府史』下，1189頁。
[19] 拙稿「第一次憲政擁護運動と朝鮮の官制改革論」『日本植民地研究』第3号（1990年9月），63～69頁参照。
[20] 『朝鮮農会報』第10巻第1号（1915年1月），110～111頁。

五，現在の朝鮮米に付検査の際等級区分を定むるは実行上甚だしき困難なるや否や
　　六，合格不合格を定むる検査を行ふ場合に於て合格の標準は夾雑物の混入程度は幾干に定むるを適当とするや　殊に土砂の混入歩合は他の夾雑物とは別に之を検査するの必要あるべし　其の歩合如何
　　七，合格を定むる検査を行ふ場合に於て不合格品は輸移出せしめざるを可とするや　若し不合格品の輸移出を禁ずるに於ては朝鮮米の輸移出を減ずるの結果となるの虞なきや
　　八，玄米の石抜精選をなすには工程速にして選米の成績優良なる機械あらば左の事項取調報告ありたし
　　　一，一日（十二時間）の選米量
　　　一，石及他の夾雑物精選の程度
　　　一，機械一台又は一装置の価格及取付費用
　　　一，選米機に依る一叺の玄米選米費用は幾干なるや
　　　一，米の整理解叺又は荷造等に要する費用を区別し計記すべし。

　朝鮮総督は検査を実施する目的をつぎのように述べている[21]。

　　米穀ハ朝鮮産物ノ首位ニ在リ従来其ノ改良増殖ノ奨励ニ努メタル結果之ヲ内ニ供給シテ猶ホ余アリ逐年多額ノ輸移出ヲ見ルニ至リ貿易上又将ニ主要貨物タラムトスルノ機運ニ達セリ　然ルニ其ノ調製粗笨ニシテ夾雑物多ク乾燥不充分ナルカ為取引ノ円滑ヲ欠キ適当ノ価格ヲ保持スル能ハサルハ寔ニ遺憾トスル所ナリ　向後一層朝鮮米ノ販路ヲ拡張シ輸移出ノ増加ヲ期セムトスルニハ先ツ以テ輸移出米ノ精選ヲ図リ乾燥ヲ充分ニシ石，籾，砕米，稗等ノ夾雑物ヲ除去シ取引上ノ障害ヲ排除スルヲ以テ当面ノ急務ナリトス　是レ今回米穀検査規則ヲ制定シタル所以ナリ

　すなわち，朝鮮総督府令によるはじめての検査制度の目的は，端的にいって，朝鮮輸移出米の取引上の障害を排除することであり，検査の形態は「輸移出米の検査」にとどまっている。
　米穀検査本来の目的から考えると，産米の改良を目的とする生産検査と，

---

21)　「朝鮮総督寺内正毅発各道長官宛（朝鮮総督府訓令第7号）」『朝鮮総督府官報』第771号（1915年3月2日）。

取引の円滑を期する輸移出検査の双方を行う必要があり，当時日本各県ではそのような二本立て検査を採っていた[22]。これに対し朝鮮の検査は「輸移出又は道外搬出の米穀」に行うと規定するものの，「輸移出検査」とはいっていない。当時朝鮮総督府は「輸移出検査及び生産検査折衷とも言ふべきもので，内地の検査に比較すれば一種の変態な検査」といっている。なぜ総督府はこのような検査を採用したのか。

> 朝鮮の農家の生産は，従来改良が殆ど行き届いていない　従って農家の手を離れる場合の産米は，商品として価値に乏しいのである。然るに近年生産が殖え内地への移出数量が増加するに至った為朝鮮米の声価を向上するの目的と兼ねて，産米の改良を促す目的を以て，輸移出商人が輸移出或は搬出をなす機会を捕へて検査を行ひ，其の再製改装を促すの必要が起こったのである。

増加しつつある移出米の声価を向上させるため，さらに産米改良を促すためにも，産米が米穀商の手元にある段階で検査する，いわゆる搬出（輸移出）検査の形態をとったのである。農家の手元にある産米は商品価値が低いという理由で，膨大な手間と費用がかかる生産検査は政策上構想されず，米穀商による「産米改良」に重点をおく「搬出米検査」のみが実施されたが，これによって米穀商人は，流通・配給部門だけでなく，収穫後の調製・加工の生産段階までをも掌握する存在になった。

では，朝鮮総督府は，生産検査を実施せずに，いかにして産米改良をはかる計画であったのか。検査の実施にあたって，朝鮮総督府は訓令でつぎのように述べている[23]。

> 米穀ノ調製改良ハ其ノ根本ニ於テ農家ノ覚醒奮励ニ俟タサルヘカラサルハ多言ヲ要セス　輸移出米検査ノ実施ト共ニ地方長官ハ屢屢本総督ノ訓示シタル趣旨ニ拠リ益益農家ニ於ケル調製方法ノ改善ヲ促進シ普ク産米改良ノ実ヲ挙クルコトニ勗ムヘシ

米穀の調製改良のためには，輸移出米検査の実施とともに行政指導による

---

[22] 引用を含めて，石塚峻「米穀検査と米穀改良の連絡に就いて」『朝鮮農会報』第16巻第11号（1921年11月），28～30頁。
[23] 「朝鮮総督府訓令第7号」，前掲。

産米改良を予定していたのである。それは,「武断農政」を伴うものであった。

第 2 項　検査規則の主な内容

検査の大本を定める朝鮮総督府令は以下のごとくである[24]。

米穀検査規則（1915 年 2 月 17 日，朝鮮総督府令第 4 号）
第一条　朝鮮米ノ改良ヲ図ル為地方長官ハ管内ヨリ若ハ管内ヲ経由シテ輸出又ハ移出セムトスル朝鮮米ニ付検査ヲ行フコトヲ得　但シ他ノ道ニ於テ検査ヲ受ケタル米ハ此ノ限ニ在ラス
　地方長官ハ適当ト認ムル当業者ノ団体ヲシテ前項ノ検査ヲ行ハシムルコトヲ得
第二条　地方長官前条ノ検査ヲ行ハムトスルトキハ検査規則ヲ定メ朝鮮総督ノ認可ヲ受クヘシ
第三条　検査ハ乾燥ノ程度，石，籾，砕米其ノ他夾雑物混入ノ多少及包装竝量目ノ適否ニ付之ヲ行フヘシ
第四条　第一条ノ検査ニ付テハ一叺ニ付二銭以内ノ検査手数料ヲ徴収スルコトヲ得
第五条　検査ノ結果左記各号ノ検査標準ニ合格シタル米ハ上格トシ合格セサル米ハ下格トス
　一　乾燥ノ程度充分ナルモノ
　二　夾雑物　石，籾，砕米其ノ他ノ夾雑物百分ノ三以内
　三　一叺ノ量目五斗又ハ四斗
　四　包装
　　イ　叺一枚ノ重量七百匁以上
　　ロ　掛縄横縄四箇所，縦縄二箇所トシ一尋十一匁以上ノ縄ヲ用ヰ二筋掛トス
　地方長官必要アリト認ムルトキハ夾雑物中特ニ石ノ混入歩合ヲ検査スルコトヲ得
　前項ノ検査ニ依リ米一升ニ付石ノ混入十粒以内ニ精選シタル米ハ之ヲ優等トス

---

24)　『朝鮮総督府官報』第 760 号（1915 年 2 月 17 日）。

第六条　地方長官必要アリト認ムルトキハ朝鮮総督ノ認可ヲ受ケ下格米ノ輸出又ハ移出ヲ制限スルコトヲ得
第七条　検査ヲ為シタル米ニハ優等，上格又ハ下格及検査地ヲ表示スルニ足ルヘキ証印ヲ各叺面ニ押捺スヘシ
第八条　左ノ各号ノ一ニ該当スル者ハ二百円以下ノ罰金又ハ科料ニ処ス
　　一　検査ヲ免カルル目的ヲ以テ詐偽ノ行為ヲ為シタルモノ
　　二　第六条ノ輸出又ハ移出制限ニ違反シタルモノ
　　三　検査済ノ米又ハ其ノ包装若ハ量目ニ不正ノ手段ヲ施シタルモノ

　さて，上記府令に基づく各道の検査規則の主な内容を検討してみる。
　各道の米穀検査規則は各道令によって施行された。その道令は「大体ニ於テ各地検査方法ノ権衡ヲ保チ寛厳精粗ノ懸隔ナカラシムルヲ必要ト認ムルヲ以テ本規則ニ基キ地方長官ノ定ムル検査規則ハ総督ノ認可ヲ受ケシムルコト」[25]となっている。検査を施行した道は8道で，平安南道・京畿道・忠清南道・忠清北道，全羅南道・全羅北道，慶尚南道・慶尚北道であった（表2-5参照）。
　「地方長官ハ適当ト認ムル当業者ノ団体ヲシテ前項ノ検査ヲ行ハシムルコトヲ得」（第一条第二項）なる法文からわかるように，道によって検査担当実務を担うものは異なった。1913年から米穀商人らが検査を実施してきた仁川・釜山・鎮南浦港をかかえていた京畿道・慶尚南道・平安南道，そして慶尚北道は，ひきつづき米穀商人団体に実務を委ねた。検査制度をいち早く実施した木浦・群山港の商圏に属する全羅南道・全羅北道及び忠清南道・忠清北道は，道自身が担当した。
　検査は，指定地から輸移出または道外搬出される玄米については必ず検査を受けなければならないという強制検査であった。道長官が指定する検査地は，当時の輸移出米の集散地であり，55ヶ所にのぼったが，全羅北道（群山），京畿道（仁川・平澤），平安南道（鎮南浦）の場合は，1，2ヶ所に集中して検査を実施している。
　検査の対象は玄米と中白米[26]（白米は忠清南道の鳥致院のみ）で，中白米は京畿道・忠清南道・忠清北道の3道であった。この時期の朝鮮中白米は「乾

---

25)　「朝鮮総督府訓令第7号」，前掲。
26)　『内地市場ニ於ケル朝鮮米取引事情』前掲，39頁。

燥充分ニシテ桝減リ尠キヨリ大阪市場ニ於テ歓迎セラル、」一方，東京では糠が少ないことであまり歓迎されなかったので，ほとんど大阪市場向けであった。検査の項目は，1）乾燥の程度，2）石・籾・砕米其の他夾雑物混入の多少，3）包装並量目の適否，とされた。自主検査時代の検査項目に比べて，3）包装，量目検査が強化され，夾雑物のなかに石が指定されたことが変化であった。等級は，合格したものは上格，不合格のものは下格とされた。

検査請求人の請求があれば，夾雑物，特に石の混入歩合を検査し，検査の結果上格米の条件を具備しかつ米1升に付石の混入が10粒以内のものは優等とされた。手数料は道によって1叺1銭，1銭5厘，2銭等さまざまであった。

表2-5　道別検査概況

施行道	慶尚北道	慶尚南道	全羅北道	全羅南道	忠清北道	忠清南道	京畿道	平安南道
施行年度	1915.6.1	1915.8.1	1915.9.21	1915.11.20	1915.12.16	1915.11.25	1915.11.1	1915.11.1
担当者	慶尚北道輸移出穀物改良組合	慶尚南道米穀改良組合→道（改正）	道	道	道	道	仁川穀物協会，平澤米穀商同業組合	鎮南浦商業会議所→道（改正）
一叺容量	5斗又は4斗	5斗又は4斗	5斗又は4斗	5斗又は4斗	5斗	4斗又は5斗	5斗又は4斗	5斗又は4斗
等級	優等，上格，下格	優等，上格，下格	優等，上格，下格	優等，上格，下格	優等，上格，下格	優等，上格，下格	優等，上格，下格	優等，上格，下格
手数料	1銭5厘	1銭5厘	1銭	1銭	2銭	1銭	1銭	1銭5厘
輸移出禁止条項	夾雑物8/100以上（改正）	夾雑物8/100以上（改正）	ある	夾雑物8/100以上	乾燥，夾雑物，包装，容量	夾雑物8/100以上	夾雑物8/100以上	夾雑物8/100以上は禁止
検査地	金泉，金烏山，若木，倭館，新洞，大邱，慶山，清道，開浦，浦項	釜山，馬山，晋州，河東，辰橋，泗川，三千浦，洛東江，進永，亀浦，榆川，密陽，蔚山	群山	木浦，麗水，法聖浦，筏橋，長城，松汀里，羅州，栄山浦，鶴橋	美江，沃川，伊院，深川，永同，黄潤，秋風嶺	論山，江景，大田，鳥致院，天安，仙掌	仁川，平澤	鎮南浦，平壌（改正時）
備考	1916年10月改正	1917年4月改正　袋包装は1石2銭	袋包装は1石2銭			中白米（玄米ト看做ス）施行　1銭5厘（16年改正）白米（鳥致院）検査（改正）	中白米（1916年3月改正）施行	中白米　15年11月改正

出典：朝鮮総督府『朝鮮総督府官報』（1915-17年）より作成。

不合格米の輸移出，搬出禁止の条項は府令には設けられていなかったが，8道のすべてが道令で定めていた。輸移出禁止の対象は，詳細不明な全北・忠北を除いて，6道が足並みをそろえて夾雑物100分の8以上のものに限定している（但し検査制度の成立が一番遅かった忠清北道だけは乾燥，夾雑物，包装，容量が不合格の場合となっている）。

　この時期の輸移出米の最大の問題は夾雑物の混入であって，検査の重点もそれにあった。全羅南道の検査概況について「大正4，5年は夾雑物のみの検査」であったとの記述がある[27]。

第3節　全国的道営化への改正（1917年）

第1項　背　　景
——検査実施当初における日本市場での反応及び批判——

　実施3年目の1917年には，朝鮮全域で道営検査が実施されるようになり，また検査項目が改正された。改正は，輸移出米の大部分の仕向地である日本米穀市場の要求に基づいて，日本本土における検査に対応するものだった[28]。

　検査実施1年の時点で，朝鮮殖産銀行群山支店は大阪，東京の朝鮮米の取引事情について各取引所，正米市場の代表者の意見を聴いている。日本米穀市場の代表は，総じて「統一的検米」，すなわち検査主体の単一化を希望していた。

> 従来朝鮮各地ノ米穀検査ハ大体大正四年二月ノ朝鮮総督府令米穀検査規則ニヨリ施行セラルヽモノナレトモ検査当局者並ニ検査方法ニ至テハ各地区々ニ渉リ統一ヲ欠ケリ　仮令ヘハ木浦群山ハ道庁，仁川鎮南浦ハ商業会議所，釜山ハ穀物商組合ニ於テ検査ヲ担当スル等当局者ノ異ナルニ従ヒ其検査ノ結果又区々ニ

---
27)　木浦商工会議所『米の木浦』1933年，9頁。
28)　以下の引用を含めて，『内地市場ニ於ケル朝鮮米取引事情』前掲，6～41頁。

シテ統一ヲ見サル状態ナルハ内地米穀商等ノ一般ニ非難スル処ナリ　之レハ可及的速カニ朝鮮総督府ニ於テ統一的検査ヲ施行セラル、コトニ改正ヲ望ム

　等級に関しても，大阪，東京で「朝鮮米ヲ上格又ハ下格ト従来区別シ居レルモコハ当地一般商人ノ心理ニ何トナク悪感ヲ起サスルモノナレハ此ノ名称ヲ廃止シ第一等第二等ト云フ様ニセラレタシ」と批評した。
　日本側の要求はこれにとどまらず，品質，品種の検査にも及んだ。検査の対象について，当時大阪堂島取引所取締役であった木谷伊助は，「従来ノ米穀検査ハ主トシテ包装トカ乾燥トカ挟雑物ノ如何等ニ重キヲ置キシモ品質ノ検査ニ欠ケ」ているとして，品質検査を要請し，さらに品種問題に言及して，取引の円滑化のために，いくつかの米種に統一するように要請している。

移入朝鮮米ノ取引上尤モ不便ヲ感スルハ米種ノ余リニ多様ナルコトニシテ目今朝鮮米種ハ品ニヨリ各異リ上米中米下米等中ニアリテモ米種錯雑シ取引上全ク標準立タス自然取引ヲ差控フルコトトモナルカ故ニ朝鮮米ノ改良ニ当リテ米種ノ改良モサルコトナカラ差当リ急務ハ此等米種ヲ統一スルコトト存ス　尤モ必スシモ日本種トハ限ラス在来種ニテモ可ナルヲ以テ兎ニ角ソノ中ノ或良種ニ一定サレタシトノコトナリ

　上の要請は，朝鮮総督府勧業模範場が1911年から1912年にかけて各道に照会して在来の稲の品種を集約分類したところ3,331種にものぼったという事実を反映している[29]。こうして総督府の品種改良策は，米穀増産のためばかりでなく，日本米穀市場での取引面の要求からも，いくつかの品種に限定するものになっていく。
　さらに，当時実施された検査項目に赤米は入ってなかったが，日本米穀市場は，赤米の除去を強く要請した。赤米の混入は見ばえがよくないだけでなく，経済的な価値の面からも商人たちに嫌われたのである。というのは，赤色色素を有するのは果皮だけだから搗精によって白米となることはもちろんだが，赤米には縦の筋があるために余程精白の度を強くしないと純白にならなかったので，搗減が大きくなったこと，さらに搗精に手間をかけると他の

---

29)「施政二十五周年記念朝鮮農事回顧座談会速記録」『朝鮮農会報』第9巻第11号（1935年11月），10頁。

米に傷が生じたからである。

　特に東京地域は，小売商が産地を異にする 4, 5 種の玄米を混入して直接搗精していたので，赤米，夾雑物の除去の要望は販路拡大に直接の影響を及ぼすものであった。当時東京の全需要米の約 1 割を朝鮮米が占め，朝鮮殖産銀行は東京米穀市場を朝鮮米の重要な市場と位置づけていたが，東京米穀市場での朝鮮米の価格差は「産地米種ニ依ル値段ノ差異割合ニ少ク多クハ調製ノ程度ニヨリ上中下ノ差異ヲ生スルモノ」[30]であった。

　また，容量の統一及び入升増加の問題がある。当時米の受渡は叺によって行われていた。しかし朝鮮と日本とでは叺の容量が異なり，そのため取引上不便であったため，大阪の米穀商人が容量の統一もしくは入桝の増加を要求している。その主張は以下のごとくである[31]。

> 内地米ハ普通四斗入ノ俵ヲ用ヒ其容量モ一俵大抵四斗トカ四斗一升トカ云フ様ニ産地別ニヨリ一定シ居ルヲ以テ殆ト桝廻シノ必要ナシ　此ニ反シ朝鮮米ハ普通五斗入ノ叺ナレトモ其容量ニ至テハ或ハ五斗アリ五斗一升，五斗一升五合，五斗二升ト云フ風ニ各地方又ハ生産者若シクハ籾摺業者其人ニヨリ一々異ナルヲ以テ其受渡ニ於テモ桝廻シヲ為ス
>
> 入桝ヲ為スコトハ一見移出地商人ニ取リ損ノ様ナレトモ実ハ然ラス　買手ノ方ニ於テハ桝不足ノ恐ナキヲ以テ其入升以上ニ高ク買フコトトナルヲ以テ其利益却テ多シ

第 2 項　改正米穀検査規則の内容と実施

　1917 年，朝鮮総督府は，米穀検査を地方費事業として実施するように制度改正した[32]。

　米穀検査規則（朝鮮総督府令第 62 号）
　第一条　道長官ノ指定スル地ヨリ朝鮮産玄米ヲ輸出，移出又ハ他ノ道ニ搬出セムトスル者ハ本令ニ依リ検査ヲ受クヘシ

30）『内地市場ニ於ケル朝鮮米取引事情』前掲，40 〜 41 頁。
31）同上，1 〜 2 頁。
32）「米穀及大豆検査規則施行ニ関スル件（政務総監発各道長官宛官通牒第 157 号）」『朝鮮総督府官報』第 1530 号（1917 年 9 月 8 日）。

但シ他ノ地ニ於テ検査ヲ受ケタルモノニ付テハ此ノ限ニ在ラス

道長官ハ輸出,移出又ハ他ノ道ニ搬出セムトスル白米,中白米ニ付本令ノ規定ニ依リ検査ヲ行フコトヲ得

第二条　検査ハ地方費ヲ以テ之ヲ行フ

検査手数料ハ一叺ニ付二銭以内トシ道長官之ヲ定ム

第三条　検査ヲ受ケムトスル者ハ第一号様式ニ依ル検査請求書ニ検査手数料ヲ添ヘ検査所ニ差出スヘシ

検査所ノ位置ハ道長官之ヲ告示ス

第四条　検査ハ品質ノ良否,乾燥ノ程度,石,土,稗,籾,蝦米,青米,死米,赤米,砕米其ノ他ノ夾雑物混入ノ多少,容量及包装ノ適否ニ付之ヲ行フ

第五条　検査ヲ為シタル米ニハ左ノ標準ニ依リ等級ヲ附ス　但シ赤米混入ノ割合ニ付テハ道長官ニ於テ別段ノ定メヲ為スコトヲ得

　　　特等
　　　　品　質　　優良ナルモノ
　　　　乾　燥　　充分ナルモノ
　　　　夾雑物　　石及蝦米ノ混入ナク赤米ノ混入一合ニ付五粒以内ニシテ土,稗,籾,青米,死米,砕米其ノ他ノ夾雑物ノ混入百分ノ二以内ノモノ

　　　一等
　　　　品質及乾燥　特等ニ次クモノ
　　　　夾雑物　　蝦米ノ混入ナク石ノ混入一升ニ付十粒以内,赤米ノ混入一合ニ付三十粒以内ニシテ土,稗,籾,青米,死米,砕米其ノ他ノ夾雑物ノ混入百分ノ三以内ノモノ

　　　二等
　　　　品質及乾燥　一等ニ次クモノ
　　　　夾雑物　　蝦米ノ混入ナク赤米ノ混入一合ニ付八十粒以内ニシテ石,土,稗,籾,青米,死米,砕米其ノ他ノ夾雑物ノ混入百分ノ五以内ノモノ

　　　三等
　　　　品質及乾燥　二等ニ次クモノ
　　　　夾雑物　　蝦米ノ混入ナク赤米ノ混入一合ニ付百八十粒以内ニシテ石,土,稗,籾,青米,死米,砕米其ノ他ノ夾雑物ノ混入百分ノ七以内ノモノ

白米ノ検査ヲ行フ場合ニ於テハ道長官ハ別ニ其ノ標準ヲ定ムヘシ
第六条　検査ヲ受クヘキ米ノ包装及容量ハ左ノ標準ニ依ルヘシ
　　包　装　　構造完全ナル叺ヲ用イ其ノ一枚ノ重量六百匁以上トシ掛縄ハ一尋十一匁以上ノ磨縄二筋ヲ用イ横縄四箇所縦縄二箇所トシ縦縄ハ両端ノ横縄ニ本掛トス
　　容　量　　一叺ニ付四斗
　特別ノ事由ニ依リ道長官ノ許可ヲ受ケタルトキハ前項ノ標準ニ依ラサルコトヲ得
　前項ノ許可ヲ受ケムトスル者ハ容量，包装ノ方法及特別ノ事由ヲ記載シタル願書ヲ検査所ヲ経テ道長官ニ提出スヘシ
第七条　第五条又ハ第六条ニ規定シタル標準ニ合格セサル米ハ不合格トス
　容量若ハ包装前条ノ許可ニ反スルモノ亦同シ
　不合格米ハ輸出，移出又ハ他ノ道ニ搬出スルコトヲ得ス
第八条　品質，乾燥及夾雑物ノ検査ハ見刺法ニ依リ各叺ニ付之ヲ行フ
　但シ検査員ハ必要ト認ムルトキハ解装シテ之ヲ行フコトヲ得
第九条　検査ハ請求ノ順序ニ従ヒ検査所ニ於テ日出ヨリ日没迄ノ間ニ之ヲ行フ
　但シ特別ノ事由ニ依リ検査請求人ノ請求アリタルトキハ現品所在地ニ付之ヲ行フコトヲ得
第十条　検査ヲ為シタル米ニハ其ノ包装ニ第二号様式ノ検査証印及第三号様式ノ道名記号ヲ押捺ス
　前項ノ検査証印及道名記号ノ外合格シタル米ニハ其ノ掛縄ニ封緘紙ヲ施スヘシ
　但シ封緘紙ヲ施スコト能ハサルトキハ黒色ノ封印ヲ押捺シテ之ニ代フルコトヲ得
第十一条　検査員ハ必要ト認ムルトキハ再検査ヲ行フコトヲ得
第十二条　検査済ノ米ニシテ左ノ各号ノ一ニ該当スルモノハ再検査ヲ受クルニ非サレハ輸出，移出又ハ他ノ道ニ搬出スルコトヲ得ス
　一　包装ヲ更メタルモノ
　二　検査証印又ハ道名記号ノ磨滅又ハ汚損シテ識別シ難キモノ
　三　封緘紙ノ毀損シタルモノ
　四　変質其ノ他異状ヲ呈シタルモノ
第十三条　再検査ニ依リ前検査ノ決定ヲ取消シタルトキハ第四号様式ノ消印ヲ押捺スヘシ

第十四条　検査証印アル空叺ハ其ノ証印ヲ抹消スルニ非サレハ輸出，移出又ハ他ノ道ニ搬出スル米ノ包装ニ使用スルコトヲ得ス

第十五条　検査ノ決定ニ対シテハ異議ヲ述フルコトヲ得ス

第十六条　検査請求人検査ヲ受クヘキ地ニ在ラサルトキハ検査ニ関シ一切ノ行為ヲ為ス権限ヲ有スル代理人ヲ選任シ其ノ旨検査所ニ届出ツヘシ

第十七条　輸出，移出又ハ他ノ道ニ搬出セムトスル米ノ包装ニハ検査証印，道名記号又ハ消印類似ノ商標，記号其ノ他ノ標記ヲ為スコトヲ得ス

第十八条　道長官ハ毎年十一月末日迄ニ朝鮮総督ノ承認ヲ受ケ其ノ年ノ産米ヲ以テ検査標準米ヲ定メ各検査所ニ備付クヘシ

第十九条　左ノ各号ノ一ニ該当スル者ハ二百円以下ノ罰金又ハ科料ニ処ス

一　第一条，第七条第二号，第十二条，第十四条又ハ第十七条ノ規定ニ違反シタル者

二　再検査ヲ拒ミ，之ヲ妨ケ又ハ忌避シタル者

三　再検査ヲ免カルル目的ヲ以テ不正ノ行為ヲ為シタル者

四　検査ヲ為シタル米，其ノ包装若ハ容量，検査証印，道名記号又ハ封緘紙ニ不正ノ手段ヲ施シタル者

第二十条　道長官ハ道内開港地ニ搬出スル米ニ付検査ヲ行フコトヲ得

本令ノ規定ハ第七条第二号ヲ除クノ外前号ノ場合ニ之ヲ適用ス

第二十一条　本令ハ当分ノ内江原道，咸鏡南道及咸鏡北道ニ之ヲ適用セス

附　則　本令ハ大正六年十月一日ヨリ之ヲ施行ス

大正四年府令第四号米穀検査規則ハ之ヲ廃止ス

本令施行前旧令ニ依リ検査ヲ受ケ合格シタル米ハ本令ノ検査ニ合格シタルモノト看做ス

　従来各道令に委ねられていた事項をも府令で規定し，「統一」をはかった。道の検査標準米についても総督府の承認を経ることになった。

　検査は1915年度から実施されていた8道に，さらに平安北道，黄海道が加わって10道に拡張された。江原，咸鏡南・北道を除いて朝鮮全域で実施されたのである。

　玄米以外の中白米，白米も検査されることになったが，中白米検査は全羅南・北道を除いて各8道で，白米検査は忠清南・北道だけで実施された。検査指定地は道令で定められたが，前段階の検査時より約100ヶ所多くなり，約150余ヶ所で実施された。

この規則ではじめて品質が検査の対象になり，その品質は「主トシテ品種ノ混淆，粒ノ大小，粒揃，色澤，腹白，縦筋，胴割及蟲喰等」が問題とされた。

検査の範囲は「品質ノ良否，乾燥ノ程度，石，土，稗，籾，蝦米，青米，死米，赤米，砕米其ノ他ノ夾雑物混入ノ多少，容量及包装ノ適否」（第四条）であった。このうち夾雑物については，それまでの「石，籾，砕米その他夾雑物」を，「石，土，稗，籾，蝦米，青米，死米，赤米，砕米」とこまかく明示し，さらに蝦米，赤米については，次条でこまかく規定している。すなわち蝦米の混入は各等級にわたり認めず，赤米は，「赤米混入ノ割合ニ付テハ道長官ニ於テ別段ノ定メヲ為スコトヲ得」として各道の事情にあわせたのである（表2-6参照）。

赤米混入率が府令の基準に近い道は忠清南・北道，慶尚北道で，他の道は輸移出米のなかで大部分を占めていた3等米で1合当り600粒以内であった[33]。1合が約6千粒であるから，当時輸移出された3等米は1割が赤米であったわけである。

表2-6　道別等級別赤米混入の割合　　　　（単位：粒数／合）

等級	府　令	京　畿	忠清北道	忠清南道	慶尚北道	慶尚南道	黄海道	平安南道
特等	5	5	5	5	5	5	5	5
一等	30	60	30	30	30	60	60	60
二等	80	250	80	80	80	250	250	250
三等	180	600	250	300	300	600	600	600

出典：朝鮮総督府『朝鮮総督府官報』（1917年度）より作成。
備考：1合に付き，各粒数以内。全南，全北，平北は不明。

等級は，上・下格の格付を廃止し，特等，一等，二等，三等の四等級にした。不合格品は輸移出だけでなく道外搬出も禁止された。さらに従来道外搬出禁止は，夾雑物の混入歩合が100分の8以上のものだけであったが，品質，容量，包装についても不合格品は禁止対象とされた。

それまで朝鮮の叺容量は大体5斗であったが（表2-5前掲参照），日本の米

---

33)　「施政二十五周年記念朝鮮農事回顧座談会速記録」前掲，10頁。

穀市場にあわせて4斗に統一した。日本内地需要地での一般趨勢に適応させるとともに，往々みられた乱俵に伴う漏穀を防止するためであった。そして慶尚北道のように「容量ハ一叺ニ付口米五合ヲ添加スヘシ」[34]と，米穀検査規則施行規程に，口桝を盛り込む道もあった。

以上のように，日本米穀市場の要請がほぼそのまま取り入れられたのである。

1918年から21年までの検査成績をみる（表2-7，表2-8参照）。

まず受検米は米穀全生産量の約15～18％である。1918年度検査量最多の道は慶尚北道で，以下全羅北道，慶尚南道，忠清南道，京畿道の順である。合格歩合は実施1，2年目は88％，86％であったが，3，4年目になると92％と次第に高くなる。各道別合格歩合は相当格差があるが，実施2年目の各道別成績は，京畿道76％，全羅北道77％，慶尚南道70％を除いて，他の

表2-7　等級別玄米検査高　　　　　　　（単位：叺・％）

	1918米穀年度	1919米穀年度	1920米穀年度	1921米穀年度
検査総数	4,200,281	5,535,069	3,814,480	5,363,410
特　　等	0.3	0.0	0.3	0.2
一　　等	1.7	0.8	0.8	1.4
二　　等	14.7	9.3	9.4	12.4
三　　等	83.1	89.8	89.5	85.9
合格歩合	88.0	86.0	92.0	92.0
不合格原因				
不合格総数	513,260	786,896	308,517	420,207
品質及乾燥	36.2	36.7	42.2	44.0
蝦米	7.6	3.3	3.8	1.6
赤米	6.2	2.4	47.4	12.6
他の夾雑物	42.1	46.3	39.2	32.3
包装	3.7	8.7	4.8	7.3
容量	3.5	3.0	4.2	1.1

出典：『朝鮮農会報』第19巻第4号（1924年4月），69-70頁より作成。

---

34)「米穀検査規則施行規程」（朝鮮総督府慶尚北道道令第9号，1917年9月30日），朝鮮総督府慶尚北道長官鈴木隆『朝鮮総督府官報』第1558号（1917年10月13日）。

道では 90％以上の数字を示す。等級別成績をみると，2 年目（1918 年 11 月から 1919 年 10 月），特等級 0.1％，1 等級 0.8％，2 等級 9.3％，3 等級 89.8％で，検査米の大部分を 3 等級が占めていた。道別には相当ばらつきがあり，全羅南道では，1 等が 5.2％，2 等が 30.8％も占めていた。

　不合格を原因別にみると，第 1, 2 年目までは第 1 位が夾雑物 42.1％（全不合格を 100％とする），第 2 位が品質及び乾燥 36.2％であったが，第 3, 4 年目になると，品質及び乾燥が第 1 位で，夾雑物が第 2 位になる。実施初年は蝦米が 7.6％，赤米が 6.2％であったが，徐々に減る傾向にある。道別にはかなり差があり，京畿道は品質及び乾燥による不合格はわずか 9.7％で，包装，容量による不合格率が 36％，14.9％にものぼる。仁川では検査米の包装に「鮮米俵」がまだ存在していた（表 2-3 前掲参照）ことからも，これはすでに予想できるものであった[35]。表 2-8 で見られるように全羅北道は赤米，蝦米を含めて夾雑物過多を理由とする不合格は全不合格中の 63％以上であって，全羅南道は品質及び乾燥が 71.4％，慶尚南道は夾雑物より乾燥が多く 55％も占めていた。慶尚北道の場合は蝦米が 36.4％にもなった。この数字は各々の土地の性質・気象等の立地条件，農耕の地域的相違，それに伴う検査所側の力の入れ方の相違と関連していよう。

第 4 節　植民地朝鮮の農政と品種改良策

　朝鮮総督府は，「直接農事指導」による生産改良と搬出玄米を対象とする米穀検査とによって，米穀生産とその流通体系を編制替えしていく。以下，1910 年代の植民地農政においてもっとも力を入れていた米の品種改良に焦点をあて，その展開過程を検討し，さらに検査制度との関係を瞥見しておく。

---

35)　『仁川港経済事情』前掲，73 〜 75 頁。

表 2-8 1919 米穀年度におい

		京　畿	忠清北道	忠清南道	全羅北道	全羅南道
検 査 数		558,397 10.1	65,591 1.2	686,260 12.4	1,098,269 19.8	474,795 8.6
合格数	特等	2,822 0.1	0 0.0	6 0.1	476 0.1	1,137 0.3
	一等	2,697 0.6	9 0.0	2,351 0.4	9,800 1.2	23,325 5.2
	二等	17,554 4.1	1,458 2.2	75,484 11.7	120,661 14.3	137,365 30.8
	三等	400,757 94.6	63,450 97.7	569,995 88.0	714,871 84.5	284,726 63.8
	計	423,829 100.0	64,917 100.0	647,836 100.0	845,808 100.0	446,553 100.0
合格歩合		76	99	94	77	94
不合格数		134,568 100.0	674 100.0	38,424 100.0	252,461 100.0	28,242 100.0
不合格理由	品質及乾燥	13,786 9.7	490 72.7	15,173 39.5	82,140 32.5	20,146 71.4
	蝦米	1,355 0.1	0 0.0	2,712 5.3	2,674 0.7	1,977 7.1
	赤米	1,221 0.1	55 8.1	2,350 5.3	7,544 2.7	1,494 3.6
	夾雑物	49,471 36.5	129 19.1	16,092 42.1	151,484 59.9	4,290 14.2
	包装	48,208 35.8	0 0.0	1,796 2.6	7,744 2.8	328 1.1
	容量	20,527 14.9	0 0.0	328 0.7	875 0.3	0 0.0

出典：『朝鮮農会報』第 15 巻第 1 号（1920 年 1 月），18 頁より作成。
注記：米穀年度とは，米の需給に用いられる年度であり，前年 11 月 1 日より当年 10 月 31 日に至る期間をい
　　　に翻案して 1919 米穀年度と表記する。

第 2 章 「日韓併合」と植民地農政　77

別玄米検査高と検査結果　　　　　　　　　　　　　　　　　　　　（単位：個（4 斗入り））

慶尚北道	慶尚南道	黄海道	平安南道	平安北道	計
1,246,027	789,399	159,507	230,939	225,885	5,535,069
22.5	14.3	2.9	4.2	4.1	100.0
0	0	0	0	0	4,441
0.0	0.0	0.0	0.0	0.0	0.0
124	460	702	0	0	39,468
0.0	0.1	0.5	0.0	0.0	0.8
51,590	23,856	8,885	707	2,991	440,550
4.3	4.3	5.8	0.3	1.5	9.3
1,149,776	527,456	144,225	215,698	192,760	4,263,714
95.7	95.6	93.8	99.7	98.5	89.8
1,201,490	551,772	153,812	216,405	195,751	4,748,173
100.0	100.0	100.0	100.0	100.0	100.0
96	70	96	94	87	86
44,537	237,627	5,695	14,534	30,134	786,896
100.0	100.0	100.0	100.0	100.0	100.0
16,207	131,571	1,109	1,533	518	282,673
36.4	55.3	19.6	10.3	1.7	35.8
16,189	1,855	0	0	0	26,762
36.4	0.7	0.0	0.0	0.0	3.4
1,335	2,376	472	1,838	326	19,011
2.2	0.8	7.1	12.4	0.9	2.4
10,209	99,185	2,789	6,899	24,096	364,651
22.7	41.8	48.2	46.9	79.7	46.1
395	1,559	1,150	3,622	4,451	69,226
0.6	0.6	19.6	24.8	14.6	8.7
202	1,081	175	642	743	24,573
0.4	0.4	1.8	4.1	2.3	3.1

。たとえば大正 8 米穀年度とは大正 7 年 11 月 1 日より同 8 年 10 月 31 日までをいが，本書では西暦

第1項　品種改良策の課題

　1910年代，朝鮮総督府は「朝鮮在来ノ稲ハ其ノ品種雑駁ニシテ数多ノ異種混淆シ品質収量共ニ著シク劣等ナルヲ以テ従来米作改良上ノ第一要件ハ優良品種ノ普及ニアリ」[36]と，品種改良を朝鮮米穀生産改良策の第一義的な課題と位置づけていた。品種改良の前提として，総督府は朝鮮の在来品種状況をいかに把握していたのか。最初にこの問題から入りたい。

　総督府は，朝鮮の在来品種は，味は良いが概して収量が少ない，とみていた。この認識から，まず多収量品種への置換を目指すことになる。

　他方，日本米穀市場からもいくつかの要望があった。

　第一は，精米の際の搗減が少ないことである。米は，粒が真球に近いほど搗減が少ないが，在来品種は粒が瘠せて粒揃いが悪いため，精白の際にどうしても搗減が多かった。

　第二は，赤米の除去である。赤米は普通の米の先祖，一種の品種であるといわれていた。当時赤米の種類は多く，たとえば全羅南道の霊光・咸平の2郡で集めたものだけでも43種にも及んだ[37]。赤米は，品種改良さえすれば除去されるといわれていた。

　第三は，品種の単純化である。朝鮮米の輸移出市場の中心市場であった大阪では，大粒心白系が高価に売れることで，大粒種の選定が有利であることがその要求の前提になっていた。

　つまり，多収穫，搗減の少なさ，赤米の除去，取引の便益，この四つの課題のためにも品種の改良が求められたのである。

第2項　改良品種の普及政策

　日露戦争後，日本人の朝鮮移住が増加し，移住民が持ち込んだ稲の種子が，日本品種，つまり改良品種移入のはじまりであったとされる。この経緯

---

36)　朝鮮総督府勧業模範場『朝鮮ニ於ケル稲ノ優良品種分布普及ノ状況』1頁。
37)　石塚峻「米穀検査と米穀改良の連絡に就いて」『朝鮮農会報』第16巻第11号（1921年11月），32頁。

第 2 章　「日韓併合」と植民地農政　79

から，持ち込まれた品種はさまざまであった。朝鮮総督府が本格的に改良品種を導入し試験を行い，普及に乗り出したのは，1912 年からである。中央の勧業模範場は種子を日本内地の農事試験場から直接取り寄せ，あるいは日本内地からの移住農家が栽培しているもので有望なものを集めて試作し，奨励品種を決めた。それらの内から道が選択して，道の奨励品種を決めた。

　この普及過程において特徴的なことは，地主会の設置と武断的農政である。

第 1　地主会

　地主会は，「日韓併合」後朝鮮総督府及び各道が，道令である地主会規則に基づいて主に朝鮮人地主を動員して結成したもので，「本府郡勧業計画ノ実行」をする下請団体として位置づけられる。平安南道では，地方費から補助金が支出されているが[38]，これはすべての道に共通するであろう。郡単位で組織され，1920 年現在で 124 会，会員数 9 万 3503 人に及んだ[39]。

　役員は，「概ね郡守を会長とし，郡庶務主任若くは郡内大地主を以て副会長とし，郡普通農事技手を理事又は幹事」[40]となし，事務所は郡庁内においた。

　一定面積以上の土地を有する地主を会員としたが，各地主会によって資格に異なるところがある。たとえば平安南道をみると，15 町歩以上（孟山），5 町歩以上（大同郡，价川郡），百斗落以上（龍岡郡，中和郡），5 結以上（江東郡），3 結以上（安州），30 日耕以上（順川）など，各郡の基準は区々であった。

　事業は年度ごとに実行事項を決めて行われていたが，主な事業は，1) 試作畓，採種苗圃及び採種畓の設置，2) 種苗の配付，貸付，交換及び共同購入，3) 肥料，農器具の貸与及びその購入資金の貸付，4) 農事の講習，講話，小作米及び立稲品評会の開催，5) 優良小作人の表彰，であった[41]。

　地主会は，「（植民地支配の）初期に於ける朝鮮米作農業の改良発達上貢献

---
38)　『朝鮮総督府官報』第 655 号（1914 年 10 月 7 日）。
39)　いまのところ平安南道の「府郡地主会規則準則」がある。『朝鮮総督府官報』第 294 号（1913 年 7 月 23 日）。
40)　文定昌『朝鮮農村団体史』日本評論社，1942 年，66 頁。
41)　以下の引用を含めて，前掲『朝鮮農村団体史』67 頁。

する所大であった」と評されていて，特に改良品種の普及には力を入れていた。実際，年度の事業の第一には採種畓の設置をあげ，「実行事項」として優良品種普及の具体的方法が協定されていた。たとえば，1914 年全羅南道の地主会の実行事項は以下のようである。

　　一，優良品種タル品種ハ道ニ於テ決定シタル左ノ品種トス　早神力，穀良都，多摩錦，高千穂
　　二，会員ハ小作人ノ集団セル地方ニ播種畓ノ設置又ハ増設ヲ為スコト　但シ播種畓ニ生産セル籾ハ全部種子用ニ供スルコト
　　三，播種畓ニ生産セル籾及小作料トシテ受入レシ優良種ノ作付ヲ為スモノトス　若シ播種畓籾小作籾ニ優良種ナキ場合ハ他ヨリ購入シ其ノ目的ヲ達スルコト

　優良品種は道の奨励品種に限定して，その採種畓を会員に設けさせる一方，会員所有の土地の何％かを優良品種の作付に充てさせたのである。

　上記引用中に初出した「畓」（dabと発音する）という文字について説明しておく。黄河流域で生まれた「田」という耕作地を意味する象形文字は，朝鮮半島では「水」という文字と合して水田を意味する「畓」という国字がつくられ，その結果「田」という文字には「はたけ」の意味だけが残された。日本列島では「火」という文字と合して火田を意味する「畑」という国字がつくられ，その結果「田」という文字には「たんぼ」の意味だけが残された。「田」という文字は，朝鮮では「はたけ」を指し，日本では「たんぼ」を指すことになったのである。漢字におけるこの分化は，中国大陸・朝鮮半島・日本列島の風土と農耕の差異を表していて興味深い。総督府治下，「畓」と「田」の両字は，朝鮮半島の伝統的な含意をもって使われていた。

第 2　武断農政

　当局は地主会を通じて改良品種を普及させる一方，直接「武断的」方法で農業指導を行うことで，改良品種普及の徹底をはかった。憲兵警察の業務の中に「農事の改良」が記されていることは[42]象徴的である。「各地に存す

---

42)　小森徳治『明石元二郎』上，原書房，1968 年，449 頁。

第 2 章 「日韓併合」と植民地農政　81

る憲兵分遣所が，その地方の中心となって，農事奨励に当っておった」[43] との記述がある。

　また農業技術官も憲兵を同伴して「乱暴な」方法で「農事の改善指導」を行っていた。「始政以来各種産業の奨励に関して，時に或は憲兵若は警察官の実力を利用し，其の実行を強要した」[44] と，1919 年に殖産局長に就任する西村保吉は往時を回顧して語っている。当時慶尚北道の農業技術官であった山口賢三の回顧談からは，改良品種普及の「乱暴な」実施の様子がうかがえる [45]。

> 在来種の絶滅と改良種たる穀良都，早神力種の普及に全力を注ぐ事となり，同地の東拓移民に採種畓をやらせ，又在来種の苗代を踏み荒しなどして徹底的に乱暴な奨励方針を断行したが幸ひ身辺の危害もなく，極めて順調に普及して行きました

　1910 年代の農政は，「武力的勧業若は警察的勧業」であったことは間違いないが，このような暴力的な方法で農政を実施したのには，いくつかの理由があった。上の回顧談には，日露戦後，農業技術員が義兵運動に直面し身の危険にさらされたといういくつもの現実が語られているが，「治安状況」に不安を感じていたため，憲兵警察を先頭にたてて農政を行わざるを得なかったことが第一の原因としてあげられよう。それに加えて，農業技術員が 2 ～ 3 郡に 1 人という状況のなかで所期の目標を達成しなければならないという制約もあった。「軍隊又は警察の力を利用して奨励事項の実行を強要するは，事甚だ容易にして専ら其の事業に従事すべき技術員の労苦甚少かるべし」[46] という殖産局長訓示がその事情をよく示している。

　日本からの植民者は，この「武断的」農事指導をむしろ積極的に望んでいた。例えば 1916 年殖産銀行が提出した報告書によると，「憲兵又ハ警察官吏ヲシテ農事改善ノ実行ニ対シ干渉的監督ヲ為サシムルコト」を銀行側から朝

---

43) 『朝鮮農業発達史』前掲，146 頁。
44) 「西村殖産局長訓示要旨」（大正九年五月三日道農業技術官会同開催の際に於て）『朝鮮農会報』第 15 巻第 6 号（1920 年 6 月），6 頁。
45) 「施政二十五周年記念朝鮮農事回顧座談会速記録」前掲，103 頁。
46) 「西村殖産局長訓示要旨」，前掲同所。

表 2-9 道別改良

年度	京畿道	忠清北道	忠清南道	全羅北道	全羅南道	慶尚北道	慶尚南道
1911	0.2	0.1	1.1	3.4	0.2	1	0.4
1912	0.9	8.3	6.5	8.2	2.7	1.6	0.3
1915	12.6	21.8	43.7	50.2	31.2	34.3	45
1917	31.7	54.1	63.5	60.3	57.9	71.1	79.9
1919	47.8	61.2	69.7	64.4	61	80.8	70.1
1921	68.9	67.1	77.3	73.6	68.7	83.3	80
1922	73.8	69.7	78.8	75.4	73.7	84.7	80.8
1923	77	72.5	80.8	79.2	75.9	86.1	82.9

出典：水稲作付面積
　　1911年は農商工部農林極農務課『朝鮮農務彙報』第3号（1912年），95-99頁。
　　1915年は朝鮮総督府『朝鮮彙報』第6巻第2号（1917年2月），96-97頁。
　　1917年は朝鮮農会『朝鮮農会報』第13巻第9号（1917年9月），47-49頁。
　　1919年は朝鮮総督府『朝鮮の米』1922年，10-11頁。
　　1912, 21, 23年は朝鮮総督府勧業模範場『朝鮮ニ於ケル稲ノ優良品種分布普及ノ状況』1924年, 33-39耕作面積
　　1911, 15, 17, 19年分は『朝鮮総督府統計年報』各年度。

表 2-10 各

道別	奨励品
京畿道	早神力（1911），多摩錦（1912），石白（1912），日の出（1912），穀良都（191
忠清北道	錦（1911），多摩錦（1911），大場（1918），早神力（1922）
忠清南道	早神力（1915），多摩錦（1915），石白（1916），穀良都（1920），錦（1924）
全羅北道	穀良都（1912），早神力（1912），高千穂（1912），石白（1920），多摩錦（191
全羅南道	穀良都（1910），早神力（1910），高千穂（1913），多摩錦（1914），雄町（191
慶尚北道	早神力（1910），穀良都（1912），日の出（1912）
慶尚南道	穀良都（1912），都（1912），早神力（1912），多摩錦（1918），中神力（1919）
黄海道	日の出（1910），八つ頭（1921）
平安南道	日の出（1910），亀ノ尾（1921）
平安北道	亀ノ尾（1917），関山（1919）
江原道	日の出（1911），関山（1913），多摩錦（1917），亀ノ尾（1917），伊勢珍子（192
咸鏡南道	亀ノ尾（1916），日の出（1916），早生大野（1916）
咸鏡北道	小田代（1913）

出典：朝鮮総督府勧業模範場『朝鮮ニ於ケル稲ノ優良品種分布普及ノ状況』5-8頁 より作成。

第2章 「日韓併合」と植民地農政　83

の普及率　(単位：％)

海道	平安南道	平安北道	江原道	咸鏡南道	咸鏡北道	計
0.02	0.08	0.03	0.02	0.8	0	0.7
0.04	0.04	0.1	1.88	1.3	0.7	2.8
5.8	2.8	0.3	13.8	0.3	5.3	26.5
13.3	7.4	3.2	16.4	0.6	15.8	46.5
12	9.6	32.9	16.6	3.6	20.7	52.8
15.7	10.2	43.7	24.8	10.8	31.9	61.8
14	10.5	44.1	33.7	16.8	38.2	63.6
16	16.2	54.5	45.7	26.7	37.2	67.3

奨励品種状況

（　）の数字は決定年次

の出（1915），石山租（1920），倭租（1920）

（1921）

鮮総督府に提言している[47)]。

第3　改良品種の普及

当該期の改良品種の普及状況をみる[48)]。

表2-9は改良品種の耕作率である（耕作面積中）。1911年の改良品種の耕作面積はわずかに0.7％であったが，1915年になると26.5％に，1919年には52.8％に急増している。

南部地域と北部地域とで改良品種導入率に格段の差があることが特徴的である。この作業が，穀倉地帯である南部地域から優先的・集中的に実行されたことがみてとれる。特に目立つのは慶尚北道で，1916年から急ピッチで改良品種導入が進められたことが統計からわかる。穀倉地帯中改良品種耕作率が低いのは京畿道・平安北道であるが，この違いがどこから来るのか。改良品種の種子生産及び普及において，各道の地主会が果たした役割の対比をも含めて，考究するに足る課題である。

次に，改良品種の普及過程及び特性を簡単にみておく。

総督府は，指定の推奨品種の中から，それぞれの道の事情を勘案して道の奨励品種を道に選択せしめ，種子を生産させ，普及につとめさせた。

各道の奨励品種は表2-10に示した。

この時期の品種改良の重点は，1）日本の優良品種を導入すること，2）種類を絞ること，の2点であった。

1919年，改良品種の作付面積は88万町歩であったが，「早神力」が25万町歩，「穀良都」が24万1,000町歩，「多摩錦」が15万6,000町歩，「都」が4万5,000町歩，「日の出」が4万8,000町歩で，この5種で改良種作付面積の83.8％を占めていた。奨励品種は，耐肥性が弱い，つまり金肥なしに栽培ができる品種が広く普及した。「早神力」，「穀良都」，「多摩錦」は耐肥性が弱い品種であり，また阪神米穀市場好みの大粒種であった。

代表的な改良品種の特性をみておく。

「早神力」　熊本県八代郡原産で，同地方では「二千本」と称したが，日

---

47)　『内地市場ニ於ケル朝鮮米取引事情』前掲，36頁。
48)　以下の記述は，泉有平「朝鮮に於ける内地系水稲品種の来歴及び栽培経路（三，四）」『朝鮮農会報』第10巻第8号（1936年8月），14〜16頁，同第9号（1936年9月），38頁による。

本農事試験場九州支場で早神力と改称し，熊本県をはじめ北九州及び四国に普及した。朝鮮でははじめ全羅北道金堤郡白歌亭の吉田農場が移入し栽培したが「成績良好なりしを以て」勧業模範場が 1906 年に試作してみた。「水利不十分なる天水畓なりしを以て成績不良」で，潅漑水豊富な畓では成績が良かった。京畿道以南の 7 ヶ道の奨励品種に選定され，1917 年全畓総面積の 16.5％に達した。

「穀良都」　山口県伊藤音一が「都」種より選出したもので，慶尚北道大邱の中原農場が最初の導入地である。1908 年勧業模範場で試作の結果，南部地方に適する優良品種と認められた。特に慶尚北道，全羅北道で成績が良好であった。風土の好悪が少なく，耕作しやすいので，京畿道以南の各道に拡大し，大粒嗜好の阪神市場に対応した。

「多摩錦」　栃木県で個人によって選ばれた品種で，1908 年勧業模範場の種子の取り寄せが朝鮮導入のはじめである。京畿，忠清南北道を中心に栽培された。収量の少ないのが欠点だが，旱魃に強いので相当普及した。

「都」　山口県原産で，慶尚南道で直接に種子を取り寄せ，1912 年から奨励品種として普及する。他道に広がることはなかったが，大粒で心白を有する。

「日の出」　新潟県原産で，朝鮮に入った時期はかなり古い。1906 年にはすでに全羅北道川崎農場で栽培されていた。勧業模範場が種子を得て試作した結果，中部以北に適する品種と認定された。北部と南部の山間地域に普及した。

第 3 項　改良品種と輸移出米

「併合」当初の輸移出米は大部分在来種であったが，検査制度の実施によって改良品種米に変わっていく。以下はその様相を示している[49]。

　　大正四年道外搬出米検査を実施せらるゝに至って，輸移出玄米は殆ど改良種のみとなり精米として輸移出せらるゝものも次第に改良種に変った。尤も大正七八年頃までは尚ほ幾分の在来米が混入して居たが，逐年改良せられて現在に

---

49)　「輸移出朝鮮米」『朝鮮経済雑誌』第 138 号（1927 年 6 月）。

於ては商人間に於てすら内鮮米の鑑別は不可能とされ，一般消費間に於いては内地米として常用せらるゝ情態である。

　品種改良は，生産量を増大させ土地生産性を高めることで日本の需要に量的に対応するだけでなく，日本の需要に質的に適応する点でも重要であること，本節冒頭で述べたところである。
　それでは改良品種と在来品種は実際の検査過程でいかに等級付けられ，また価格差をもたらしたか。つぎは，検査実施1年目の全羅南道検査所の記録である[50]。

　　検査開始前ハ優良種ハ在来種ニ比シテ其価格ニ於テ格段ノ差異ナク且ツ商人ノ買収セル籾ハ多クハ在来種ノ混入アリシモ検査開始後ハ品質ヲ以テ検査等級ヲ決定スルノ材料トナシ優良種ハ概シテ一等級以上ニ査定セル、結果在来種ニ比シ籾百斤ニ付15銭乃至20銭ノ高価ニ取引セラル、ニ至リ一般生産者ハ従前ノ如ク異品種混合ノ不利並優良種作付ノ必要ヲ自覚シ産米ノ改良ハ年ト共ニ其ノ面目ヲ新ニシ本年度検査ニ提供セラレタル

　つまり改良品種の玄米は，等級付けにおいて「一等級以上」になるとともに，実際玄米原料たる籾の売買過程でも品種の差は価格に反映される。京畿道の場合も同様で，籾百斤当りで，改良種は平均6円24銭，在来種は6円で，改良種が24銭高く評価されたのである[51]。
　朝鮮総督府は，価格の有利性をもって奨励品種を普及するだけでは満足しなかった。すでにみたように「武断的」農政を通じて品種改良を急速に行っていった。
　一方，取引市場で高く格付けされる価格的な有利性は，直接に農家経済に連結しない場合が多かったようである。朝鮮半島の気候の地域的な差異，風土の多様性，多くの天水畓の存在，労力の分配や畓裏作などの微妙な米作の条件を配慮せず品種改良が進められた結果であろう。
　輸移出米は，品種改良により「少数品種へ集中化」され，日本米穀市場で大規模の取引が可能になり，またそれを強みとして朝鮮米の声価はたしか

---

50)　全羅南道『大正6年度全羅南道米穀検査成績』1918年，5頁。
51)　「京畿米の品種価格並籾摺，粉米歩合調査」『朝鮮農会報』第13巻第1号（1918年1月），72頁。

に上昇した。しかし「武断的」に品種改良政策が実施されたことによって，「外に強けれども内に弱し」という植民地農業の基礎構造が形成されたのである。

第5節　道営検査制度実施の影響

　第1節で述べた日本米穀市場の制度的変化に対応して，総督府は1915年，米穀検査制度を府令によって発布し，はじめて道営検査が実施されることになった。その特徴は，輸移出検査であること，搬出（玄米）検査であること，指定地検査であることの3点に見ることができる。
　この制度がもつ意義はいかなるものであったか。
　まず指摘しなければならないことは，朝鮮米の商品化・輸移出をいちじるしく拡大させたことである。1917年の段階で，集散地155ヶ所に指定地を設定して検査を行うことによって米の販売を促し，朝鮮米を輸移出流通ルートにのせた。それによって，朝鮮産米を日本米穀市場に囲い込み，日本の経済構造の一環に組み込み，その商品化を一気に加速した。そのことは朝鮮を植民地経済体制に編入する一つの大きな基盤になった。
　指定地ごとの搬出玄米検査，米の商品化の進展は，まず地主小作関係の変化，精米業の発達，国内流通米と輸移出米の二本立ての流通ルートなどの契機となり，そして日本米穀市場に変化をもたらした。
　こうした影響について以下に考察する。

第1項　地主小作関係の変化

　米穀商品化の主役は大量の米を保有する地主であった。検査制度の実施を契機に地主米の商品化が進展するが，それは地主・小作関係に影響を与えた。以下は総督府の調査による[52]。

---

52) 朝鮮総督府『朝鮮ノ小作慣行』上巻（1928年調査），1932年，699頁。

検査ハ単ニ輸移出検査ニシテ生産検査ニ非ラザルヲ以テ其ノ初ハ影響スル処少カリシモ次第ニ年月ヲ経過スルニ連レ地主ニシテ輸移出業者タルモノアル外輸出業者ト地主トノ取引等漸ク盛ンニナレルヲ以テ之ガ穀物検査ノ影響ハ間接ニ小作関係ニ影響ヲモタラセリ，即チ今其ノ各道ノ好悪影響ヲ通覧スルニ左ノ如シ。

一　小作料トナル物ノ作物ノ品種，調製乾燥ニ制限ヲ設ケルモノヲ生ジ小作料ノ品質ヲ改善シ市価ヲ高メタリ。

二　小作料ノ計量ニ改正度量衡器ヲ使用スル者増加シ其ノ普及ヲ促ツツアリ。

三　小作料ト為ル物ノ種類ヲ制限シ殊ニ田ノ小作料ヲ籾トスルモノ大豆其ノ他ノモノニ一定スルモノ等増加シツツアリ。

四　小作料ノ品質ヲ穀物検査ノ等級トシ制限スルモノヲ生ジ代金納ノ換算標準モ其ノ時価ニ依ルコトトスルモノヲ生ジツツアリ。

五　小作料徴収ニ改良叺ノ使用ヲ為サシメ而カモ輸移出用トシテ必要ナル叺検査合格品ヲ使用スルコトヲ制限スルモノヲ生ジツツアリ。

六　小作料トシテ稀ニ玄米（全北，全南，慶北等）ヲ徴スルモノヲ生ジ又一般ニ代金納小作ヲ増加シツツアリ。

七　小作契約ニ於ケル地主ノ前各項ニ対スル諸制限ハ小作人ノ契約違反ヲ多カラシメ，以テ小作権ノ移動ヲ多カラシメツツアリ。

　まず，指摘できることは，米穀検査制度の実施にともない地主に米の商品化への関心が高まり，地主本人がそのまま輸移出業者となる例が現れたことである。さらには，地主と輸移出業者との商取引が活発になった影響を受けて，地主小作関係が「間接的」に改変を遂げていったことがあげられる。小作慣行にもたらした影響を，前掲引用の項目にそって整理すると，

　第一　小作料の形態の変化（三，四，六）
　第二　小作料の品質（品種，調製，乾燥）の規制強化（一，三）
　第三　改良叺使用（五），計量にあたっての改正器使用（二）
　第四　諸制限の違反が多くなり，小作権の移動が多くなる（七）

などの点が認められる。

　本調査の別の項目，あるいは小作契約書等とつきあわせて具体的に検討する。

第1　小作料の形態[53]

真っ先に変化したのは小作料の形態であった。朝鮮の小作料徴収方法には打租，定租，執租の３種があったことはすでに述べた。打租は籾納であったが，定租，執租は籾と中白米納であった。

> 旧時ニ於ケル畓ノ小作料ハ打租ニ在リテハ本質上全然生産物納ナルヲ以テ殆ド籾ニシテ稀ニ他ノ作物ヲ栽培シ之ヲ小作料トスルモノアリシコト今日ト大同小異ナリシ如シ，然ルニ定租及執租小作ニアリテハ普通籾ヲ以テセルモ又中白米ヲ以テスルモ勘カラズシテ殊ニ定租小作ノ場合ニ多ク而カモ寺領地，郷校地，墓位土等ニ於テ一層然ルヲ見ル状況ニアリシ如シ，蓋シ之レ夫等地主ニアリテハ，之ガ消費ニ籾ヲ精米スル労力ヲ欠如セルニ因レル如キモ尚当時ハ未ダ小作料ノ多クハ今日ノ如ク之ヲ商品トスルコト勘ク又商品トスルモ地方市場取引ハ中白米ヲ以テセリ，従ツテ一般地主ニアリテモ自家消費ニ供スルモノハ勿論其ノ他ト謂之ヲ中白米納トスルヲ便宜又有利トセリ，依ツテ以テ小作料ヲ中白米納トスルモノ多カリシ如シ

輸移出米の商品化がまだ進んでない時点では，地主が収納する小作米は自家消費または在来市場への販売上，「便宜又有利」ということから，小作料を中白米納とするものが多かった。ところが米穀検査制度の実施をきっかけに，地主米の商品化が推し進められて，小作米は中白米から籾の形態に変わっていったのである。その経緯を『朝鮮ノ小作慣行』はつぎのように記述している。

> 中白米納ハ地方ニ依リ大正三四年乃至七八年頃迄ハ相当広ク行ハレ来ル如キモ其ノ後次第ニ大地主及不在地主発達シ一方又玄白米ノ製造業発達シ，尚又交通ト交易経済逐年発達セルヲ以テ小作料ヲ商品化スルモノ多キヲ加フルニ至レル処茲ニ於テ従来ノ中白米納小作料ハ却テ又之ヲ籾ニテ徴収スルヲ有利且便利トスルニ至レリ，以テ中白米納ハ遽カニ之ヲ減ジ，籾納トスルモノ増加セリ

1914,5年あるいは1918,9年の段階で，中白米納が減って籾納が増加したことが見てとれる。

各道の資料を見ると，ほとんどの道において小作料の種類を「制限スル者

---

53) 以下の記述及び引用は前掲『朝鮮ノ小作慣行』上巻 162～166頁及び 江原道『小作慣行調査書』1930年，62頁，江原道穀物検査所『江原道穀物検査成績』1930年，1頁による。

ヲ生」じさせていることがわかる。いつ頃に変化が生じていたかを「畓ノ小作料ノ種類及其ノ変遷傾向」からひろってみる。

> 大正八年頃迄ハ寺領地及一般地主中ニモ白米ニテ小作料ヲ徴スルモノ相当アリシガ爾来籾トスルモノ増加セリ（京畿道）
> 一般地主ハ大正三四年頃ニハ殆ド籾ト白米トヲ小作料トセリ（忠清北道）
> 旧来ハ白米ヲ以テセルヲ普通トセルモ，併合前後ヨリ次第ニ減ジ後白米ト籾ノ両者並ビ行ハレ，大正七八年頃ヨリ籾漸増シ近年殆ド籾ヲ以テスルニ至レリ（忠清南道）
> 一般地主ハ旧時ハ籾ト米ヲ小作料トセルモ漸次籾ニ統一セラレツツアリ（全羅南道）
> 海岸方面，高城，襄陽，江陵，蔚珍ノ各郡ニ於テハ産米ノ搬出量増加セルト大正十四（ママ）年玄米ノ検査ヲ施行セルニ及ビ漸次中白米ノ徴収ハ漸次廃レントシ尚鐵原，平康地方ニ於テハ古来，籾及白米ヲ以テ徴シツツアリシモ大正五年頃ヨリ産米ノ増加セルト其後米穀検査ノ施行ニヨリ白米ノ納入ハ殆ンド跡ヲ絶チ貯蔵ト商品価値多キ籾ヲ以テ納入セシムルニ至レリ（江原道）

京畿道は1919年頃，忠清北道は1914, 5年頃，忠清南道は1918, 9年頃に籾納に替っていっている。江原道の資料に明示されているように，この変化は検査制度の実施がきっかけであった。小作慣行調査の時点（1928～30年）では，小作料は定租32%，執租16%，打租52%であった。

商品化の進展に伴い，小作料は籾の形態をとるようになっていったが，それには地域差があった。検査指定地は交通の発達，精米工場の設備，金融機関など，商品経済を推し進める要素を備える輸移出米流通の拠点としての意味ももっていたから，米の商品化の進展度は，こうした指定地と産地の距離の遠近と深く関わっていた。

先の江原道の例を見てみよう[54]。朝鮮半島の中東部に位置する江原道は，水田は少なく，道営検査の実施も遅く，ようやく1926年からはじまった。太白山脈の東側に位置している海岸方面，高城，襄陽，江陵，蔚珍は1926年に道営検査が実施され，指定地が山脈の東側に設置されるが，それを契機

---

54)『朝鮮ノ小作慣行』前掲，700頁，163頁，405頁。

に輸移出米への商品化が推し進められた。一方，鐵原，平康の平野地帯は，太白山脈の西側に位置し，京畿道と接していたため，京畿道の検査を受けたことにより，小作料の籾への変化は1916年あたりからはじまっている。同じ江原道内の水田地帯であっても，東海岸と太白山脈の西側平野地帯とでは，輸移出商品化の進展の度合いが異なっていたのである。

指定地と検査量等の指標でみると，10年代後半から20年代前半の輸移出米の商品化は南部地方を中心に進んでいたことがわかる。

このように小作料の現物納の形態が籾に「統一」されていくと，輸移出される中白米は一層減少し，1915年には総輸移出高214万石中の約7万石にすぎず，1922年，白米検査が実施されると，もはや完全に記録から消えてしまう[55]。

一方，検査制度の実施に伴い，「小作料ノ精選ヲ厳重ニスルヲ以テ代金納トスルモノヲ増加シ其ノ代金換算ノ基礎ハ籾及大豆ニ付テハ穀物検査ノ等級ニ依ル時価ニテ換算スルモノ」があった。1928年現在，代金納の割合は全国平均で3.9％であった。

玄米を徴収する地主も皆無ではなく，全羅南道・慶尚北道・咸鏡南道の3道にその記録がある。「大正十三年東拓会社ニ於テ玄米納ヲ行ヒシヨリ今日個人地主中ニモ之ヲ行フモノアリ」（全羅南道の記録）なる表現からわかるように，玄米検査を受ける地主にみられる現象であった。

第2　小作料の品質制限

つぎに品質制限である。

小作料の品質の良否は「（殊ニ之ヲ商品化スルニ於テハ）地主側ノ利益ニ影響スルコト甚大ナルニ至レルヲ以テ大地主ハ勿論一般地主モ次第ニ其ノ徴収小作料ノ品質ノ向上及統制ニ注意ヲ払フ」ことになった。

検査の実施を契機に品質制限は進んでいったが，その約定はさまざまであった。以下から読みとることができる[56]。

　一　小作料ノ品質ヲ抽象的ニ定メタル事例

---

55) 朝鮮総督府殖産局『朝鮮の米』1930年，付表5。
56) 同上，406頁及び朝鮮総督府『朝鮮ノ現行小作及管理契約証書』1932年，56～60頁。

二　小作地生産物ヲ小作料トスル事ヲ定メタル事例
三　小作地生産品ノ不良ナル場合又ハソレヲ失ヒタル場合ノ事例
四　小作料トナルモノノ種類品種ヲ限定スル事例
五　小作料ノ収納品ノ標準ヲ穀物検査標準トスル事例
六　小作料ハ地主ノ指揮通リトナルモノノ事例
七　小作料ノ収納検査ニ制限ヲ附スル事例
八　小作料ノ増徴又ハ補償ヲ約定スル事例

　検査制度が厳密に施行されるにつれて，小作料の品質に関する約定が厳密化されていくのは自明であった。
　品質制限の程度が「小作地ノ生産物以外ノ良品ヲ代納セシムルガ如キ約定ハ余リニ地主本位ノ約定」であり，上記八には「小作料ノ品質不良ナルニ於テハ懲罰的ニ割増ヲ徴スルコトトシ又小作権ヲ引上グルコトノ特約」もあった。

第3　改良叺の使用

　次に注目したいのは，小作料徴収に改良叺を要求する地主が増えてきたことである。
　俵装はもともと小作人が負担していたが，籾はソムと称する在来俵に1石を収めて地主に引き渡していた。ところが，検査制度の実施とともに，地主は「小作料徴収ニ改良叺ヲ使用セシムルモノ多クナリ」，「其ノ包装ニ付テハ小作人ノ負担ヲ重カラシム」[57]るものとなった。従来，1石に1枚で済んでいた俵が，改良叺入りにする場合には叺2枚が必要とされ，しかもその製造には「器台ト相当ノ技術」が必要であったので，小作人の負担が増えたのである。叺を製造できない小作人は購入費用がかさんだし，叺が用意できない場合には「石頭ニ一割増納入」を要求された[58]。

第4　制限違反の多発と小作権の移動

　要するに，検査は，地主が小作契約上の制限を多く設ける契機となったため，小作人の負担増加による契約違反が急増し，その結果地主の随意的な小

---

57)　『朝鮮ノ現行小作及管理契約証書』前掲，60頁。
58)　同上，60頁。『朝鮮の小作慣行』上巻，前掲，409頁，700頁，同下巻，1932年，62頁。

作権の剥奪が生じることになった。それは植民地地主制が形成される過程であった。

第2項　精米業の発達

　検査制度の実施によって地主主導による米の商品化が進展し，朝鮮産米は輸移出ルートに載せられることになった。しかしそれは最終商品としてではなく，半製品・籾形態での商品化であった。その結果，籾と玄米の隙間に工場制精米業の発達をもたらすことになった。
　日清戦争後，輸出に向けられていた米の加工は，在来の精白工程から玄米工程に改編された。生産農家は伝統的な籾摺臼で籾摺の加工生産過程を担っていたが，検査制度が実施されるにつれこの加工作業工程から排除されたのである[59]。

> 近時（日清戦後：筆者註）鮮人農家に於ても知識程度の向上に従ひ此等生産者の自ら調製に従ふもの多きを加ふるの傾向を有するにも係はらず，昨年（1915年：筆者註）各地に於て検査制度の布かるゝや生産者の仕上にかゝる玄米中不合格物を出すもの多く，是等の不合格米は割安を以て営業者の手によりて再びこれを調製して市場に出され，此間生産者の収利を減却せしむるに反して営業者の利得を増し，此制度布かれてより以来鮮地内各所に於て米穀調製営業者の増加続出を見るに至れるは自然の趨勢にして又止むを得ざるなり

　検査は，従来みずから米穀の加工工程を行ってきた農家を，輸移出米の玄米・白米工程から，すなわち籾摺・精白の労働過程から駆逐する結果を生み出した。農民に代わって加工工程を担当したのは精米業者であった。それまでは，精米所は，開港場と内地の大集散地に限られていたが，検査実施によって指定地（集散地）に精米所が建てられていき，その数は表2-11にみられるように年々増えていった。産地は直接輸移出ルートに繋がれたのである。
　日本へ移出される米が一度精米工場を通過しなければ商品として扱われな

---

59) 天日常次郎「朝鮮米の根本的改良と地方農民」『朝鮮農会報』第11巻第4号（1916年4月），50頁。

表2-11　精米業諸元の年度別推移　　　（単位：個・円・馬力）

年度	国籍別	工場数	資本金総額	生産品価格	原動力	機関数
1913	日本	89	1,768,850	19,048,994	1,833	104
	朝鮮	30	183,900	1,810,389	275	30
	計	119	1,952,750	20,859,383	2,108	134
1914	日本	85	1,946,600	16,482,778	2,398	89
	朝鮮	62	186,200	1,685,172	325	38
	計	147	2,132,800	18,167,950	2,723	127
1915	日本	99	1,820,900	18,636,325	2,144	97
	朝鮮	70	179,400	2,452,788	355	36
	合資	1	2,600	15,200	4	1
	計	170	2,002,900	21,104,313	2,503	134
1916	日本	121	2,702,900	21,753,074	2,868	112
	朝鮮	109	310,000	3,868,344	724	55
	合資	1	2,600	15,210	ND	ND
	計	231	2,015,500	25,636,628	3,592	167
1917	日本	142	3,549,766	41,517,861	3,200	136
	朝鮮	154	546,420	5,855,153	645	70
	計	297	4,096,186	47,373,014	3,845	206
1918	日本	191	5,462,388	71,636,464	3,411	146
	朝鮮	193	1,389,450	17,642,705	787	87
	計	384	6,851,838	89,279,169	4,198	233
1919	日本	212	10,164,050	107,546,982	11,445	151
	朝鮮	228	1,867,351	21,001,394	1,050	115
	計	440	12,031,401	128,548,376	12,495	266
1920	日本	208	13,760,891	53,911,777	3,966	159
	朝鮮	219	1,982,500	11,396,979	1,227	115
	計	527	15,743,391	65,308,756	5,193	274
1921	日本	228	12,477,400	62,677,644	4,447	171
	朝鮮	291	2,492,454	17,001,104	1,297	137
	計	519	14,969,854	79,678,748	5,744	308
1922	日本	276	12,903,298	61,373,338	4,528	199
	朝鮮	257	1,816,564	13,041,595	1,405	146
	計	533	14,719,862	74,414,933	5,933	345
1923	日本	390	13,263,986	84,499,612	5,570	296
	朝鮮	458	2,901,806	23,690,396	1,892	258
	計	848	16,165,792	108,190,008	7,462	554
1924	日本	ND	ND	ND	ND	ND
	朝鮮	ND	ND	ND	ND	ND
	計	1,058	19,547,205	150,140,148	8,667	765
1925	日本	484	17,442,300	126,273,342	6,716	436
	朝鮮	708	6,582,322	54,118,714	4,099	605
	計	1,192	24,024,622	180,392,058	10,815	1,041

出典：朝鮮総督府『朝鮮総督府統計年報』各年度版より作成。

いような流通システムに改変されるのは，全国的道営検査が実施される時期あたりからである。その直接的な契機は，第一に，生産者によって加工された玄米が厳しい検査に合格できなくなったこと，第二に，朝鮮から日本に供給される大量の米の玄米加工は，工場生産でなければ対応できなくなったことである。

こうして加工工程が開港場・集散地の精米所で資本家の手に担われるようになったことは，農村，農家に新たな問題を突きつけた。

まず，多量の藁が叺になって都会に出ていって，それは農村に還ってくることがなかった。また，それまで農家にとどまっていた籾殻・糠等も農村から失われた。そのことによって，土地の有機質が欠乏し，家畜特に耕牛の飼料が不足していく。農家にとって貴重な再生産資料である藁，糠類が，ほとんど無償で都会地に奪われていったのである[60]。

精米業者は，籾摺，精白工程だけでなく，収穫後の乾燥，精選の調製過程まで担当した。工場施設は何千坪もの籾乾燥場を備え，また新発明の高性能の精選器具を採用し，精米工場で乾燥，調製して精米するのが一般的であった。「進歩した機械を使ふ，ゴム臼・改良米選機・凡て朝鮮の方が内地より先きである」[61]ことは，精米業界の「誇り」ともなっていた。

総督府は，収穫後の乾燥，調製，包装等の改善に対し数多くの訓示を出して指導奨励し，慶尚北道のごときは調製時に莚を敷かない場合には科料を科することさえした。しかし「殆ど見るべき実績はなかった」[62]こと，総督府自身が認めるところであった。

こうして結局，産米改良を主導的に行ったのは精米業者（米穀商）であった。検査所の指導は，生産農民に対するものであるとともに米穀商（精米業者）に対するものでもあったわけである。しかしその乾燥，調製，運搬等の諸費用と，検査費用は，表2-12にみるごとく，生産者に全部転嫁されたのである[63]。

---

60) 高橋昇「今後の朝鮮農業に就て」（高橋甲四郎氏所蔵）。
61) 澤田徳蔵『市場人の見たる産米改良』大阪堂米会，1933年，71頁。
62) 蔡丙錫「籾検査の社会的意義」『韓鮮農会報』第14巻第3号（1940年3月），8頁。当時，蔡丙錫は平安北道に在勤した朝鮮産業技師であった。
63) 張永哲「朝鮮米の生産改良及取引改善の転換期（二）」『朝鮮農会報』第16巻第12号（1942年12月），23頁。

表 2-12　1 叺当り検査費用の概算

費　目	金　額	摘　要
運　賃	5 銭	貯米場より検査所迄の運賃
検査手数料	4 銭	検査所へ納入
諸人夫賃 仲仕賃 繰替賃 封筆紙貼付人夫賃	4 銭 1 厘 1 銭 8 厘 1 銭 8 厘 5 厘	
合　計	13 銭 1 厘	最低経費である

出典：朝鮮殖産銀行調査課『朝鮮ノ米』第四版（1928 年）23 頁。

第 3 項　取引上の変化

　取引面では，つぎのような変化が促進された。
　第一に，日露戦争後日本人内陸地移住者が急増するなかで，朝鮮内陸集散地と日本との米の直取引が増加したが，指定地搬出検査が実施されるにつれ，この直取引はさらに増えていく。もちろん金融施設の完備が前提になるので，内陸地で直取引が行われた地域は，ある程度限定されていた。
　以下，全羅南道を例に紹介する[64]。

　　道内湖南鉄道沿線ノ米穀ハ従来木浦商人ノ手ヲ経テ大阪市場ニ仕向ケラレタルモ大正五年度ニ於テ直接内地ニ移出セルモノ約三割ナリシガ本年度ニ在リテハ総移出高（木浦港）五万参千〇九拾五石壱斗ノ内壱万九千八百参拾壱石六斗即チ参割七分参厘ニシテ前年ニ比シ六分参厘ノ増加ヲ来シタリ。

　第二に，輸移出米の取引形態の変化が検査実施直後から現れている。

　　米の取引の如きは検査施行前にありては専ら現物見本に依りたるも検査施行後

---

64)　次項に及ぶ引用及び記述は，全羅南道『大正六年度全羅商道米穀検査成績』1918 年，4 〜 5 頁，40 頁，「米穀検査規則の改正及大豆検査規則の制定に就いて」『朝鮮農会報』第 12 巻第 11 号（1917 年 11 月），35 頁による。

に至りては検査格付により見本を要せざるに至りたる向も少からず，為に取引の敏活と金融の円滑とを促進したること甚大なる……。

　検査実施が進展するにつれ，現物取引や見本取引は，銘柄取引，標準物取引（格付取引）に変化し，それによって流通時間，流通費用が節減された。

　銘柄取引は，朝鮮国内では指定地の地方米穀商・籾摺業者と開港場の輸移出商との間でなされ，また朝鮮輸移出商と日本移入商の間でも，米穀取引所と正米市場での取引にも現れた。つまり，検査米をもって取引する区域に銘柄取引が現出したのである。しかし，生産者から受検の段階までは依然として旧来の取引関係が続いていた。

　第三に，包装，容量の改正が取引の円滑化に及ぼした影響である。

　　大正四年十一月検査開始及大正六年十月規則改正後共米穀ノ改良検査ノ信用ハ需要者ニ周知セラレショリ概シテ検査等級ニ依リ又規定ノ容量（コカシ）ニテ取引セラレ特ニ容量及包装改正ノ結果乱俵脱漏セルモノ少ク受荷主及一般取扱方労働者ノ痛苦ヲ減スル等商取引ニ至大ノ便益ナルノミナラス相互紛争ノ口実ナキニ至レリ

　検査制度が実施されるにつれ，取引形態が現物取引・見本取引から銘柄取引に変化する。朝鮮内，朝鮮と日本の米穀市場の間での取引関係が円滑・敏速になったのである。

第4項　朝鮮米流通の二重構造

　朝鮮内流通米の場合はどうであったか。それは，加工工程においても輸移出米とは異なるものであった。「朝鮮産籾ノ内農家ノ食用及地方在住市邑民ノ消費ノ用ニ供セラルルモノハ多クハ農民ノ手ニヨリ玄米ニ調製スルコトナク直ニ之ヲ臼ニ入レ搗製シテ所謂中白米トセラレ」たといわれている。

　その中白米は定期市で売買されたが，この定期市は，日本支配の全時代を通じて，植民地民衆の生活に密接な関連をもっていた。

　　市場ハ全鮮ニ亘リ稍々繁華ナル市邑ニ於テ普通旧暦ニヨリ月六回五日目毎ニ開市セラル（往々毎日開市セラルルモノアリ）．……之等市場ハ朝鮮ニ於ケル商業機関トシテ重要ナル地位ヲ占メ地方経済ニ至大ナル関係ヲ有ス……地方市邑

在住ノ内鮮人ハ勿論糧食不足ノ農家等モ其糧食米ヲ本市場ニテ購入スルヲ常トシ出場販売者ハ是亦殆ント全部市邑附近ノ中小農トシ日用品購入ノ目的ヲ兼テ其余剰米ヲ一斗, 二斗大キモニ, 三叺位宛搬出シ来レルモノニシテ固ヨリ其量多シトスヘカラサルモ米販売商ノ見ラレサル地方市邑ノ現状ニ於テハ地方ニ於ケル米ノ小口需給ヲ調節スル重要ナル役目ヲナシ中農以下ノ余剰米ノ大部分ハ本市場ニテ消化セラルル実状ニアリ

こうして, 朝鮮米の流通は, 輸移出用の米と朝鮮内流通用の米が, 各々異なる加工工程を経て異なる流通経路を通るという二重構造をもつに至る。さらに朝鮮内流通米の生産過程は輸出米のそれとは異なる。朝鮮内流通米の全過程の把握は, 別の機会を設けて改めて論じたい。

第5項　日本米穀市場の変化

道営検査が実施され, その検査を経て移入された1910年代の朝鮮米について, ①日本米穀市場, 主に大阪市場での位置・価格の変化と, ②朝鮮米の再調製に従事していた大規模精米業の衰退の2点に絞って考察する。

第1　価格の変化

日本米穀市場での米穀の取引には定期取引と正米取引とがあったこと, 本章第1節第1項で述べた。朝鮮米も内地産米同様, その両方で取引されていた。この時期の朝鮮米の中心的需要市場はやはり大阪であった（表2-13参照）。

表2-13　朝鮮米の日本移出米中大阪仕向高　　　（単位：千石）

年　度	日本仕向高	大阪仕向高	比　率	年　度	日本仕向高	大阪仕向高	比　率
1915	2,116	1,095	53%	1919	2,675	1,607	60%
1916	1,193	740	61%	1920	2,893	1,250	61%
1917	1,067	649	61%	1921	3,206	1,943	61%
1918	1,962	1,299	67%				

出典：「大阪市場に於ける朝鮮米」『朝鮮農会報』第19巻第3号（1924年3月）, 58-59頁より作成。

大阪市場での価格を検討してみよう。

表 2-14 は日本内地標準中米と朝鮮標準中米との値鞘比率を調査したものである。両相場の値鞘比率は年々縮小していく。

受渡代用品として，朝鮮米にとって格付は重要だが，この格付にはさまざまな思惑が働く。朝鮮米「排斥」の動きは（日本本土の）地主を中心にして移入税撤廃時から存在したが，米穀商人らは必要に応じてその動きを自己の利益のために利用した。こうしたなかでも標準米に対する朝鮮米の値開きは年々縮小していったのである。

そして検査を梃子に朝鮮で優良品種が普及し品質が向上するにつれ，朝鮮米は大阪で裾米と位置づけられていた北陸・山陰と同等の評価を与えられた。にもかかわらず朝鮮米は北陸・山陰米より 2, 3 円から 4 円も廉価だったので，北陸・山陰米の価格下落がはじまり，売行き不振がはじまった。つ

表 2-14　大阪における朝鮮米の価格（石当り）　　（単位：円・%）

年度	釜山三等米(A)	摂津中米(B)	値開(B-A=C)	値開歩合(C/A)
1903	10.84	13.96	3.12	22.30
1904	11.75	13.32	1.57	11.80
1905	10.78	12.48	1.70	13.60
1906	12.15	14.08	1.93	13.70
1907	13.51	15.43	1.92	12.50
1908	12.84	15.26	2.42	15.80
1909	10.67	12.50	1.83	14.60
1910	11.05	12.69	1.64	12.90
1911	14.96	17.47	2.51	14.90
1912	17.06	20.57	3.51	17.00
1913	18.17	21.54	3.37	15.70
1914	12.96	15.82	2.86	11.10
1915	10.06	12.90	2.84	22.00
1916	11.72	13.91	2.19	15.70
1917	17.67	19.16	1.49	7.80
1918	30.90	28.84	2.06	7.10
1919	42.38	46.23	3.85	8.30
1920	40.52	45.29	4.77	10.60

出典：菱本長次『朝鮮米の研究』593-594 頁より作成。
備考：摂津中米には摂津小粒三等米を選んだ。

まり，朝鮮米の「内地米圧迫の第一鋒」が北陸・山陰の軟質米にむけられたのである。このような現象は1910年代後半から1923年まで続いた。以下は市場関係者の言である[65]。

> 北陸山陰米と内地上米との格差が一円二・三十銭であったのが，検査朝鮮米の出現と共に大正十二，三年には二円近く迄開き，それでも尚北陸は早生米として売れる丈けで，一月になると軟質米の売行は殆ど見られなかった。

第2　「鮮米原料新式精米屋」の衰退

　検査を通過した朝鮮米の流入による第二の変化として，大阪市場での「鮮米原料新式精米屋」の衰退があげられる。大消費市場であった大阪で朝鮮米の輸入とともに成立した朝鮮米専門の精米所（第1章第2節第2項第2で述べ本章第1節第1項でも触れている）の数は，検査実施が進展するにつれて減少しはじめた[66]。

> 大正四年道外搬出玄米検査規則の発布に依り移出米は厳密なる検査を受くるに至りし為め夾雑物の混入著しく減少し従来鮮米の独特の設備と多大の手数を要したりしも品質向上の結果特殊の設備を要せず只だ石抜作業に付き内地米よりも多少の手数の要する外内地米の精白作業と大差なきに至りしを以て鮮米専門の精米業者は漸次減少するに至り…

　夾雑物の多い朝鮮米の輸入に触発されて成立した日本の精米所が，朝鮮で検査が実施されるようになった結果，衰退したのである。彼らの同業組合であった精米業同盟会も，1921年には解散するに至る[67]。

　その反面，いままで卸精米業者（精米所）が精白した朝鮮白米や朝鮮から移入した白米を仕入れて販売していた白米小売業者が，自己の店舗内に1，2台の精米機を備え，店主みずから，あるいは少数の店員とともに精白作業をする「小売精白」店舗が増加する[68]。その理由としては，小売精白の場合は表2-15が示すように，精白の費用も精米工場の費用より少なくてすみ，

---

65) 『市場人の見たる産米改良』前掲，46頁。
66) 「大阪市場に於ける朝鮮米」『朝鮮農会報』第19巻第3号（1924年，3月），60頁。
67) 大阪堂米会『堂島米報』第132号（1930年6月），4頁。
68) 「大阪市場に於ける朝鮮米」，前掲同所。

「石粉搗」でも「生搗米」でも消費者の欲する程度に精白できたからである。さらに，小売業者は，仕入値と小売値の差額だけでなく，精米の利潤も得ることができたため，「自家販売用小売精白業者」は増加したのである。また，朝鮮での精米費が，第一次世界大戦後，労賃の高騰と電動力の高価格等の結果，大阪精米工場の精米費用とほとんど差異がなくなり，地方によってはむしろ割高となっていたという事情もあった。

　小売精白業発達の契機としては，原料玄米の改良や上記の理由に加えて，動力システムの変遷を取り上げなくてはならない。1910年代は蒸気動力から電気動力への移行期であって[69]，小売業者も動力＝電力をたやすく使用できるようになり，さらに作業機すなわち精米機も1919年頃摩擦式精米機が出現し，小売業者の精白能力も格段に大きくなったのである。

　これらの相乗が，日本内地で自家販売用精米業者を増加させたのである。

表2-15　大阪における大小精米所の精米経費及び雑収入比較（石当り）（単位：銭）

	工　　場		小精米所の庭搗（小売商）	
精米費	動力費	18～22	動力費	17～20
	石粉	15	石抜賃	？
	人夫費	20～23	雑費	5～10
	叺及び縄	20～25		
	金利	1		
	機械及び建物償却	11		
	計	90～100		25～30
雑収入	砕米（2升）	40～50	小米（1升8合～2升）	35～50
	ビス、及び唐箕先（8合）	10	糠石粉入（30～35斤）	20～25
	糠（30～35斤）	20～25	糠生搗	20～70
	その他（足元1合）	2	古叺	20～30
			その他	10～15
	計	72～80		85～100

出典：朝鮮農会『朝鮮農会報』第19巻3号（1924年3月），60-61頁より作成。

69）　谷口吉彦『商業組織の特殊研究』1931年，652頁。

群山港風景（1920 年代）

仁川港風景（1930 年代）

第 3 章

武断から文治へ
(1920 年代)

1918年夏，日本各地で米騒動が勃発している。「シベリア出兵」や不作を見越しての買い占め売り惜しみで，米価は前年の3倍にも達し，耐えかねた庶民が米の移送阻止，廉価での販売要求などの挙に出で，ついには暴動に発展した。検挙された人員は25,000人を超え，7,786名が起訴され，第一審での無期懲役が12名，10年以上の有期刑が59名を数えた。死刑を宣告された者もおり，また制圧にあたった軍隊によって刺殺されたものも出た。
　米騒動の衝撃は，日本から藩閥政治を駆逐し，政党政治を招来せしめた。寺内内閣の退陣と原内閣の登場である。そして普通選挙制の導入が日程に上がる。
　翌1919年には，朝鮮では三・一独立運動が起きている。本土での寺内正毅「超然内閣」の退陣に引き続き，朝鮮においてその寺内によって布かれた武断政治が破綻を示したことは，暗示的である。一部のエリートだけでなく全国民を動かしたという意味で，この運動は画期的であったが，日本官憲による弾圧の被害は，米騒動のそれとは比べ物にならぬほど大きい。虐殺の行われた地名が多く史碑に刻まれている。
　この事件は，朝鮮総督府のそれまでの武断的統治が失敗であったことを明らかにし，統治の仕組みは「文治的」なものに切り替えられていく。憲兵は民衆の前からは姿を消した。そして独立宣言起草者たち「首魁」に科された刑罰は，実行行為者たちに科されたそれと比べて，驚くほど軽かった。このことは，三一の運動が，一般市民に支持されたものであったことを日本の権力が認めたことを意味する。もっとも激しい部分を分断して弾圧し，三一の「首魁」を含む有力者や地主層を「親日派」に抱え込むという，朝鮮支配の途がかたちづくられたといってもよい。
　武断から文治に切り替えるについては，それだけの実力が日本に備わったという判断があったからでもある。その大本は，総督府機構の整備に加えて，朝鮮経済の基礎ともいうべき「米」を，日本市場に包摂しえたという自

信である。

　日本本土でも朝鮮半島でも，民を懐柔するための施策が，このあたりからとられることになる。

第 1 節　産米増殖計画と検査の厳格化

　1920 年，朝鮮総督府は「鮮内ニ於ケル米ノ需要増加ニ備ヘ且農家経済ノ向上ヲ図リ併セテ帝国食糧問題ノ解決ニ資センガ為」[1]に「産米増殖計画」を実施した。

　この計画の第一の目的として掲げられた，朝鮮内の「農家経済ノ向上」が，まったくの虚言であるわけではない。しかしむしろ，第二に掲げられた「帝国（主義的）食糧問題ノ解決」に資するためのものであったことは周知の事実である。日本の人口増加のもとで，農村労働力の都市への移動すなわち商工業の発展による米穀購買者の増加も視野に入っていたであろう。

　この「産米増殖計画」のもとで，検査制度は一層厳格に推し進められていく。それは直接的にはまず，検査規則の改正という形をとって現れた。

　検査規則改正の理由を，朝鮮総督府殖産局長西村保吉（在任 1919-24）はつぎのように述べている[2]。

　　大正十年に於ける米の輸移出数量は三百五十五万石の多きに上るの情勢を示した。輸移出量の増加は畢竟産額の増加と内地に於ける需要の増加に帰因すべきも，産米の品質向上と取引の円滑を図りたる米穀検査の力が与つて大なるものあるを認むるのである。然し未だ現在の状態を以て満足することは出来ないのであるから，内地其の他に朝鮮米の欠点とせらるる所は之を出来得る丈改善し，仕向商人をして安んじて取引をなすことを得せしめ，需要地に広く且多量に輸移出する様にすることが半島向上の上から必要なことである。曩に総督府は産米増殖の計画を樹てたが，単に量の増加許でなく質の向上を図ることが朝

---

1)　朝鮮総督府編，『朝鮮産米増殖計画要領』1922 年，5 頁。
2)　西村保吉「米穀検査並大豆検査規則改正に就て」『朝鮮農会報』第 17 巻第 8 号（1922 年 8 月），63 頁。

鮮米に対する永遠の策であつて，質の問題は此の検査の施設に待つことが多い。依て以上の理由に鑑み今回従来の米穀検査規則を改正して，朝鮮米の内地其の他の仕向地に於ける悪評を除くことを企てたのである。

　つまり，「増殖」とは，量の増加のみならず質の向上すなわち価値の増加をも視野に入れた概念だったのである。

　1922年7月11日，新検査規則が総督府令をもって発布された[3]。改正の主な内容をみておこう。

　まず第一に，それまでの玄米に加え，はじめて白米検査が実施されたことに注目しなければならない。

　白米の輸移出数量は年々増加し，玄米のそれに匹敵するに至っていた。1921年には玄米の158万石に比して白米は163万石に達している（表2-11前掲参照）。

　従来白米輸移出量が多い仁川・鎮南浦・群山・釜山を抱える諸道（京畿道・平安南道・全羅北道・慶尚南道）では，白米検査は行わず，各精米所は，独自の包装・容量を整えて，自己の商標（マーク）の信用をもとに取引してきた。実際日本市場における白米の取引は商標によって行われていたのだが，需要の多いときには，信用のある商標品であっても，「間々売行良好なるに乗じ稗，赤米，土砂等の夾雑物混入を慎まざる弊害を生じ品質には欠点なきも調製不良の非難多かりし」[4]といったトラブルが起きていた。朝鮮米の取引，販路の拡張をはかるためには，白米検査はどうしても実施せざるを得なかったのである。

　そのような情勢のもと，白米の輸移出で劣位にある忠清南・北の2道が，道長官の裁量で白米の品位を高めることを目指して，白米検査を実施し，粗精白米の輸移出を禁止した[5]。総督府令は，忠清2道の試みを，朝鮮全土に広げようとするものであった。

　白米検査の重点は，搗精精度の向上と夾雑物とりわけ石の除去であり，石

---

3)「米穀検査規則」（朝鮮総督府令第104号，1922年7月11日）『朝鮮農会報』第17巻第8号（1922年8月），56～60頁。
4)「大阪市場に於ける朝鮮米」『朝鮮農会報』第19巻第3号（1924年3月），61頁。
5)「米穀検査並大豆検査規則改正に就て」前掲，64頁。

抜精選機は朝鮮において特殊の発達をみることになる[6]。
　検査は，白米を特等・1等・2等・等外と，4段階に分けて，等外は輸移出を禁止するというものであった。特等級は搗精・品質優良で，石の混入，蝦米・稗・籾その他の夾雑物の混入なく，砕米の混入が少ないもの。1等級は石の混入が1升につき3粒以内，蝦米の混入はなく，その他の夾雑物の除去が充分であるもの。2等級は石の混入が1升につき7粒以内，その他は1等級と同じ条件であった（米穀検査規則第4条）[7]。
　仁川港の精米業者の場合，白米の原料は，11月より翌年3月までは無検査玄米及び籾であり，3月以後新米が出る10月までは検査合格玄米及び籾を買い入れているが，後者の量は少なかった。白米検査実施以前は，玄米または籾の乾燥の良否，蝦米及び石の多少等による値開きはきわめて少額で，籾は1斤当り1厘内外，玄米は1石30銭内外であった[8]。白米検査実施後の値開きは，乾燥及び石等については検査前と大差ないが，蝦米の有無によって玄米は1石につき約2円，籾は1斤につき3厘というのが相場だった。蝦米の撰粒はきわめて手間のかかる作業で，原料米を検査規則に適合する程度に蝦米を選別するには，1人が1日約8時間撰別しても4斗位がせいぜいであった。蝦米選米の賃金は1斗当り6銭で計24銭もかかったのである。
　白米検査実施後蝦米の混入いかによって原料籾・玄米の価格に差が出てきたのは，このような次第からだった[9]。
　一方，検査実施後消費地市場（大阪市場）では，取引の便益がはかられ，白米の価格が上昇したことが以下からうかがえる[10]。

　　大正十一年九月より移出白米に対しても輸移出検査を施行せらるゝこと、なりてより調製法著しく改善せられ容量包装等も一定せるを以て取引上頗る便利となれり　然して其の価格も亦検査施行当時に於ては検査施行前に比し一石当り約一円高となり一般消費者の気受け良好なりし

　第二は，玄米について検査等級の区分を改善し，それによって品質を高め

---

[6]　菱本長次『朝鮮米の研究』千倉書房，1938年，279頁。
[7]　「米穀検査規則」前掲，56頁。
[8]　「蝦米混入と注意」『朝鮮農会報』第17巻第10号（1922年10月），57頁。
[9]　同上。
[10]　「大阪市場に於ける朝鮮米」前掲，60～61頁。

たことである。具体的には，出廻がもっとも多い3等玄米を品質によって3等と4等に区分して，特等，1等，2等，3等，4等と，5等級にしたのである。従来の3等は時に夾雑物の混入が多いため値幅が広く，市価と合わない事態が時に生じていた。そのような商況を改善するとともに，品質と価格との間のバランスを整え，産米改良を一層促進することが目的であった。3等と4等の夾雑物混入制限は1%引上げられ，6%となった。

　第三は，玄米の夾雑物の混入チェックを強めたことである。

　米穀の改良が進めば，それまではやや大目にみられていた石の混入に関心が移るのは当然である。石の混入は厳格にチェックされ，標準米と懸隔を生じたものは不合格にする方針がとられた。それとともに，石が少くほとんど混入していないと認められるものに対しては，検査請求人の請求により「石抜」の証明もなされた。

　すでに輸移出米穀業者は石抜の必要性を認識し，籾摺工場を有する米穀輸移出商人のなかには石抜調製用具を備え付け，石抜精選玄米を調製する傾向さえも生まれていた。石抜機械を使えば，1升のうち3，4粒程度にまで石抜ができ，石抜米は1石当り約1円高く輸移出することができたのである。20年代初期，石抜唐箕は何種類か用いられていたが，まもなく立体的で場所をとらず工程能力も大きい「タービン式」の石抜唐箕が釜山の日本人によって発明され販売されるに至る。

　赤米は，それまでの「道任せ」が改められ，府令とおりとすることに基準を改正した（表3-1参照）。

　第四は，異年次産米の混淆を検査することであった。従来，産米年次の異なる米穀，つまり古米の混淆については，検査上特に考慮されることはな

表3-1　赤米混入歩合限度の推移（等級別）（単位：粒／合）

米穀年度	特　等	一　等	二　等	三　等	四　等	等　外
1922	5	30	80	180	180	―
1926	5	30	80	180	180	300
1929	5	20	40	100	150	250

出典：菱本長次『朝鮮米の研究』（1938年）314頁より作成。

かったが，異年次産米の混淆したものは不合格として品質の向上をはかることになったのである．

第 2 節　産米増殖計画の手直しと米穀検査制度の改正

第 1 項　背　　景

　第 1 期「産米増殖計画」は思惑とおりには進展しなかった．特殊会社の未設置，相次ぐ経済恐慌，物価騰貴に伴う工事費の増大，政府斡旋資金の絶対額の少なさ，市中金利の上昇，朝鮮財政の引締め等によって，朝鮮総督府は「産米増殖計画」の手直しをはからざるをえなくなった[11]．

　1926 年に「産米増殖計画」が更新された．巨額の低利資金を政府が斡旋する等，大幅な国家介入による土地改良事業の促進がはかられていく．この措置によってはじめて，大量の朝鮮米を日本へ恒常的に移出することが可能になったのである．それは朝鮮の側からみれば，対日本米穀モノカルチュア貿易構造の強化にほかならなかった．

　「産米増殖計画」の更新が，1926 年第 51 帝国議会を通過すると，朝鮮総督府は直ちに検査制度の一層の厳密化をはかるため規則改正を行った．それは「産米増殖計画」実施による輸移出米の量的増加に対応して，日本米穀市場の種々の要求を先取りするものであった．

　そのねらいと効果をみておこう．

　第一は，日本の全国農試の育種によって育成された朝鮮産の陸羽 132 号・農林 1 号の日本米穀市場への出廻りを促進させた．

　第二は，関東大震災後，東京で朝鮮米の取引販路が急激に拡張したことにより，日本内地産米もさまざまな方法で朝鮮米との市場競争に対抗する手段を講じてきたことに対する施策であった[12]．

　第三は，大阪堂島取引所での受渡米として石抜米が使われることになる

---

11)　河合和男『朝鮮における産米増殖計画』未來社，1986 年，110 頁．
12)　澤田德蔵『市場人の見たる産米改良』大阪堂米会，1933 年，42 頁．

につれ，その現実に対応するため，石抜米検査が本格的に実施されたことである。これは東京市場へのより大規模な進出というねらいを秘めたものでもあった。実際，後にみるように，石抜検査の実施に伴い東京で朝鮮米の需要が激増する。

　第四は，1925年末から日本の主要都市で実施されはじめた白米のキロ売り制である。白米小売商が消費者に「めかた売り」するようになったのである。この白米のキロ売り制は，籾摺器，品種，余枡など，さまざまな「産米改良」へ影響を与えた。小売商に至る流通過程は依然容積制であったので，朝鮮の各道検査所ではいち早く重量標記を加えた。

　要するに，この「手直し」は，「産米増殖計画」という朝鮮農業政策に見合うように，また日本消費市場の変化——品種銘柄競争，東京米穀市場への販路拡大，大阪堂島取引所での受渡米の石抜米の使用，白米キロ売り制——によって以後展開される米穀市場を事前に予測し，先取り的に対処するものであった。

　検査制度は「産米改良」と朝鮮米の市場声価上昇の梃子であったといえる。

第2項　改正の内容

　改正の内容をみておこう[13]。

　第一は，玄米等級改正である（第4条，第7条）。改正前は，特等より4等までの5階級であったが，不合格品は輸移出はもとより，道外搬出も認められなかった。その結果，一部の検査所では不良米を合格させることすらあり，それが日本市場で朝鮮米の声価に損傷を与えていた[14]。その弊害を防止し朝鮮米の市価の向上をはかるとともに，朝鮮国内における米の需給を円滑化するために新たに等外米という等級を設置し，輸移出は禁止するものの，これの道外搬出は認めたのである。

　第二は，石抜玄米の改正である。元来，石抜玄米が普通玄米と異なる点としては，石の混入を一切認めていない点が特長であったが，石抜作業技術の進

---

13)　「米穀検査規則改正要旨」『朝鮮農会報』第21巻第2号（1926年2月），56〜57頁。
14)　「大正十四年度穀物検査米豆査定会開催」『朝鮮農会報』第20巻第12号（1925年12月），55頁。

歩と地方農家における調製器具の改良普及に伴なって，その品位の一層の向上を図るため，単に石の混入を一切認めないのみならず，普通玄米に比してその他の夾雑物，ことに籾・稗の混入度が少ないものに限り石抜証印を押捺するという改正がはかられたのである。日本の米穀市場での競争が激しくなる 1930 年になると，さらに石抜米と不抜米の区別そのものを撤廃し，石抜米の制限に適合しないものは等外または不合格品として処理されるように厳しく改正された[15]。

第三は，従来，江原道産米の大部分は道内で消費され，道外搬出量は極めて少量だったので米穀検査は施行されなかったが，江原道にまで米穀検査の施行範囲が拡大されたことである。その理由を示しておく[16]。

> 輓近本道に於ける米産額は土地改良事業の進捗に伴ひ漸次増加し道外搬出数量も相当多きを算するに至り若し従前通り検査を施行せずして道外搬出を為さしむるに於いては品質，乾燥調製の不良，包装の不完全等の為商取引の円滑を欠き延ては産米の声価を損傷せしむるの虞あるを以て此等弊害を除去し本道産米の改良を図らんが為今回米穀検査を本道にも施行する様改正せり

すなわち，江原道においても道外搬出が進んだ結果，米穀の品質の一層の向上が求められたのである。

第四は，水稲，陸稲に検査を区分したことである。陸稲は従前はすべて不合格にしていたが，産米増殖計画実施により各地において陸稲の栽培が漸次増加し，商品としての陸米の出廻をみるに至ったので，これを不合格にしてしまうと需給の円滑を欠くという理由で，陸稲を水稲と区別して検査を行い，陸稲にはその叺面に赤で「陸」の字を押捺し一見して鑑別しやすくしておくことにしたのである。

第五は，外米，台湾米を移送，取扱の両面で朝鮮米と区別する方策がとられたことである。朝鮮米の輸移出数量が増加するにつれて，朝鮮産以外の米の輸入もいちじるしく増加した。これらの米のなかには一見朝鮮と判別困難なものもあり，朝鮮米の声価の損傷を防止するため，支那米の場合は「支」と，台湾米は「台」と押捺し，また票箋を添付して朝鮮産以外の米であるこ

---

[15]　「各道穀物検査所長打合会の協定事項」『朝鮮農会報』第 4 巻第 4 号（1930 年 4 月），84〜85 頁。
[16]　『朝鮮農会報』第 21 巻第 2 号（1926 年 2 月），56 頁。

とがすぐに識別できるようにした。

第3項　乾燥問題

　日本米穀市場での競争が激化すると，玄米検査では一層厳格に乾燥度が要求された。1929年には，各等級とも一律に水分含有率15.5％以内とし，これを少しでも超えると不合格とされた。それ以前は，上等品は乾燥の度合いを厳しくチェックするものの，下級品の乾燥度は大目にみることもあったのである[17]。

　この時期に特に水分含有率を厳しくチェックした背景としては以下の三つの理由が考えられる。

　第一は，朝鮮米の市場開拓問題である。当時，朝鮮米は腐敗するという理由で，夏になるとほとんど売れなかった。朝鮮米を夏でも売れるようにしたのである。

　第二は，大阪をはじめ各地の取引所での受渡米[18]は1925年現在71％が朝鮮米であったことである。受渡米は長く倉庫に貯蔵せざるをえないので，乾燥度は常に最重点事項の一つであった。

　第三は，朝鮮内における動力用籾摺器，稲扱器の普及である。稲扱器は夾雑物の除去や脱穀の能率を向上させ，夾雑物の混入は相当改善されたが，「従来朝鮮ノ慣行トシテ籾ハ之ヲ石ニ打チ付ケテ落ス為刈取後ノ乾燥ヲ良クセルガ近来稲扱器ノ発達普及セル為籾ノ乾燥ハ却テ不良」[19]となっていた。ゴム臼（渡辺式，冷歯式）と衝撃式の籾摺機は，乾燥が不充分な籾でも籾摺が容易だったのである。

　こうした状況に対応すべく水分含有率の低下を定めるだけでなく，その計測方法もこの時期に改正された。以下は当時の全北穀物検査所長横山要次郎による[20]。土臼，木臼で籾摺されていた時期には玄米の水分含有率の鑑定は，

---

17)　『朝鮮米の研究』前掲，310頁。
18)　朝鮮殖産銀行『朝鮮ノ米』1928年，25頁。
19)　「朝鮮米に関する諸問題」『荷見文書』（『荷見文書』は農林官僚荷見安の個人文書である。農林省米穀局長時代に農林省京城米穀事務所から送られてきた朝鮮米関係の資料が含まれている。農業綜合研究所所蔵）。
20)　横山要次郎「全北米より観たる中心市場の選定と水稲品種の変遷」『朝鮮農会報』第4巻第10号（1930年10月），62～63頁。

「手の触感を経とし，米の光沢を緯としたのであるが，それでも水分含有量が略〻判定され甚だしき差違を生」じなかった。しかしゴム臼，あるいは各種の精巧な調製器具によって調製された玄米は，手の触感や米の色沢のみでの鑑定では，含水率を正確に計測できなくなった。そこで「手の触感，米の色沢今日の鑑定上只一つの要素たるに」止め，加えて米の硬度の測定を中心として総合的に水分鑑定をなすよう改められた。

第4項　品種表記と重量表示

　日本米穀市場における品種銘柄競争の激化にいち早く対応するために，米穀検査所側は品種別標準米をつくり，（異品種が混合しない）純調製品に対して品種記号を表記をすることになる。

　咸鏡南道では純粋な「亀の尾」に「亀」の証印を押していたが，その「亀」の証印を有するものは，それを欠くものより石あたり50銭以上高価に売買された[21]。慶尚南道では「穀良都」，全羅南道では「雄町」の純調製品に証印の押捺がなされ，それぞれ声価の向上がはかられた[22]。

　1930年12月，朝鮮各道穀物検査所長会議が開かれている。この会議では，日本の各都市で白米小売が「めかた売り」されるようになったことに対応して，それまでの容量に基礎を置く検査に，あらたに重量測定を加えるという決定がなされた。重量の明示方法は各道に任され[23]，各道は，表3-2のように重量表示を行った。

　品種表示といい重量明示といい，産地間競争に積極的に対応しようとする総督府農政の姿勢をみることができよう[24]。東北各県で陸羽と農林1号に品種記号が押されるようになるのは1937年からであり，重量表記が日本産米に取り入れられるのもずっと後の事である。総督府の先見性と米穀移出意欲の強さを見てとれる。

---

21)　「咸南亀尾米の大宣伝」『朝鮮農会報』（朝鮮文）第2巻第2号（1928年2月），85頁。
22)　「全南雄町種標識証印押捺」『朝鮮農会報』第3巻第3号（1929年3月），101頁。「慶南穀良米特別表記」『朝鮮農会報』第3巻第4号（1929年4月），101頁。
23)　「各道米穀検査所長打合会状況」『朝鮮農会報』第5巻第1号（1931年1月），127～128頁。
24)　持田恵三『米穀市場の展開過程』東京大学出版会，1970年，202頁。

表 3-2 道別玄米重量規定

道	実施年月日	内容
慶尚北道	1931/ 2/ 1	4等以上の合格品（各等級別の重量限度は設定せず） 大粒（穀良都）正味4斗5合-103斤以上 小粒（早神力）正味4斗5合-102斤以上
全羅北道	1931/ 2/20	3等以上の玄米 最低正味重量：16貫5百匁（103斤125匁）
	改正 1931/10/20	1叺の口米は7合以上としたること 1叺の容重量(4斗7合重)3等は16貫6百以上, 4等は16貫4百匁以上
忠清北道	1931/ 2/ 1	等級別に正味重量 1等以上　105（120）以上, 2等　104（111）以上, 3等 103（110）以上, 4等　102（109）以上 表示重量は風袋縄叺を7斤として加算する。容量は各等とも1叺4等6合以上
平安北道	1931/ 1/ 2	玄米合格最低標準重量：皆掛107斤（正味101斤）以上
平安南道	―	改良種　特等105, 1等104, 2等103, 3等102　4等101, 在来種　3等101, 4等100
咸鏡南道	1931/ 4/ 1	検査請求叺数の1割以上に就き検斤し皆掛平均斤量を表示する

出典：『堂島米報』第140-149号（1930年11月20日-31年12月20日）より作成。

第3節　受　検　者

第1項　受検の概況

この時期の検査状況を瞥見しておこう（表3-3参照）。

第1　玄米検査

受検量は総米穀生産高の約3割前後である。合格の割合は1926年から95%以上という好成績を示している。しかし輸移出が禁止されていた等外米を含めて計算すると，不合格米は，1930年（米穀年度1931）には14.3%にものぼる。この時期の検査の厳しさがうかがえる。不合格の原因は各年度によって異なるが，夾雑物，乾燥，品質の順であった。乾燥不足による不合格の割合は年によって相当ばらつきがある。

等級別にみてみよう。

表3-4は，消費市場での区分で，2等米以上を上米，3等米を中米，4等米以下を下米と分けたものである。朝鮮の米穀商人の分け方とは異なって，当時米穀市場では上，中，下米の区分をしていたのである。これによると，1929年を境にして，3等米以上の上・中米が減少して4等米以下の下米が増加している。一般的には中等米がもっとも多いことから，検査は3等級本位

表3-3 玄米検査高・等級別合格率の推移と不合格原因　　（単位：千叺・％）

米穀年度	1923	1924	1925	1926	1927	1928	1929	1930	1931
検査総数	5,979	7,008	9,331	10,510	10,973	12,607	10,346	8,849	12,839
特　　等	1	1	0	0	0	0	0	0	0
一　　等	1	2	2	3	3	2	2	0	0
二　　等	13	14	13	12	10	9	11	4	4
三　　等	84	57	53	57	49	48	55	46	39
四　　等	2	21	27	25	30	30	27	36	45
等　　外	—	—	—	2	8	10	5	12	13
合格歩合	93	94	94	97	98	98	99	98	99
不合格原因									
品　　質	—	11	3	18	15	19	8		
乾　　燥	44	15	17	22	69	12	10		
蝦　　米	6	10	11	9	12	7	3		
赤　　米	12	11	9	6	2	1	1		
他の夾雑物	31	45	34	47	47	47	61		
累年度産米	—	0	0	0	0	1	0		
包　　装	5	6	5	10	9	5	4		
容　　量	1	1	7	6	8	2	10		

出典：『朝鮮農会報』第19巻第4号（1924年4月），69-70頁，第4巻第2号（1930年2月），111頁，朝鮮総督府穀物検査所『検査統計』1939年度より作成。

表3-4 上・中・下米別玄米検査高（逐年）　　（単位：％）

米穀年度	上 米	中 米	下 米	米穀年度	上 米	中 米	下 米
1925	15	55	30	1930	2	30	69
1929	5	45	50				

出典：濱崎喜三郎『米価対策　遺された諸問題』（1931年），9頁より作成。
備考：1. 上米は2等以上のもの，中米は3等，下米は4等以下のものである。
　　　2. 1930年は10，11月分である。

になるはずであったが，受検玄米は下米が7割を占めていた。産米改良が進んできた状況の中でのこの現象の意味に関しては，本章第6節で詳述したい。

第2　白米検査

白米検査量は年々増加していったが，その大半が1等と評価されて，不合

表3-5　白米検査成績（逐年）　　　（単位：千叺・％）

年度	1923	1925	1926	1927	1928	1929	1930	1931
検査総数	4,052.0	4,499.0	4,969.0	6,742.0	8,160.0	6,048.0	6,534.0	10,787.0
特　　等	2.3	1.0	0.5	0.5	0.5	0.5	0.4	0.2
一　　等	89.4	95.2	95.4	95.9	96.4	96.9	96.0	94.8
二　　等	6.9	2.8	3.6	2.9	2.4	1.8	2.8	4.3
等　　外	1.2	0.6	0.4	0.6	0.5	0.6	0.7	0.5
合格歩合	99.8	99.8	99.9	99.9	99.9	99.9	99.9	99.8

出典：『朝鮮農会報』第19巻第4号（1924年4月），70頁，第4巻第2号（1930年2月），111頁，朝鮮総督府穀物検査所『検査統計』（1939年度）より作成。
備考：年度は産米年度（前年11月より当年10月まで）である。

表3-6　1929年産米道別玄・白米検査高（単位：玄米は千叺，白米は千個）

道	玄米検査高	比率	白米検査高	比率
京畿道	135.0	1.3	2,681.0	44.3
忠清北道	409.0	3.9	0.0	0.0
忠清南道	1,042.0	10.0	9.0	0.1
全羅北道	1,932.0	18.6	63.3	10.4
全羅南道	1,674.0	16.1	17.0	0.2
慶尚北道	1,188.0	11.4	223.0	3.6
慶尚南道	2,191.0	21.1	975.0	16.1
黄海道	257.0	2.4	13.0	0.2
平安南道	505.0	4.8	1,228.0	20.3
平安北道	912.0	8.8	195.0	3.2
江原道	43.0	0.4	19.0	0.3
咸鏡南道	52.0	0.5	51.0	0.8
計	10,345.0	100.0	6,048.0	100.0

出典：『朝鮮農会報』第4巻第2号（1930年2月），114-118頁より作成。

格の割合は玄米の場合に比して格段に少なかった（表3-5参照）。
　道別検査量をみると，玄米検査量の多い地域は，慶尚南道，全羅北道，全羅南道，慶尚北道，忠清南道で，白米検査量が多いのは，京畿道，平安南道，慶尚南道，全羅北道の順である。京畿道では検査量の95％以上が，平安南道では約70％が白米検査で，全羅南道，忠清南道は各々99％が，慶尚北道は84％が，平安北道は83％が玄米検査であった。慶尚南道では玄米70％白米30％であった（表3-6参照）。

第3　道検査の諸相

　つぎに受検の状況をみよう。当時の全国データがないので，手元にデータのある慶尚北道・京畿道・平安南道・全羅北道を例に考察する。実は，前2道と後2道とでは，資料の質が異なる。したがって慶尚北道と京畿道，平安南道と全羅北道を対比しつつみてみよう。
　慶尚北道　　玄米検査が中心である。表3-7は慶尚北道の月別玄米，白米検査高である。玄米検査量が多いのは11，12月で，1，2，3月までの5ヶ月間に総受検量の約75％が受検している。夏の6，7，8月は少ない。延べ受検人員から換算すると1受検量は平均約93叺である。白米の受検量が多

表3-7　慶尚北道の月別玄・白米検査高（1926年度）　（単位：叺・％）

	玄　　　米				白　　　米			
	検査数	比率	のべ受検人員	一人当り平均	検査数	比率	受検人員	一人当り平均
11	467,800	20	4,468	105	6,865	6.4	31	221
12	469,592	20	4,649	101	7,199	6.8	54	133
1	323,601	14	3,188	102	9,748	9.2	57	171
2	236,622	10	2,248	105	13,202	12.4	57	232
3	242,109	10	2,508	97	12,411	11.7	60	207
4	190,361	8	2,261	84	8,185	7.7	50	164
5	135,320	6	1,757	77	7,660	7.2	51	150
6	44,275	2	678	65	3,594	3.4	27	133
7	14,672	1	247	59	7,304	6.9	38	192
8	29,018	1	424	68	8,539	8	37	231
9	114,750	5	1,310	88	11,672	11	62	188
10	64,249	3	1,056	61	9,796	9.2	61	161
合計	2,332,370	100	25,099	93	106,175	100	599	177

出典：慶尚北道米豆検査所『慶尚北道米豆検査所報告』第8報，28-30頁より作成。

表3-8 京畿道の月別白米検査件数（1927米穀年度）(単位：1000個)

月	検査数	比率(%)	月	検査数	比率(%)
11	304	9.7	5	103	3.3
12	300	9.6	6	112	3.6
1	293	9.4	7	148	4.7
2	198	6.3	8	260	8.3
3	160	5.1	9	522	16.7
4	119	3.8	10	612	19.5
			合計	3,133	100.0

出典：京畿道穀物叺検査所『検査の概要』14頁より作成。
備考：単位は検査数は1000個，比率は%。

表3-9 平安南道玄米受験者別検査高　　　　　　　　　　（単位：叺）

番号	受検者	住所	検査数	番号	受検者	住所	検査数
1	邊承爕	鎮南浦	20,039	23	揚龍變*	粛川面	2,175
2	金永吉*	鎮南浦	16,665	24	金顕錫	粛川面	1,477
3	康龍祥*	鎮南浦	5,827	25	金在源*	粛川面	313
4	平和商会	鎮南浦	4,244	26	金昌胤*	大尼面	7,483
5	安相源	鎮南浦	4,197	27	金正洙*	大尼面	3,232
6	張錫順	鎮南浦	4,159	28	李道喜*	立石面	8,647
7	全洛鴻	鎮南浦	959	29	金文鉉*	立石面	7,314
8	森本沢吉	鎮南浦	708	30	金周鉉*	立石面	6,406
9	末永淳	鎮南浦	251	31	洪賢道	立石面	5,361
10	金吉和*	鎮南浦	202	32	金禮甲	立石面	5,230
11	鄭泰元*	平壌	1,750	33	崔鳳俊*	立石面	5,173
12	黄河永	南串面	193	34	金大淀*	立石面	4,818
13	趙徳龍*	公徳面	13,496	35	金乗杉	立石面	4,406
14	田元三*	公徳面	13,949	36	魯松岐*	立石面	3,944
15	黄学洙*	東岩面	4,092	37	高鐘健	立石面	3,760
16	金致明*	粛川面	20,794	38	崔南鵬*	立石面	2,187
17	朴応漢*	粛川面	12,781	39	林養律*	新安州面	22,790
18	安錫哲*	粛川面	9,530	40	金化鼎*	新安州面	21,765
19	鄭亭泰*	粛川面	7,240	41	金鎮泓*	新安州面	21,362
20	李一技	粛川面	6,234	42	沢井一太郎*	新安州面	6,940
21	朴英華*	粛川面	5,372	43	金仁松*	新安州面	4,659
22	白興周*	粛川面	2,726	44	李榮蹟*	价川面	9,680
						合計	314,530

出典：平安南道穀物検査所『昭和五年度検査成績』7-18頁より作成。
備考：検査数は1929年11月-30年10月までの受検である。
　　＊の付された受検者は玄米業者である。

いのは2月，3月，9月の順である。夏になっても受検量がそれほど減っていない点は玄米の場合と対照的である。1受検量の平均は177叺で，玄米の約2倍にあたる。取引の規模が白米の方が大きいことがわかる。

　京　畿　道　　白米検査が中心である。11, 12, 1, 2, 3月が多く，夏になると少なくなってくる（表3-9参照）。これは慶北の玄米と同じ傾向である。

　平安南道　　表3-9, 表3-10は1930年の玄米・白米の検査数である。玄米受検者は44人である。1万叺以上受検する者が9名で，他は6人を除いて1千叺以上1万叺以下である。白米受検者は27人であるが，4人で総受検量の50％を占めていた。特徴の一は，受検者が少なく，1受検者当りの受検量が大きいということ，特徴の二は，受検者の大部分が精米所を有する米穀商であることである。白米受検者26人中22人が精米業者であり，玄米受検者44人中30人が籾摺業者である。平安南道は精米業者・籾摺業者を拠点にして籾が集散され，米が輪移出されていることがみてとれる。

　全羅北道　　受検者は404人で，受検者別の受検量の分布は表3-11の示

表3-10　平安南道精米受験者別検査高　　　　　　（単位：叺）

番号	受検者	住　所	検査数	番号	受検者	住　所	検査数
1	加藤平太郎*	鎮南浦	448,146	15	宋載秀*	平壤	11,549
2	齋藤久太郎*	鎮南浦	233,547	16	金東順*	平壤	10,394
3	李鐘變*	鎮南浦	182,069	17	虚信徳*	平壤	11,045
4	新井新蔵*	鎮南浦	199,420	18	康謂斗*	平壤	6,473
5	梅村正六	鎮南浦	12,577	19	揚東集*	平壤	23,563
6	吉岡惣吉*	鎮南浦	921	20	李載純	平壤	5,857
7	白楽三*	鎮南浦	349	21	鄭吉鉉*	平壤	2,000
8	洪慶裕	鎮南浦	127	22	寓大均*	平壤	1,285
9	金美鎮	平壤	9,750	23	車日麟*	平壤	9,576
10	鄭圭鉉*	平壤	6,470	24	金承雲*	平壤	4,446
11	揚春集*	平壤	11,483	25	李士吉*	平壤	100
12	呉天一*	平壤	3,385	26	金在完*	平壤	194
13	鄭泰鉉*	平壤	16,520	27	その他		205
14	寓敬模*	平壤	3,220		合　　計		1,214,571

出典：前表と同じ。
備考：検査数は1929年11月-30年10月までの受検である。
　　　＊の付された受検者は精米業者である。

表 3-11　全羅北道検査高別玄米検査受検者数（1931 年産）

検査数（叺）	受験者数（人）	検査数（叺）	受験者数（人）
100 未満	43	5,000 ～ 10,000	70
100 ～ 500	75	10,000 ～ 50,000	81
500 ～ 1,000	34	50,000 以上	3
1,000 ～ 5,000	101	合　計	407

出典：全羅北道穀物検査所『検査成績』(17)，24-40 頁より作成。
備考：1931 年 10 月～1932 年 9 月まで。

すとおりである。100 叺未満の受検者が 43 名，100 叺以上 500 叺未満の受検者が 75 名であった。

このことから平安南道と全羅北道では，受検の形態が異なっていたことが推測される。このことは，輸移出米の流通構造の相違を反映している。

第 2 項　受検者としての日本人地主

さて，そもそも検査は誰が受けたのであろうか。前項で示唆したように，検査は輸移出米検査，搬出検査という性格をもっているので，受検者は主として米穀商と精米業者であった。

では，地主のなかで検査をみずから受けるものが存在したのか，また存在したとしていったいどのくらいの割合であったのか，また，地主経営の精米所の有無，さらに地主のなかに輸移出業をも営んでいる者がいたのかどうか，これらを検討していこう。

全朝鮮にわたって，地主名簿，・受検者名簿・精米所名簿が披見可能なわけではない。「米どころ」全羅北道のこれら名簿が揃っているので，ここでは全羅北道を対象に検討することにする。

考察の前に，全羅北道の地主の存在形態をみてみよう。

ここは日本人農業経営者がとりわけ多数存在した地域である。彼らは「企業家としての地主」，つまり「動態的地主」[25]（東畑精一の定義）であり，生産

---

25)　東畑精一・大川一司『朝鮮米穀経済論』日本学術振興会，1935 年，東畑精一『日本農業の展開過程』1936 年。

の全過程に主体的積極的に介入する例が多かった。

また，全羅北道の朝鮮人地主には，「全北型」[26]（宮嶋博史の命名）が多く存在している。宮嶋は朝鮮人地主を「全北型地主」「京畿型地主」に類型化しているが，その指標は，大地主としての形成年代，小作の取締方法，中間管理人の性格，小作人の地主からの借財理由であり，積極的地主経営を行っているタイプの地主が集中的に全羅北道に存在していることに着目しての命名である。

「動態的」といい「全北型」といい，これらの類型はいずれも，生産過程への積極的介入に着目してのものである。

さて，全羅北道の地主の受検状況，精米工場の経営状況を，日本人地主，朝鮮人地主に分かって整理したのが表3-12である。1930年末現在，全羅北道の土地50町歩以上規模の地主は178名で日本人地主が82名，朝鮮人地主が96名であった。

まず日本人地主の受検・精米工場経営の有無をみると，日本人地主の36％にあたる30名が受検者であった。また受検する地主のなかで22名が精米所を直接経営していた。規模が大きいほど受検率が高いことが分かる。千町歩以上の大地主は9人中8人が受検し，7人が精米所をもっていた。

つぎに，朝鮮人の受検・精米工場経営の有無である。精米工場を持っていた朝鮮人地主は受験者1人を含めて2人であった。これは，朝鮮人地主のほとんどが籾の形態で米を売却していたことをうらづける。彼らは，加工，流通，販売には直接関与していないのである。

表3-12 全羅北道地主の精米業兼営・受検状況

日本人地主

農地所有面積	地主数	受検	精米業
50町歩以上100町歩未満	31	2	4
100町歩以上500町歩未満	32	15	11
500町歩以上1,000町歩未満	10	5	2
1,000町歩以上	9	8	7
計	82	30	21

朝鮮人地主

農地所有面積	地主数	受検	精米業
100町歩以上500町歩未満	91	1	3
500町歩以上1,000町歩未満	4	0	0
1,000町歩以上	1	0	0
計	96	1	3

26) 宮嶋博史「植民地下朝鮮人地主の存在形態に関する試論」『朝鮮史叢』第5・6合併号（1982年）。

表3-13は500町歩以上の大地主の名簿である。500町歩以上の大地主の所有面積は1930年現在，全羅北道畓総面積（171,996町歩）の17.5%を占めていた。民族別にみると日本人地主が19人，朝鮮人地主が5人で，所有面積の比率は日本人86.1%，朝鮮人13.9%であった。

二つの表からは，ともに生産過程に積極的に介入していたといわれる「動態的地主」（日本人）と「全北型地主」（朝鮮人）の間には，加工，流通，販売過程への関与に関しては，対照的ともいえる大きな差があったことが読みとれる。日本人大地主米は，地主の手中で加工され，受検されたことがわかる。

日本人地主のかなりが，米の商品化の過程からも利潤を得ていたのであ

表3-13　全羅北道畓500町歩以上所有地主の名簿及び受検・精米所経営状況

	氏　名	国　籍	畓面積（町歩）	受検	精米所
1	東洋拓殖㈱裡里支店	日本人	8,725	○	○
2	熊本利平	日本人	2,750	○	○
3	多木農場	日本人	2,455	○	○
4	白寅基	朝鮮人	2,099		
5	右近商事南鮮出張所	日本人	2,013		
6	石川県農業㈱	日本人	1,412	○	○
7	東山農事全北出張所	日本人	1,313	○	
8	細川護立	日本人	1,183	○	○
9	二葉社㈱	日本人	1,028	○	○
10	不二興業全北農場	日本人	1,000	○	○
11	大橋農場㈱	日本人	944		
12	八木農場	日本人	907		
13	金年洙	朝鮮人	690		
14	朴基順	朝鮮人	685		
15	阿部市商店㈱	日本人	665	○	○
16	三重農場	日本人	612	○	
17	佐藤政次郎	日本人	572		
18	張栄奎	朝鮮人	564		
19	中柴産業㈱	日本人	561	○	
20	大倉栄吉	日本人	560		
21	真田農事㈴	日本人	549		
22	金炳順	朝鮮人	535		
23	桝富農場	日本人	516	○	○
24	宮崎佳太郎	日本人	500	○	
	合計		32,838		

出典：地主名及び所有面積：農林省京城米穀事務所群山出張所『全羅北道全羅南道地主調』（1930年末現在）。
この名簿は，日本人については50町歩以上所有者を，朝鮮人については100町歩以上所有者を載せている。
なお，㈱は株式会社を，㈴は合名会社を意味する。
受検：自己の名で昭和5年産米の米穀検査を受けていることを意味する。全羅北道穀物検査所『検査成績』（1931年10月），21頁以下。
精米：自ら精米所を経営していることを意味する。全羅北道穀物検査所『全北の米』（1930年5月），51頁以下，より作成。

日本人地主の農場経営風景

全北川崎農場稲穂神社

浦項松兼農場小作稲品評会

る。さらに，彼らのなかに輸移出業を営んでいるものが7，8人いたことを筆者は断片的資料から確認しているが，輸移出業者の名簿が入手できないので数値としてそれを提示することはできない。彼らは「地主―精米業（受検）―輸移出業」といういわば米穀業の「三位一体」のプロセスを掌握し，生産から販売過程にいたる全過程から利潤を得ていたのである。

第4節　生産・流通過程の変化

第1項　1920年代における品種改良の展開

第1　種子更新

米の品質改良の基本である品種改良は，この時期いかに展開したか。

改良品種の普及率は1919年には52.8％（作付面積）であったが，1930年には70％に達している。

当該期は，優良品種をこれまで普及していない地域へ普及させる一方，品種の統一，品質の改善とともに，増収をはかるための種子更新が主要な課題となった。同品種の種子を系統的採種圃で生産されたその原種に更新する種子更新なしには，米種は退化劣変していくのである。

1917年，朝鮮総督府は優良品種普及，種子更新の方針を定め，各道に通牒を発し，実行を督励した。しかし実際のところ10年代には，「各種の困難なる事情があって」種子更新が行われなかったために，品質の低下，減収，また異品種特に赤米混淆という問題が発生した[27]。

朝鮮総督府による種子更新計画は，「産米増殖計画」の樹立に基づいて1922年から実行される。これは日本本土の種子更新の方法を踏襲したものである[28]。まず各道の道種苗場において優良な原種を育成し，その種子を郡

---

[27] 鈴木慶光「水稲優良品種の種子更新に就て」『朝鮮農会報』第19巻第4号（1924年4月），24頁。
[28] 農林省熱帯農業研究センター『旧朝鮮における日本の農業試験研究の成果』（農林統計協会刊，1976年），250頁。

あるいは面に設置した系統的採種畓において増殖させたものを一般農家に配布する。以後5ヶ年間で改良品種普及面積の全部の種子を更新するという計画であった。

実施にあたり朝鮮総督府は各道に道技師を配置し、道と面にはそれぞれに、採種畓反当り2円宛を支出し、さらに系統的採種畓のうちで経営のもっとも困難であった最下級の第二次採種畓に対しては反当り2円の国庫補助を交付した。実施方法としては、各郡または面を4ないし5区に分かち、毎年1区分ずつ優良品種栽培面積に要する種籾を面の倉庫に保管しておいて翌春播種の直前に全農家に配布し、それを強制的に播種させた[29]。種籾は無償で配布

表3-14　水稲品種改良更新実績　（単位：1000町歩）

	米穀年度	計画(A)	実績(B)	B/A(%)
第一次更新	1922	200	138	69
	1923	200	219	110
	1924	200	227	114
	1925	200	234	117
	1926	200	246	123
	計	1,000	1,067	107
第二次更新	1927	270	337	125
	1928	270	323	120
	1929	270	334	126
	1930	270	351	130
	1931	270	374	139
	計	1,350	1,721	128
第三次更新	1932	270	441	164
	1933	270	459	170
	1934	270	495	183
	1935	270	481	178
	1936	270	527	195
	計	1,350	2,405	178
	1937	546	543	99
	1938	569	559	98

出典：朝鮮総督府農林局『朝鮮米穀要覧』(1940年)、40頁より作成。

---

29) 『朝鮮米の研究』前掲、154頁。

したわけではなく，前年秋の収穫と同時に代償分の籾を面に納入させたのである。

第一次5ヶ年計画の実施状況は計画を上回っていた（表3-14参照）。1927年現在，改良品種の耕地面積は約117万町歩で，5ヶ年で改良品種耕地のすべてで更新されるように計画されていた。

1927年から，第二次5ヶ年計画が実施された。5年に1回の種子更新では不十分だとして，更新間隔を3, 4年にする道も多かった。そして郡または面単位の更新では徹底を欠くとして，道を数区に分かつことにした地方もあった。第二次種子更新事業も，計画を上回って遂行されつつあった。

第2　品種転換の契機

しかし，同一銘柄内の種子の更新だけでは，優良品種による産米改良は不可能であった。時間の経過につれて品種は種子更新しても退化する。特に20年代後半に入ると，新しい優良品種への転換が内外的に要求された。

その契機を以下に示しておこう。

まず，朝鮮の農業生産・政策面の変化を指摘しなければならない。

第一に，朝鮮の耕種法と施肥法が変化したことである。

第二次産米増殖計画樹立の1926年頃より金肥の使用がいちじるしく増加し，肥料の種類も大豆粕から硫安に移った。収量増加の反面，病害も頻発した。施肥法の変化にともなって，耐肥耐病性の強い多収品種の出現が待たれるようになった。

典型的な例として「早神力」がある。1929年まで作付面積が第1位であった「早神力」は次第に栽培されなくなってくる。早神力は金肥を使わなかった1910年代の改良品種，つまり奨励品種であったが，耐肥性・耐病性がともに弱いので，次第に収量が停滞し米質が悪化してきたのである。結局，全羅北道（1930年），全羅南道（1931年），慶尚南道（1931年），慶尚北道（1936年）で，「早神力」は道の奨励品種指定から外される。

第二に，朝鮮総督府が天水畓に注目しはじめた点を指摘したい。

天水畓とは，灌漑水利を利用できない畓のことである。朝鮮の降水はいちじるしく夏期に集中するので，平年においては，不完全ながらも天水畓での稲作が可能である。しかし，数ヶ年に1回は，旱魃のために田植え不能，あ

るいは遅れるなどの事態が繰り返された。1928年の大旱害に直面して、朝鮮総督府では天水畓問題に真剣に取り組む。1929年2月に勧業模範場で持たれた各道種苗場主任技術者会議で、品種の選択・移植法・裏作栽培など、天水畓をめぐる諸問題を集中して論議したのである。1929年現在、朝鮮の全畓面積の75％である120万町歩が天水畓であったが、産米増殖計画が計画どおり遂行されるとしても、完成年度である1940年に至っても、全耕作面積の12％しか灌漑水利設備ができず、100万町歩（62.5％）は依然として天水畓のままであるという現実に直面して、朝鮮総督府の農政管理者は、灌漑水利の改善は当面無理として、「百年河清を俟つ」の心境に陥っていたという。そこで天水畓では、水利設備の完成に頼らず品種耕種法等の稲作技術の改良による対策を講じざるをえず、その結果、これまで奨励してきた品種は、灌漑水利設備が整った畓にとっては適種だったとしても、天水畓にとっては必ずしも適種ではなかった、という認識に達したのである。そこで朝鮮総督府は「イ、晩植に対する適種　ロ、乾田又は陸稲栽培に準ずる直播栽培に対する適種　ハ、移植後の旱害に対し抵抗力強き品種」を研究することに努めた[30]。

　この点については、各道レベルで旱害対策として行われた様子が看取される。

　たとえば慶尚北道の場合、1924年以来旱害が頻発し、特に1928、9年両年にはその被害が著しかった。農家は「既定品種に対して漸く嫌厭の傾あり、……旱害地方に於ては比較的耐旱性弱い右両種（早神力、穀良都：筆者註）の栽培適当ならず、或いは沿海地方に在りては連年風害、塩害を蒙り近年漸く栽培品種の統制乱れんとする」[31] 実状に対応するため、道当局は新しく「畿内早二十二号」と「多益」の2品種を奨励品種として選定した[32]。南部では裏作として裸麦、大麦、緑肥を作付けするため、晩生の水稲品種を早生の品種に置き換える農家が多くなった[33]。旱害対策として農民側は、農業経営の多角化を図るべくみずから品種改良を行っていた。

---

30)　朝鮮総督府勧業模範場『所謂天水畓の稲作に就て』1929年、1頁、37〜38頁。
31)　「慶北に於ける水稲新品種」『堂島米報』第133号（1930年7月20日）、20頁。
32)　慶尚北道庁「畿内二十二号及多益に就て」『朝鮮農会報』第4巻第6号（1930年6月）、84頁。
33)　山本尋己「最近に於ける朝鮮水稲品種の変遷」『堂島米報』第167号（1933年5月）、12頁。

第三に，日本米穀市場，つまり消費市場の条件の変化があげられる。

　(イ)　関東大震災後朝鮮米が京浜地域へ進出したことは，特に北部地方の優良品種の普及度に大きく影響を及ぼし，品種更新に拍車をかけた。「亀の尾」はその代表である。この点についてはつぎに述べる。

　(ロ)　1926年10月から日本の主要都市で白米小売の重量取引が実施されるに従って，消費市場の産米の評価に新しい要素が生まれてきた。玄米の取引は容量で行って，白米だけがキロ売りになったために，小売商は実重のある銘柄を好むようになった。玄米を精白した時の「キロ上がり」を決める要素の中では容積重が主要な要素で，それは品種による度合が大きく，実重のある小粒種を好むようになる。そのほかにもいくつかの要因が重なって，大粒種嗜好であった阪神米穀市場をして小粒種嗜好へ変遷させ，実重ある「錦」のような小粒種が高く買われるに至ったのである。

第3　各道の対応

　以上のような，朝鮮内部の米穀生産の諸条件及び農業政策の変化，また日本米穀消費市場の条件の変化に対応しての1920年代の品種改良策の具体的特徴を，道レベルで考察しておく。

　平安南道——在来種の奨励

　平安南道は優良品種の普及率が低かった道であった。道庁は1910年に優良品種「日の出」を奨励品種に決め普及に努めたが「一般農家に迎えられずその栽培者は模範農，篤農家のみに限られ」た。「日の出」が普及しなかった理由としては，脱穀が容易ではないこと，あるいは稈の硬いこと，特に一般的に施肥量の僅少であった農家で収量が在来種と比較して期待した程多くなかったことであった[34]。「日の出」は，灌漑の便が良く，かつ肥沃なる耕地にのみ適していたのである。

　平安南道は全畓面積の49.3％である32,720町歩（1928年現在）が乾畓であった[35]。乾畓では，播種は畑状態において行い，雨期をまって湛水状態とする栽培法がとられ，平安南道のほか平安北道，黄海道海岸地域など，全国で約5万町歩の乾畓が存在した。普通畓，田に比し多くの種類の農具を用い

---

34)　「平安南道に於ける産物改良に就て」『朝鮮農会報』第17巻第7号（1922年7月），19〜20頁。
35)　朝鮮総督府勧業模範場『平安南道に於ける乾畓』1928年8月，1頁。

て,「機構優秀」[36]と評価されてきた。古くから行われてきたこうした直播栽培は一種の耐旱農法としてきわめて合理性をもつといわれる[37]。

　乾畓地帯に栽培する品種は1922年段階で60余種にも及んだが，これら在来種のなかで，灌漑畓に適する「牟租」，灌漑畓と乾畓いずれにも適する「大邱」，乾畓に適する「龍川」「内租」の4品種を奨励品種（1922年指定）にして，品種統一をはかった[38]。その過程で道種苗場において灌漑畓と乾畓に日本系水稲及び陸稲と在来種4品種を3ヶ年間実験栽培し，灌漑畓においては在来種である「牟租」が，乾畓では在来種4品種が，いずれも日本出自の「日の出」より収量が多かったという実績を得ていた。

　北部地域——「亀の尾」種の普及

　10年代から20年代前半まで，優良品種の普及は南部地方に集中して，北部地域は後回しにされていた。北部地域の生産米は1920年代前半期まで在来種いわゆる「青北種」（北部地域の米に付けられた名称）であって，この地域は仁川白米や鎮南浦白米の原料供給地であった。

　北部地方に優良種が普及し，産地・品種名柄で日本米穀消費市場に玄米の形態で登場したのは，1920年代後半期，咸鏡南道・平安南道・平安北道の「亀の尾」によってであった。

　「亀の尾」は山形県原産で，朝鮮に入った年代は不明であるが，1914年義州種苗場が秋田県から種子を取り寄せて定州，寧辺で試作し，咸鏡南道では1916年，平安北道では1917年，平安南道では1921年に奨励品種に指定された。稲熱病に弱く，天水畓には不適であったけれども，品質優良・食味佳良・北部地域の土地にあい，在来種より改良種に移るのに唯一恰好の品種として栽培されはじめていたが，1925年頃東京の米商人の北部地域視察をきっかけに急激に普及する[39]。平安北道，咸鏡南道の「優良品種」は9割9分までが「亀の尾」であった。

　「亀の尾」が東京市場で精米兼小売商に歓迎されたのは，味よく，値も割がよく，また普及早々で新鮮味がある上に，乾燥・調製が良好で搗精歩止

---

36)　『平安南道に於ける乾畓』前掲，15頁。
37)　農林省熱帯農業研究センター『旧朝鮮における日本の農業試験研究の成果』前掲，295頁。
38)　『平安南道に於ける乾畓』前掲，30～33頁。
39)　『市場人の見たる産米改良』前掲，61～64頁。

まりがよく，釜殖えがする（ふっくらと炊ける）点による。朝鮮の「亀の尾」の東京市場への出現は，当時東京市場の味付米として首位の座にあった東北地方産米，早場用の村山米，夏季用の庄内米を圧迫することになる[40]。特に白米のキロ売り制の採用による玄米の重量重視傾向は，朝鮮の「亀の尾」が東京市場へ乗り込むのにいい条件であった。

全羅北道——「石山租」から「銀坊主」へ

全羅北道は1926年から1927年産米にかけて，「石山租」を以て声価を上げ，その作付面積も多かった[41]。「石山租」は在来品種で，1920年奨励品種に選定されたものである。「石山租」は，関西以南地域に栽培されていて大阪市場で大きなシェアを占めていた「晩生神力」に酷似していたので，「神力」の代用米として使用されること多く，米商人に隠れた利益をもたらし，非常に歓迎された。また，水害に堪え，収量も多かったので，生産者にも歓迎され，全羅北道の水稲栽培面積の4割以上に達した[42]。しかし全盛時代は短かった。

その理由は，まず関西以南地域の品種改良にある。関西以南では，「神力」から耐病性が強く品質が良い「旭」に栽培品種をかえたが，「石山租」は，「神力」とは粒型が違う「旭」の代用にはならなかった。「石山租」は大阪での「神力」の衰退と運命を共にした。

実は，市場での事情以前に，「石山租」は衰退の要因をかかえていた。産米増殖計画は金肥の大量使用を前提としていて，総督府はそのために総額200余万円を予算計上していた。1926年，実施初年の金肥使用は前年の4倍に激増している。この金肥の使用が耐肥性の小さい「石山租」を短命にしたのである。加えて1928年の稲熱病の流行で，「石山租」は減収を余儀なくされた。

「石山租」はかくして内外二つの理由によって，栽培急減のやむなきに至ったのである。

一方，稲熱病による大害のなかで，「銀坊主」は抵抗力強く，ほとんど被害を受けなかった。「銀坊主」は原産地が富山県で，全羅北道に移入された

---

40) 朝鮮穀物協会『朝鮮米輸移出の飛躍的発展とその特異性』1938年，58頁。
41) 『市場人の見たる産米改良』前掲，56頁。
42) 全羅北道『全北の米』1930年，8頁。

種は福井県から取り寄せたものであった。1922 年から栽培されはじめた理由は，栽培容易にして多肥に耐え，病虫害に抵抗力が強い，というところにあった。当初は作付面積が増えなかったが，稲熱病にほとんど被害を受けなかったところから農場が関心を持ちはじめ，急激に作付面積が増加していく。

「銀坊主」の台頭には，小作契約のあり方もかかわっていた。大農場における小作契約の品種制限は厳しく，奨励品種若しくは農場の特に認めた品種以外の米は，小作料の納入において 5 分あるいは 1 割程を増徴するのが一般であった。たとえば熊本農場大野支場では，「銀坊主」は小作料納入に際し 5 分の増徴を行っていたが，1928 年から増徴をなくし，定額収納が認められた[43]。こうした小作契約上のインセンティヴと地主の指導にもよって，多くの農場で「銀坊主」の作付が急増したのである。

さらに「銀坊主」の栽培に拍車をかけたのは，米穀商人であった。つぎは 1929 年群山穀物商組合長森菊五郎の全北米穀標準査定会での発言である[44]。

> 福井県の銀坊主は一円の格上げを見ているし石川県の分は 50 銭の格上げを見ている状態で非常に内地に於いては歓迎されているのは事実でありまして本道の銀坊主は福井県より直接種子を取り寄せたもので福井県の気候と本道のそれとを比較して差違もなく我々専門家の眼から見ても品質に於いて遜色のあるわけはない様に思へるのである……我々委員は一斉に協力一致して是が栽培を助長せしめ，合わせて産米改良の実を上げたいと思っている次第であります

全羅北道及び穀物検査所では，1929 年，栽培助長策として，まだ奨励品種に指定されてないため等級が低い「銀坊主」を副標準米に選定したが，実際のところ，日本米穀市場での「銀坊主」の位置は如何なるものであったか[45]。

まず，大阪市場では白米小売りの重量取引がはじまって以来，嗜好は中粒以下の小粒種に傾き，朝鮮米の「雄町，穀良都等の大粒は多くは醸造用のみに限られ一般飯米用としては遥かに多摩錦，亀の尾の如き小粒種を歓迎するに」至っていた。

---

43) 『群山日報』1930 年 7 月 23 日。
44) 以下，引用コメントとも『群山日報』1929 年 11 月 30 日による。
45) 以下，『京城日報』1930 年 5 月 2 日，28 日による。

1930年になると，その傾向はいちじるしくなった。不況の影響を受けて下級米の消費が増加し，小粒種でも多摩錦等の上級米に比し，割安の銀坊主を好む傾向があった。「今や本道（全羅北道）の銀坊主は全然品がすれの状態にして需要のみ多く今や本道の銀坊主を希望するもの多く」なったのである。具体的に同種が歓迎される理由を列挙すると，以下のとおりである。

　一，小粒なるため容積重大なること
　二，小売業者は容量取引をなし重量制による販売をなすによりこの間利得多きこと
　三，外皮薄きため搗減り少きこと
　四，食味良好なること
　五，赤米少なく表皮薄きため胚芽米に適すること
　六，搗精後腹白なきため比較的外観良好なること
　七，上級米たる多摩錦に類似せるためこれが代用品として適当なること

また東京市場でも本種の歓迎ぶりは「全く最高潮に達しつつあるものの如く関西その他におけると同一の比にあらず」，という次第で，「銀坊主」は全羅北道米の東京進出を本格化させる。その理由はつぎのようである。

　一，大阪に於ける理由と略々同様なるが更に北陸主産地よりの本種の移入最も多量なるが故所謂同種の「伴れ」あるため取扱上，朝鮮の銀坊主は大量取引上の便宜を得ること
　二，東京人士は従来特に食味を吟味するの慣習あるを以て食味の比較的優れたる本種を希望すること
　三，多摩錦，亀の尾と同様色沢比較的青色気味を呈し所謂あめ色を帯ぶる品種は特に東京人士の嗜好に適すること
　四，食味良好にて炊立の際一種の芳香を放つこと

農場側，米穀業者は，「銀坊主」を奨励品種に選定することを当局に要請した。群山穀物商組合長森菊五郎は「一日も早く銀坊主を奨励品種に加え，石山の如きは寧ろこれを駆逐せよとまで絶叫」[46] したという。これをうけて，全羅北道穀物検査所は綿密に日本米穀市場調査を行い，その結果「銀坊主」は1930年5月に奨励品種に決まり，生産，流通各方面で優遇され，全羅北

---

46) 全羅北道穀物検査所長横山要次郎「全北に於ける水稲銀坊主種の回顧一年」『朝鮮農会報』第4巻第11号（1930年11月），93頁。

道の代表品種として位置づけられる。

　こうした動きはドラスティックに受検件数に現れる。表3-16をみると，1928年には総検査数の31.9％を占めていた「石山租」が，30年には1.8％に急減し，「銀坊主」が35％を占めるに至る。

　全羅南道——奨励品種の等外米への等級付け

　全羅南道の奨励品種であった「弁慶」と「中熟神力」は，1925年頃まで全羅南道米の声価を大いに高めていたが，年を重ねるとともに退化して，かえって声価を傷付けることも多くなり，主に全羅南道産米の需要先の大阪市場の嗜好の変化，つまり小粒種の尊重により，「内地期米八限以降の格下げ範囲が更に一段低下され」[47]ることになった。こうした米穀市場の変化に手早く対応して，米穀移出商は1929年，両品種を奨励品種から除くことを陳情していた[48]。

　しかし生産者は，収量多くかつ風水害に耐える特性を有し耕作が比較的簡易であるこれら品種からの転換に反対だった。

　1930年，日本本土は大豊作で米価は暴落した。検査所は全羅南道産米の声価を維持する名目で，移出検査のとき，両品種米を「悉く等外に落して仕舞うという非常手段」[49]を使って，移出を禁止した。商人は，輸移出できない両品種産米は購入を控えるに至る。

　そのために，生産者は約2割の損失を蒙った。小作人の被害はまたことさらであった。「農業知識に幼稚なる小作者が品種別によって斯く大なる損失を蒙ったことが未だ経験がないからただ唖然たらざるを得ない」[50]とは，全羅南道のある地主の言である。

　こうした状況はただちに全羅南道の輸移出状況にも影響を与えた。「霊光，法聖浦のものは殆ど群山に入り現在5万石といはれ又康津長興方面の中熟神力は八万五千石が釜山に入って白米に消化され」[51]た。検査合格米にならない籾は，白米の材料として売るしかなかったが，木浦は籾摺業中心で精米工場がほとんどないことから，隣港に商権を奪われたわけである。

---

47)　「木浦米品種の改良」『堂島米報』第132号（1930年6月20日），22～23頁。
48)　『京城日報』1931年1月15日。
49)　『堂島米報』前掲，22頁。
50)　『京城日報』1931年1月13日。
51)　『木浦日報』1931年1月25日。

1931年1月に「弁慶」「中熟神力」は奨励品種から外され,「早生旭」「多賀鶴」が新しい奨励品種になった。しかし新しい奨励品種の普及には,採種畓の栽培等に約3年はかかるので,当分の間「中熟神力」の栽培を継続しなければならなかった。検査所は全羅南道の商権維持のために,木浦の籾摺業者に精米工場の兼営を奨励する。

　当局は,検査制度を通じ,「奨励品種」というみずからの施策を全否定してでも米価下落を防止しようとする。農業恐慌期,植民地農政の矛盾が極限に達したことを示している。

　慶尚南北道——品種政策の動揺

　1920年代の代表的な品種は「穀良都」であった。「穀良都」は阪神市場で大粒が尊重されることと,無肥料でもよく育つ点で,京畿道以南に普及し,1929年には全朝鮮の作付面積は43万町歩に及んだ。これは改良品種の第1位であった。特に慶尚南北道では集中的に栽培され,たとえば慶尚北道の場合,作付面積の77.7%(改良品種の作付面積の88.5%)が穀良都だった。ところが1926年頃になると,人気が高かった大阪で慶尚道米の価格が落ちはじめた。澤田徳蔵(堂島取引所調査課長)はその理由として,「穀良都」の退化,大阪市場における大粒尊重主義の没落と小粒尊重,の二つをあげている[52]。

　「穀良都」のような大粒系米は小粒系米に比して退化しやすいところに加えて,配布された種籾を農民が食べてしまうなど,種子の更新が思うように行かなかったこと,基本肥料を用いず化学肥料を使用する結果,漸次土地が瘠せ,米質が粗悪になるという,朝鮮農業内部の問題があったのである[53]。

　ところで,大阪市場での大粒尊重主義は「殆ど宗教的信仰ともいふべき」ものであったが[54],その背後には酒米の存在があった。灘五郷を中心とする酒造業は沿革的にも古く生産量日本一を誇り,そこでは酒造米は心白系大粒がもっとも珍重され,それが一般の食料米として大粒の価格に影響し,また「旭」以前の小粒系の代表種であった「神力」に比べて食味の点においても優るものがあったために食料米としても高く売れたのである。その大粒尊重

---

52) 澤田徳蔵(大阪堂島米穀取引所調査課,農学士)「慶尚南北道米の品種政策」『朝鮮農会報』第4巻第9号(1930年9月),16頁。
53) 「慶尚南北道米の品種政策」前掲,16～17頁。
54) 「大粒は何処へ行く」『堂島米報』第130号(1930年4月20日),3頁。

基調はなぜ崩れたのか。崩壊のいくつかの要素をみておこう。

第一に，醸造技術の進歩である。大酒造家が杜氏まかせの醸造から，科学者に研究を委ねるようになり，その結果，掛米は大粒に限らない，という結果が出て，関西の「旭」や広島県の「伊勢穂小天狗」は酒造米として大粒に劣らない評価が与えられるに至った。

第二に，不況の影響もあって，醸造業が原料米に高値の大粒を用いなくなったことである。大粒を使うとしても値段が叩かれ，農家の栽培の魅力が失せたのである。

第三に，食料米としての大小粒格差の縮小がある。酒米としての大粒が値を下げた影響もあろうが，白米小売りの重量取引の結果，重くて味のいい小粒が珍重されるに至ったのである。大小粒の鞘が漸次縮小し，25年の1石1円の格差が，30年には5，60銭まで縮んでいた。

表3-15　全羅北道品種別玄米検査高

米穀年度	1928		1930	
品　種	数量(叺)	歩合(%)	数量(叺)	歩合(%)
銀坊主	ND	—	985.0	35.0
石山租	576.0	31.9	50.0	1.8
穀良都	398.0	22.1	570.0	20.0
神　力	76.0	4.2	37.0	1.3
多摩錦	51.0	2.8	111.0	4.0
高千穂	5.0	0.2	0.0	—
愛　国	99.0	5.5	283.0	10.0
混　合	517.0	28.6	ND	—
在来種	58.0	3.2	ND	—
その他	23.0	1.2	769.0	28.0

出典：1928年度は全羅北道穀物検査所『全北の米』3-4頁。
　　　1930年度は全羅北道穀物検査所『米穀要覧』35-36頁。
備考：1928年度に限って神力は愛媛神力，鈴木神力，岡山神力，中神力，早神力等を含む。
　　　その他品種には石白，日の出，平木，米光，農場光，銀坊主等を含む。

大粒品種の主要産地である慶尚南北道, 全羅南道（雄町）は, 新品種を模索する。かくして慶尚北道では1931年, つぎのように小粒系品種の適地試験を行うことが決まる[55]。しかしなお, 品種転換までには至っていない。

> 最近内地市場の需要傾向は大粒から小粒に変り大阪以西も現在では小粒系の進出に圧倒されてをり, 従って大粒系に属する本道産米穀良都のごときは小粒種に比し相当の値開きを生じている有様であるので, 道当局でもいよいよ奨励品種を漸次小粒系に転換統一することヽなり, 4月の新年度から種苗場で小粒種の適地試験を実施することになった。

1920年代の品種改良から読みとれることは, 移出検査の形態をとっていたにもかかわらず, 検査制度が品種転換すなわち生産過程をドラスティックに換えていく力強さである。また, 米穀商人の品種改良への積極的な介入である。

第2項　大規模精米所の発達

第1　工場の形態

1920年代, 米の輸移出量の増加とともに, 精米所の数が増加する。

植民地時代の統計のほとんどは, 精米工場と籾摺工場を一括して扱っている。しかし, 5,000石以上の生産実績を持つ精米所について, 精米工場と籾摺工場とを区分して調査した朝鮮殖産銀行の資料が1年分だけ存在する。それを手掛かりに, 精米（精白）工場, 籾摺工場を区別して分析を加える。

表3-16は精米・籾摺工場の生産規模別構成である。精米工場は籾摺工場に比して工場数は少ないが, 生産高は大きい。精米工場は年産5万石以上の工場が5ヶ所あるが, その大規模工場で加工される白米は白米の総生産高の49.5％を占めている。1926年の精米輸移出量は185万余石であったので, 朝鮮内消費にも多量に振り向けられたことが推察される。

一方, 籾摺工場のほとんどは年産5万石以下である。当時玄米の輸移出量は325万余石であったから, 輸移出米はこの統計がカバーする年産5,000

---

[55]　『朝鮮農会報』第5巻第4号（1931年4月）, 128〜129頁。

石以上の籾摺業者の生産では賄えない。輸移出玄米の3分の1以上は（生産5,000石未満の）小籾摺業者によるものであった。朝鮮総督府統計年報には，5人以上の職工を使用する設備を有し，または常時5人以上の職工を使用する精米工場についての調べがあるが，1926年には1,189ヶ所あったという[56]。（職工5人以上の）年産5,000石以下の工場が878ヶ所もあったわけである。

表3-17によって大規模の精米工場の設立年度をみると，開港期に設立したもの（4ヶ所）以外は1920年代後半である。大規模な精米業（精白米）は開港場，大集散地を中心にして発達しているが，これは大量の原料（籾）の供給，資本，運輸等の立地条件に起因するものである。

表3-16 籾摺・精米工場の規模別構成

処理実績	精米工場			籾摺工場		
	工場数	生産高(石)	構成比(%)	工場数	生産高(石)	構成比(%)
10万石以上	5	775,634	26.6	0	0	0.0
10〜5万石	10	665,035	22.8	3	200,000	8.9
5〜2万石	28	859,223	29.4	25	715,728	31.8
2〜0.5万石	81	619,693	21.2	163	1,333,515	59.3
計	124	2,919,569	100.0	191	2,249,243	100.0

出典：朝鮮殖産銀行調査課『朝鮮ノ米』(1927年)，42-58頁より作成。

表3-17 設立年度別精米工場数

年度	工場数	年度	工場数	年度	工場数	年度	工場数	年度	工場数
1904	1	1909	0	1914	4	1919	18	1924	37
1905	2	1910	3	1915	12	1920	15	1925	32
1906	2	1911	4	1916	17	1921	14	1926	15
1907	1	1912	5	1917	5	1922	18		
1908	3	1913	4	1918	18	1923	28		

出典：朝鮮殖産銀行調査課『朝鮮ノ米』(1928年)，42-58頁より作成。
備考：1. 5千石以上の生産工場である。
　　　2. 1926年末現在現存するものについてのみである。

---

56) 朝鮮殖産銀行『朝鮮ノ米』前掲，41頁。

第2　発達の背景

　第一に，原料入手面における優位性があげられる。精米工場は籾摺・精白の両作業ができたため，玄米と籾のうち価格の有利な方を購入しえたのである。特に，多くの米が持ち込まれる出来秋には，籾から玄米への調製は乾燥の費用と日時とを多く要して，経営上好ましくないが，籾から白米への精米は乾燥に手間がかからない。したがって白米の生産費は割安になって，時として玄米の値段より白米の値段がむしろ安いという事態が発生する。

　白米は玄米のように永く貯蔵されることが少なく，早く正米市場に渡って消費される。需要市場としても乾燥の良いものを求める必要はなく，むしろ乾き過ぎないもののほうが食味が良い。したがって白米検査では乾燥の程度は重きを置かれなかった。1929年に玄米の乾燥を15.5％に引き締めた時から白米の生産が一層盛んになったことがそのことをよく物語っている。

　第二に，1920年代前半は，人件費の昂騰，割高な電動力費によって，朝鮮の精米費用と大阪精米業者の費用との差が失われた上に，小売業者の自家販売用精米が進んだことから，日本で朝鮮玄米を買い募るという動きがあり，それによって朝鮮の精米業は，発達の条件を欠いていた。それが1920年代後半には，籾摺・精米を一貫作業できる機械・技術が発達し，朝鮮の人件費，電動力費も割安になって，生産費が節減される。これは日本の小売精白業者と対立関係を醸す直接的な要素であった。

　第三に，以下にみるように，奥地における籾摺業の発達が，既存の開港場にある籾摺（兼精米工場も含め）工場を大規模の精米工場に転身させる契機を与えた[57]。

　　近年籾摺業は段々奥地に発達し玄米は奥地から積出されるので開港場の籾摺事業は立ち行かぬ事となり，其の工場はスッカリ精米工場に転化せざるを得なかった。すなわち籾摺工場が精米に利用の途を見出した訳である。尚近年は玄米から精米する事は少なくなり籾からスグ白米を造る様になったので生産費は著しく低下した

　第四に，玄米検査の厳しさである。乾燥等が不十分でも精米はできるので，「劣悪米」はほとんど精米所に送られていた。「等外米」という等級を設

---

57)　菱本長次「朝鮮白米の進出」『米穀』第239号（1933年3月）。

けた1926年以後，検査制度の厳密化は一層進んで，1929年に至ると等外米は受検米の25％を占め，それが全部精米原料になった。こうした状況のなかで籾摺工場から精米工場に転換する精米所もあった。等外米がたくさん出た慶尚北道等における転業は，そのような事情によるものが多かった。以下からは，籾摺業者の悲痛な声が聞きとれる[58]。

> 今日玄米商が次第に減つて白米商が多くなつたのは別に白米が有利だから白米が引合ふからと云ふのではなくて玄米が作り切れないから止むを得ず白米をやる，白米商になつたと云ふまでゞあります，つまり我々は等外米の移出を禁止せられている為に其の営業の自由が著しくせばめられているのであります

第3　玄米の「産米改良」と籾摺機の変遷

　籾摺機は産米改良と密接な関係があり，産米改良の重要な要素でもある。
　籾を玄米にする工程，つまり籾摺工程自体が米の品質の向上と深くつながっていて，産米改良の主要な要素であった。特に1920年代の籾摺機の変遷は市場競争への対応そのものであった。籾摺機の変遷をたどってみる。
　最初に，脱稃作用及び脱稃部の素材によって，籾摺機を分類しておこう。

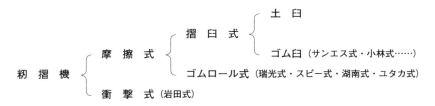

　1914年頃，朝鮮の木臼（モンメ）を駆逐した土臼は，1910，20年代を通じて代表的な籾摺用具であった。土臼の構造は2個の竹箍または樽の内に粘土，食塩または苦汁，藁寸莎を主成分とする填充土を詰め，これに樫材等の割歯を摺歯として適当な配列に打ち込んだもので，上臼を回転させることによって摺歯と摺歯との間で籾を脱稃したのである。しかし，土臼により籾摺りされた玄米は，一般に米の胴摺及び砕米が多く，いわゆる米質を損傷するという弱点があった[59]。そこで米穀の調製過程に関して，さまざまな研究が

---

58) 濱崎喜三郎『等外米の移出解禁と玄米の重量取引に就て』1931年，5頁。
59) 二瓶貞一『精米と精穀』西ヶ原刊行会，1941年，94頁。

行われた。

　そこで生まれたのがゴム臼であり，下臼にコンクリート，上臼にゴム歯を用いた下臼廻しの構造である。ゴム臼は摩擦が大きいので回転が重くなり，動力機を必要とする。1926年頃，動力機が発達するにつれて土臼を駆逐してゴム臼の需要が増え，多くの製品が乱立した。表3-18は全羅北道の精米所に使用されたものだが，それだけでもゴム臼の種類は20を超える。

表3-18　全羅北道所在精米所の籾摺機保有状況

籾　摺　機	個数	精米所個所	籾　摺　機	個数	精米所個所
土臼（人力）	146	35	分銅式ゴム臼	1	1
土臼（動力）	38	22	キリンゴム臼	1	1
藤原式土臼	11	5	丸三式ゴム臼	1	1
本田式土臼	2	1	李東春式ゴム臼	1	1
ゴム臼（人力）	18	7	安藤式ゴム臼（人力）	3	1
ゴム臼（動力）	68	24	下廻式ゴム臼（人力）	1	1
野田式ゴム臼	15	9	小林式ゴム臼（人力）	18	7
渡辺式ゴム臼	7	6	旭式ゴム臼	1	1
サンエス式ゴム臼	72	43	名古屋動力農具普及会	1	1
冷歯式ゴム臼	6	6	三浦式	1	1
藤井式ゴム臼	21	12	福山式	12	6
京仁鉄工所式ゴム臼	15	7	浅倉式	2	1
アツミ式ゴム臼	4	4	二宮式	3	2
昭和式ゴム臼	1	1	岩田式	23	21
佐藤式ゴム臼	1	1	計	494	227

出典：全羅北道穀物検査所『全北の米』51-78頁より作成。
備考：1929年9月現在である。

　一方，遠心力によって籾に一定の衝撃力を与え，摺らずに剥ぐ遠心力式（別名衝撃式，俗名岩田式）籾摺機が圧倒的に短期間で好評の内に普及を続けた。

　土臼とゴム臼と遠心力式籾摺機が使用されているなかで，古くから試みられていたロール式籾摺機研究が複式ロール型を出現させた。ゴムロール式ともいわれる。それが瑞光式であった。

　土臼は，米の胴摺・胴割及び砕米が多く且つ作業能率も低い。遠心力式は米に胴割が生じやすく，水分が多いものでも籾摺しえるので不乾燥米を生産しやすい。そこで結局ゴムロール式が米質を損ずることが少ないという定評を得る。そうした結論が出ると，朝鮮の籾摺業者は，土臼，ゴム臼，岩田式

からゴムロール式に転装するに至る。

穀倉地帯全羅北道の精米所の1929年と1933年のゴムロール式籾摺機の保有状況を対比してみる（表3-19参照）。実は1933年資料は穀物検査所の支所別資料で群山支所はその管轄に全羅北道だけでなく忠清南北道の一部も含んでいるが大体の傾向を考察するには差し支えなかろう。

1929年の保有状況をみると，土臼とゴム臼がもっとも多かったが，1933年のそれは，瑞光式をはじめゴムロール式が大部分を占めている。瑞光式をはじめ改良ゴムロール籾摺機が出現したのは1929年であるから，わずか3年の間にゴムロール式の支配へと急激に変化するのである。土臼籾摺機が完全に姿を消すのは，1930年あたり，激しい市場競争のなかでであった。

その背景として二つの事実を示しておく。

第一は，米穀検査所当局側の乾燥に対する厳しいチェックである。

1930年7月，各道検査所長会議で，次のように乾燥督励の方法及び乾燥に対する検査方法が協議決定された。

表3-19　支所別・種類別籾摺機数　　　　　　　　　（単位：台）

種類	仁川	群山	木浦	釜山	鎮南浦	元山	計	種類	仁川	群山	木浦	釜山	鎮南浦	元山	計
瑞光式	184	402	28	35	96	23	732	京仁式	0	3	0	0	0	4	7
スピー式	17	56	41	96	2	0	212	分鍋式	2	4	0	0	5	0	11
湖南式	22	71	55	32	1	0	181	竹村式	0	0	0	8	0	0	8
ユタカ式	19	17	54	40	32	10	172	エンゲル式	0	0	0	0	9	0	9
野田式	14	17	4	44	17	5	101	トキワ号	3	0	0	0	0	0	3
サンエス式	4	33	33	50	4	3	97	天式	0	4	0	0	0	0	4
八式	28	5	1	0	51	0	85	今星式	3	0	0	0	0	0	3
日ノ本号	5	14	0	56	0	0	75	ケーオー式	1	0	0	0	1	0	2
京光式	19	0	0	0	34	3	56	二宮式	2	0	0	0	0	0	2
豊年式	1	1	0	43	0	0	45	渥美式	0	4	0	0	0	0	4
鳳凰式	13	7	2	22	0	0	44	井上式	2	0	0	0	0	0	2
朝日式	0	3	0	14	0	0	17	邑式	0	1	0	0	3	0	4
ヤンマー式	5	0	0	0	6	14	25	八谷式	0	2	0	0	1	0	3
黎明式	3	0	2	0	5	0	10	万年号	0	1	0	0	1	0	2
ホマレ号	1	0	13	8	0	0	22	昭和号	0	1	0	2	0	0	3
岩田式	9	4	0	0	0	0	13	長平式	0	0	2	0	0	0	2
真崎式	3	8	0	0	0	0	11	角丸式	0	0	0	3	0	0	3
冷歯式	0	4	3	0	2	2	11	鶏林号	0	0	0	0	3	0	3
洪淳敏式	7	0	0	0	0	0	7	湯高式	0	0	0	0	4	0	4
李光淑式	3	0	0	0	0	0	3	大式	0	0	0	0	0	3	3
吉田式	2	4	0	3	0	0	9	その他	9	9	10	13	15	9	65
渡辺式	1	0	0	1	1	2	5	計	346	645	235	475	301	78	2,080

出典：朝鮮米穀研究会『鮮米情報』第76号（1933年9月1日）より作成。

岩田式等ゴム臼による籾摺機により調製せるものに対しては，原料籾に対し特に乾燥を督励すること

　岩田式等ゴム臼による籾摺機により調製せるものについては，特に検査を厳重にすること

　岩田式等ゴム臼の籾摺機をもって摺った玄米は，不乾燥米を生じやすいとして，水分含有率を厳しくチェックされた。岩田式籾摺機の使用は，検査合否，等級付上不利となったのである。受検の関門のスムーズな通過のために，最新の籾摺機ともいえる岩田式等のゴム臼籾摺機を見捨てざるをえなかったのである。

　第二は，日本米穀市場の取引が，重量重視に転換したことである。「昭和4年度より5年度に掛けては重量重視の取引に順応して瑞光式，スピー号その他精巧なる籾摺機の急激なる普及を見る」[60]との記述がある。機械摺米は肌摺の少ない関係で土臼摺米に比較して重量が大きく，消費市場から土臼摺米は嫌われたのである[61]。要するに，肌摺の減少が一番少ない籾摺機がゴムロールであった。

表3-20　支所別・種類別精米機数　　　　　　　　（単位：台）

種類	仁川	群山	木浦	釜山	鎮南浦	元山	計	種類	仁川	群山	木浦	釜山	鎮南浦	元山	計
エンゲル式	233	5	1	71	192	0	502	富士号	0	8	0	0	0	0	8
清水式	39	56	23	383	44	33	578	峯式	0	7	0	0	0	0	7
河合式	16	63	3	29	0	5	116	円筒式	7	0	0	0	0	0	7
八千代式	1	8	13	0	48	20	90	朝日号	0	1	0	0	6	0	7
ナショナル式	6	10	29	0	11	16	72	岩田式	3	3	0	0	0	0	6
邑式	12	22	3	23	24	8	92	三菱式	0	0	0	4	0	0	4
中村式	5	25	9	8	14	1	62	正直号	0	0	0	0	4	0	4
八谷式	3	0	0	24	4	5	36	湯浅式	3	0	0	0	0	1	4
松岡式	1	3	33	4	0	3	44	アイテル式	1	4	0	0	0	0	5
奥村式	2	9	11	5	0	10	37	二宮式	3	0	0	0	0	0	3
ヤンマー式	5	1	0	0	0	7	13	竹村式	3	0	0	0	0	0	3
佐竹式	8	0	0	7	0	1	16	杉山式	3	0	0	0	0	0	3
京仁式	5	0	0	0	1	6	12	不二式	0	6	0	0	0	0	6
小沢式	2	1	0	0	6	1	10	その他	27	13	3	3	6	13	65
須東式	0	8	0	0	0	0	8								
今橋式	0	7	0	0	8	3	18	計	388	260	128	561	368	133	1,838

出典：朝鮮米穀研究会『鮮米情報』第76号（1933年9月1日）より作成。

---

60)　全羅北道穀物検査所『調査と研究』第2巻第1号（1931年5月），38頁。
61)　岩本虎信「米穀の重量制採用に関する一考察」(一)『米穀日本』第2巻第7号(1936年7月)，27頁。

ゴムロールが急速に土臼とゴム臼を駆逐した経過から，産米改良，つまり輸移出米の品質向上のために，朝鮮精米工場がいかに籾摺機に力を注いでいたかがわかる。

全国レベルの資料としては，朝鮮総督府穀物検査所が1933年6月現在の精米所の籾摺機・精米機の保有状況を調査したものがある（表3-20）。

籾摺機は43種類で2,080台。もっとも多い瑞光式が732台で，つぎにスピー式212台，湖南式181台，ユタカ式172台の順であった。これらは，全部ゴムロール式の籾摺機である。土臼はみることができず，ゴムロール式出現前の一時期全国的に普及していたゴム臼の渡辺式，冷歯式は，5台，11台で，衝撃式の岩田式も13台しかない。全国的なレベルで新しい籾摺機への代替は手早く行われたのである。

精米機は30種類で1,838台。そのなかで一番多かったのが清水式で578台，ついでエンゲル式502台，河合式116台の順であった。清水式は搗減が少ないが，白米の上がりが綺麗とは言い難い欠点があった。しかし釜山支所管内は清水式を383台ももっていた。白米の立派な搗き上がりより，安い生産費で安く売れる白米が要求される地域では，清水式を盛んに備え付けたのである。反面エンゲル式は白米の仕上がりが良く白く搗き上げるには最適であったといわれていたが，搗減が多いという欠点をもっていた。上白米を生産する仁川では圧倒的にエンゲル式を導入していた。

第5節　日本米穀市場における朝鮮米

1918年夏の「米騒動」以後，日本に朝鮮米の移入が急激に増加し（表2-1前掲参照），それを契機に朝鮮に産米増殖計画が実施され，検査制度が改正され，検査を通過した朝鮮米の日本米穀市場への大量流入が日本の米穀市場の銘柄競争をかきたてる核ともなったこと，すでに述べた。以下では，1920年代に朝鮮米がどのように日本の米穀市場に移入され，消費されていったか，概括的にその特徴を検討する。

第一は，東京米穀市場への進出である（表3-21，表3-22参照）。1910年代，

阪神地域を中心に，中国，北九州で消費された朝鮮米は，1920年代になると東京米穀市場に活発に移入される。日本の二大消費市場東京・大阪が朝鮮米供給の中心市場となったのである。

第二は，東京以外に静岡・長野・愛知・北海道・京都・広島などの都市・地域への朝鮮米の流入である[62]。表3-23は10万石以上の朝鮮米が移入された都道府県の順位である。大阪，兵庫は，相変わらず第一，二位を占めているが，10万石以上移入される府県が増えていき，その増加の多くは各県の都市市場であった[63]。

表3-21　京浜地域における朝鮮米移入高（逐年）　（単位：千石）

年次	玄米	白米	砕米	計	年次	玄米	白米	砕米	計
1923	131	46	2	186	1929	687	54	10	758
1924	260	33	1	298	1930	443	46	9	504
1925	304	23	2	333	1931	1,558	527	26	2,173
1926	593	56	7	663	1932	662	360	3	1,065
1927	701	55	4	768	1933	735	540	15	1,353
1928	1,016	87	8	1,122					

出典：鮮米協会『鮮米協会十年誌』155-156頁より作成。

表3-22　東京市廻着米の国・地域別構成（逐年）（単位：千石，%）

米穀年度	計	朝鮮米	日本米	台湾米	外国米
1924	3,398	8	76	10	6
1925	4,310	7	73	9	11
1926	4,401	13	76	4	7
1927	5,204	12	62	10	16
1928	5,025	19	68	8	5
1929	4,437	14	77	8	3
1930	4,031	12	83	5	0
1931	5,362	35	57	8	0
1932	4,797	19	73	8	0
1933	5,417	22	54	24	0

出典：鮮米協会『鮮米協会十年誌』1934年，157-158頁より作成。

[62] 『朝鮮ノ米』前掲，87頁。
[63] 朝鮮米の仕向地別統計は府県別と主要地域別統計が出ている。同上95～105頁。

表 3-23　朝鮮米の仕向先順位（逐年）（単位：万石）

順位	1923 年		1924 年		1927 年	
1	大　阪	200	大　阪	342	大　阪	266
2	兵　庫	59	兵　庫	59	兵　庫	77
3	広　島	29	広　島	50	東　京	63
4	東　京	17	東　京	25	広　島	54
5	愛　知	17	愛　知	20	北海道	28
6	山　口	14	山　口	14	愛　知	24
7	福　岡	11	京　都	12	山　口	19
8			福　岡	10	京　都	18
9					長　野	14
10					福　岡	13
11					静　岡	13
12					神奈川	13

出典：朝鮮殖産銀行『朝鮮ノ米』（1928 年），95-105 頁より作成。

　第三は，それまで主に飯米用として使用され，また定期の受渡しに供されてきた朝鮮米が，20 年代に入ると酒造米としても需要されるようになったことである。大蔵省醸造試験所では数年間朝鮮米の試醸をしていたが，その成績は「甚だ佳良」であった。1927 年，日本国内で醸造に必要な玄米は約 350 万石内外であったが，朝鮮米の移入高の約 1 割，すなわち 50 万石が醸造原料として供給されている[64]。

　日本国内で販路が拡大されるにつれて，朝鮮米が日本産米と激しく衝突する様を，大阪・東京米穀市場を例に考察する。

第 1 項　大阪米穀市場における朝鮮米

　朝鮮米にとって一貫して第一の中心市場であった大阪米穀市場における当該期の朝鮮米の状況をまず把握する。

　表 3-24 は大阪穀物商組合が調査した 1925 年以後の大阪米穀市場の米穀取引量の国別構成である。朝鮮米は恒常的に取引量の約 75 〜 80％を占めていたのである。

---

64)　「朝鮮米は将来如何なる進路を取るべきか」『朝鮮農会報』第 1 巻第 9 号（1927 年 9 月），6 〜 7 頁。

その朝鮮米は大阪市場においていかなるブロックに属していたか。

澤田徳蔵は大阪米穀市場の流通米を表3-25のように分類していたが，20年代後半に大阪米穀市場に移入された朝鮮米は，三つのブロックに分けられている。「普通玄米」と「味のよい玄米」それに「朝鮮白米」であった。「普通玄米」は「穀良都」，「銀坊主」等，「味のよい玄米」は「多摩錦」，「亀の尾」というように，品種銘柄に分類することができる。朝鮮米では産地銘柄より品種銘柄が重要な分類基準になっていた。当時の大阪米穀市場の上中下の分類によると，「多摩錦」等は中米に，普通玄米の「穀良都」などは下米に，朝鮮白米は下米に分類されていた。

米騒動以後大量に移入されたのは「普通玄米」であった。そのため1922,3年頃，最初に朝鮮米の圧迫を受けたのは，同じ下米であった北陸・山陰米であった[65]こと，前章第5節第5項に述べたところである。

朝鮮の「普通玄米」は北陸米と同じく下米であったが，北陸米が「品種雑駁」であったのに比べ品種統一され，また出枡が多いことで小売商に歓迎された。

表3-24　大阪における移入米の国・地域別構成（逐年）（単位：千石，％）

米穀年度	総数	日本	朝鮮	台湾	外国
1925	2,499	16.1	77.1	5.0	1.8
1926	2,980	22.1	76.4	1.0	0.4
1927	3,046	23.4	74.6	1.5	0.5
1928	3,281	20.6	77.5	1.2	0.6
1929	3,030	23.2	73.4	2.9	0.5
1930	3,212	23.5	72.6	3.5	0.3
1931	4,040	29.4	68.2	2.1	0.2
1932	3,577	24.4	70.2	4.5	0.9
1933	4,479	22.5	74.1	3.1	0.2
1934	4,760	24.0	70.1	5.9	0.0
1935	4,315	13.3	83.3	3.4	0.0
1936	4,624	13.9	80.1	5.9	0.0

出典：大阪市役所『大阪市統計書』各年度版より作成。

---

[65]　以下は『市場人の見たる産米改良』前掲，40頁，46頁，116頁による。

表 3-25　大阪米穀市場における銘柄別区分　　（単位：万石）

	ブロック	主要銘柄	上中下	消費高
味のよい米	近畿旭	淡路旭，摂津旭	上　米	38
	近畿旭の代用硬質米	城南，北旭，大分○み，築上	中米上位	12
	朝鮮の玉錦・亀の尾	○木，□セ	中米上位	40
	北陸早生米	越中水島，越前	特種米	11
	計			101
値の安い米	朝鮮白米		下　米	80
	朝鮮普通玄米		中米下位	100
	硬質米の中の安い米	筑後，防長，長崎	中米下位	23
	北陸，山陰米	越後，出雲，因伯	下　米	16
	蓬莱米		下　米	50
	政府払下古米		下　米	10
	計			279
総　計				380

出典：澤田徳蔵『市場人の見たる産米改良』26-36頁より作成。

　1920年代後半になって，朝鮮における米穀検査制度が改正され，産米改良が進んで「中米の上――又は上米――」に属する「多摩錦」「亀の尾」が大量に移入されるようになると，日本産米への圧迫は北陸米にとどまらず，硬質米の中米級にまで及んだ。中米級の代表は讃岐米で，「香川神力」で統一され，乾燥がよく，夏になると色が冴えてうまくなるといわれていた。そのような讃岐米でさえ朝鮮米に押されてきたのである。

　中米級に属していた朝鮮の「多摩錦」は1910年代には産米改良が遅れていた京畿道，忠清南道で少し栽培されるだけで，仁川白米の味付材料に過ぎなかった。1920年代半ばからは産米改良が進んでいた全羅南道に作付され，移出されるようになり，1929年頃大阪へ約20万石が移出され，「大阪市場の格好な『中米』として市場の寵児」[66]となった。それまで，朝鮮米は5月以後取引されなかったが，1926年以後乾燥検査が強化されるにしたがって，5月以後も，ついには夏場にも取引されるようになったのである。

　しかも1926年に大都市で白米のキロ売りが実施されたことによって，小売商は目方の重い品種を歓迎した。さらに，乾燥の強化によって容量当りの

---

66)　『堂島米報』第227号（1938年5月），2頁。

重量が増大した。これは朝鮮米全体についていえることだが，朝鮮玄米は日本産米と比べて精白すると1叺当り2〜3キロ多く搗き上がるので，1石当りにすれば5〜7.5キロ重くなる。1キロの売値を17銭とすれば，同じ1石の玄米であっても，朝鮮米の方が約85銭から1円27銭5厘も売上げが伸びる。その理由は乾燥と余枡（出枡ともいう）で，朝鮮米の検査の厳格さに起因する。

　ここで，朝鮮米の余枡による優位性増大のからくりについて触れておこう[67]。当時日本では労農党指導の小作争議の影響で，余枡は叺当り平均3合を切っていたのに比べて，朝鮮米の出枡は平均8合で，多いものは冬でも1升5合もあった。余枡だけで両者の差は，石当り1円以上に及んだ。それが朝鮮米の内地中米級硬質米圧迫の理由である。朝鮮米の圧迫を免れたのは上米だけであった。「朝鮮米の内地米圧迫も直接には本ブロック米（上米のこと：筆者註）に影響がない」といわれている。

　この時期，内地産米の朝鮮米に対する主導的対抗策は品種改良で，その先頭に立ったのは九州であった。「朝鮮米の圧迫に対抗して甦生運動を開始した大分，熊本，佐賀等の諸県」が品種転換を行った代表的県であるといわれる。その波は，消費市場の変化，つまり1926年主要都市での白米キロ売りの実施が容積重量の大きい米を要求するなかで，さらに本格化する。要するに，「朝鮮米に対抗する市場好みの重い米」の希求が，日本の産米改良の特徴であった。

　九州では上米の需要が大きいということもあって，「神力」から「旭」あるいは「三井」へ品種改良を行った。「朝鮮米の圧迫に対抗せんが為に大分県米が三井に転換したことは，やがて近畿附近米の旭への転換の直間接原因とな」り，順押しに近畿地域すなわち大阪米穀市場での極上米の位置にあった近畿地域の品種改良に波及した。

　もう一つ，北陸山陰地域は「無統一状態」[68]の軟質米から「銀坊主」へ品種改良が行われていた。次の資料には「銀坊主」への品種転換の過程がよく描かれている。

---

67) 以下は『市場人の見たる産米改良』前掲，4頁，84〜89頁。
68) 農林省米穀部編纂『地方産米ニ関スル調査』帝国農会，1933年。1919年段階では「大場」「石白」が多かったともいう。

北陸・山陰米は硬質米や朝鮮米より大体早生であると云ふものの，其内新米の味を利用すべく高値に売れる極早生は高が知れて居り，結局中晩生を本体とせねばならぬが其中晩生はどうしても朝鮮米と正面衝突せざるを得ない，而も何れかと云へば負け戦の色濃い正面衝突である，従って此正面衝突を有利に展開する為には，安く売らねばならない，安く売る為には収量が多くなければならない，此目的に向っては銀坊主が今の処一番いい品種である，其上銀坊主は従来の品種に比して重い，延売市場の欲求を満足させる……

つまり，北陸・山陰米は，生産費を引き下げ，より廉価な米をもって朝鮮米と対抗した。1930年になると，内地軟質米は朝鮮米より1円安く売られはじめたのである。

第2項　東京米穀市場における朝鮮米

第1　東京鮮米協会の設立

1910年代後半期，朝鮮米の日本への移出は200万石を超えるに至る。その移出先は阪神地方を中心とし，中国，北九州がこれに続いたことは前述のとおりである。しかし，東京，横浜等の関東地方は，米の大消費地であるにもかかわらず，移出量は6,7万石足らずであった。地理的に東京は大阪と違って，全国的米産地である東北や北陸を控え，関東平野の中央に位置しているので，大部分の消費米は，それらの産地米で調達された。1914年に深川正米市場で朝鮮米の取引がはじまったとはいえ，取引は広がらなかった。当時移入された米は小石や土砂の混入が多く，精選する器械を備えた米穀商はほとんど存在せず，石の手選は能率が悪いといって嫌忌した。運輸の便も悪かった。直航路は，朝鮮郵船会社の命令航路（国や地方自治体，軍隊からの補助金の拠出と引き換えに，運航と維持を命ぜられた航路）の船舶が月1,2回にすぎず，大阪で中継して積み替えを要することが多かった[69]。

そういう取引不振のなかで，1923年の関東大震災は，朝鮮米の東京市場開拓の画期となった。その絶好の機会を掴んで「関東地方ニ於ケル食糧問題ヲ緩和シ朝鮮米ノ販路拡張ノ為メ商取引ノ斡旋ヲ為シ之ニ必要ナル施設ヲ為

---

69)　鮮米協会『鮮米協会十年誌』1934年，19頁。

スヲ以テ目的」[70] として，朝鮮総督府と朝鮮穀物貿易商組合連合会会員，穀物生産者「三者協力」して「東京鮮米協会」が同年11月に組織され，本部をソウルに，支部を東京・名古屋（1930年）に置いた。事業は，朝鮮米豆の
　(a) 紹介・宣伝，(b) 取引の斡旋，(c) 調査及び通報であった。1926年には，事業の範囲を（関東地方から）日本全国に改正し，名称も「鮮米協会」に改めた[71]。

(a)　まず，関東地方の穀物問屋及び米業者に紹介・宣伝をはじめ，全国各地域で講演会・試食会・映写会を開催し，『鮮米月報』『鮮米日報』『朝鮮酒米情報』を発行し，ポスター・パンフレット等を配布し，博覧会・共進会・品評会等を利用し，鮮米食堂を開設するなど多様な方法で朝鮮米の紹介・宣伝を行った。特に酒造米としての紹介・宣伝は市場の開拓に直接結び付くものであった[72]。

> 中部以東の地方殊に関東以北に於いては，従来殆ど朝鮮米で酒造をしたものがなかったが為に，その真価を諒解するに至らなかったから，鮮米協会に於いては昨年（1926年：筆者註）以来協力して是等地方に朝鮮米の紹介使用を奨励し，幸にして何れの地方に於いても良好なる成績を挙げておる。

(b)　協会は朝鮮米の売買者相互を仲介し，輸送，陸揚，保管，金融その他売買に関する一切の斡旋をなした。斡旋は，相手方の信用状態の調査，取引先の確実性の担保，契約の履行の監督などに及んだ，
(c)　品種別取引を促進し，朝鮮の新品種を紹介して，その反応を綿密に検討するなど，市場に見合う品種改良に大きな役割を果たした。東京米穀消費市場で朝鮮米はこの鮮米協会の活動に助けられて基盤を固めていった。

第2　日本各産地との角逐

関東大震災の翌年，1924年に東京米穀市場に朝鮮米18万余石が移入されている（表3-22前掲参照）。この量は，1927年には76万石に及んだ。3年間で約4倍の伸びを示したのである。これは同年の東京への米の総流入量約

---

70)　「東京鮮米協会定款」『鮮米協会十年誌』前掲，26～29頁。
71)　『鮮米協会十年誌』前掲，43頁。
72)　「朝鮮米は将来如何なる進路を取るべきか」前掲，7頁。

520万石の12％に当たる。朝鮮米が歓迎された理由として，1927年東京廻米問屋の調査は以下をあげている[73]。

　一，奨励施設宜しきを得て良く品種の統一されて居ること，
　一，内地米に比し容量充分なる為採算に有利なること，
　一，移出検査が充分に施され，調製が内地米以上に良好なること，
　一，移出検査が各道毎に統制され採算率に変化なきこと，
　一，食味良好なる上乾燥程度が嗜好に適合せること，
　一，乾燥適合に関連し資金が単一で間に合ふ便利のあること

品種の統一，容量上のメリット，乾燥，調製良好であったことがうかがえる。

東京地域に入った朝鮮米は，当初は南部地域の産米が中心であったが，27，8年からは西北部地方の産米が中心となった[74]。東京市場の嗜好にあったのである。東京米穀市場は実需中心で嗜好本位であり，市価を決める要素は，嗜好50％・貯蔵力25％・搗減25％といわれていた。大阪米穀市場は定期米が中心で，市価を決める要素は貯蔵力50％・搗減25％・嗜好25％といわれていて，期米市場であるだけに半年はおろか1年以上も貯蔵しなければならない場合も多く，保管に耐える米が歓迎されたのである。全羅北道の奨励品種石山租は1926年に検査高が百万叺を突破するほど人気が上がったが，それは大阪米穀市場での高い評価による。

この際，大阪と東京の違いを確認する意味で，定期市場と現物市場について述べておく。大坂・堂島では，宝永・正徳期から米相場が始まり，享保15年（1730年）には江戸幕府の公認を受け，堂島米会所（天下の堂島取引所と称された）が開かれている。当時の米相場では，実物の米の出し入れは行わず，先物取引の期間中に発生した米価の変動分の差金を授受することで取引が終了した。この取引所の先物を期米（期米相場，清算市場）といい，これに対し現物を正米（正米相場，現物市場）と呼んでいた。

朝鮮米の東京市場への進出は日本内地産米へいかなる影響を及ぼしたか[75]。

73）梅原保「京浜市場に於ける朝鮮米の現況」『朝鮮農会報』第6巻第8号（1932年8月），19頁。
74）河村寅之助「朝鮮米の過去と現在」『朝鮮農会報』第5巻第11号（1931年11月），22～25頁。
75）山路徳吾『肥後米改良のために』1927年，6～7頁。

まず真っ先に影響を受けたのは北陸米であった。すなわち「北陸米即ち加賀，越後，越中，能登の産米は鮮台米の影響を真正面に受け鮮台米の移入されただけ減少したやうである。尤もこれは北陸米が概して軟質米で食味に乏しく，四月以後には一層その欠点が現はれるから東京市場の需要が減少した」のである。この現象は大阪米穀市場と共通する。

　一方，「東京市場の横綱」といわれた庄内米は，当初は「庄内，宮城，秋田米は食味の良き点から鮮台米の圧迫を受けず，相変らず需要が盛んで」，ほとんど影響を受けなかったが，1929，30年になると，山形山居米さえ脅威を受ける。山居米といえば，伝説の上米であり，今日でも山居倉庫は築後百年を経てなお現役であり，酒田市きっての名所として知られている。

　つぎは1931年の山形県産米講評会においての県農務課の斎藤伊七の話である[76]。

　　白米商は皆米法に基きkg売を実施して居るのであるから精白致して重量の大なるものを欲することとなって居ります。朝鮮米は普通精白して五十九kgはありますが，村山米に至りては五十五kgよりありません。白米の一升重量は普通三八〇匁であります。依って朝鮮米は東京市に於ても非常に重きをなして来たのです，過日現れたる相場の如きは内地米として最も良好と称せらるる御県山居米は十八円五，六十銭なるに朝鮮平安亀ノ尾は同日の同期に於ける値段は十九円二，三十銭と現はれたのであります。山居米より一石につき八，九十銭高値を見る様な状況を呈したのです。朝鮮米は実に将来内地米に取って一大脅威であります。

　村山（郡）は山形の米どころ，村山米は東北地方きっての早場米であり，夏場の庄内米と肩を並べる存在である。その村山米が一敗地にまみれたのである。そして山居米＝庄内米もまた朝鮮米に比べて搗上重量が及ばないのである。しかし市場での朝鮮米の勝利は，山形米の代役を務め得るほどの質と量が保証されていることが前提であった。新米穀検査の厳しい篩を通過し，「味は元々よい亀の尾で而かも普及した計りであるから極めて新鮮」で，重量も飛びきりあれば，小売商に歓迎されないはずはない。「有名なる山居米すらが其得意を奪はれて這々大阪の清算取引に迄表はれるに到った程の大問

---

[76]　斎藤伊七「本県産米講評会に就て」『山形県農会報』第125号（1932年2月），27～28頁。

題を惹起し」東北地域産米に大恐慌を来たした[77]。

　大阪で「淡路」「摂津」等の上米が，味の良い米の範疇に入っていた朝鮮の「多摩錦」「亀の尾」に押しきられることはなかったことと対比して，興味ある事象である。

第3項　日本米穀産地の対応

　朝鮮米が東京に本格的に移出されはじめた1926年，日本米穀界ではいかなる動きがあったか。つぎの史料で見てみたい[78]。

> 内地で朝鮮米及び台湾米に対する非常なる脅威を感じて各地方に於いてはそれぞれ対策を講じつつある処もあります。殊に先般開催された帝国農会に於いても是等の対策を講じて貰ひたいと云ふ希望が決議になりました。併しまだ具体的に如何なる対策を講ずるかと云ふことまでは行かなかったが，早晩何等か帝国農会に於いても是等に就いて講究すると思ふ。夫れで近年東京には鮮米協会に匹敵するが如き米の販売機関を設置すると云ふやうな話がありまして，秋田県新潟県等に於いては既に県農会に於いて穀物倉庫を東京に建設して県技師等を派遣して有利に共同販売をせしめると云ふやうなことをやつて居りますが，最近又宮城県も之れに倣ふて倉庫を設置し販売事業を開始するやうになり，その他石川県等に於いても矢張り斯の如き計画を考慮しているやうであります。又一方府県に於ける農事試験場の事業を更に拡張して朝鮮米に対抗する良好なる品種殊に品質の優良なる品種の育成を試験調査せしむる向きも追ひ追ひ出来て来たやうであります

　まず，激増する朝鮮米及び台湾米に対する「脅威」感は，帝国農会レベルで対策を立てることを決議させている。そして府県農会では，朝鮮米に対抗するため東京に販売機関を設置し，品種育成事業を行ったのである。こうして秋田，新潟，そして宮城，石川県は県農会直営で東京に販売機関・倉庫施設を設けて，東京の市況の産地への通報，産米の宣伝，声価の調査などを行い，自県産米の販売維持・促進をはかろうとした。

　そして府県においては品種育成の試験調査をはじめ，育種事業が本格化

---

77)　『市場人の見たる産米改良』前掲，60〜61頁。
78)　菱本長次「内地より眺めた朝鮮米」『朝鮮農会報』第21巻第12号（1926年12月），12頁。

しはじめる。新潟県では県標準米査定会でつぎのような意見が出されている[79]。

> 然るに本年（1926年：筆者註）は七十万余石輸入して居る　斯く朝鮮米が前年の倍額以上に輸入せられた所以は申すまでもなく価格安く然も比較的東京の嗜好に適して居るからである　朝鮮米は本年検査標準米を約一等級程引上げる様に聞いて居る　今日の標準米にしても斯く需要が多いので標準米を引上げて良い米が来たならば一層需要の増す事と思はれる　反面には必ず各府県米の需要が減退するのは明かである……既に現今の需給傾向では良米を作ってくれ上値に買ふといふ事が過去の事で今は味の良い価格のあり生産費の少ない然も量を多く取れることを目的に改良して如上台鮮米及満洲米に備へられたいものである

1926年の朝鮮米穀検査制度の改正を敏感に受け取る様子がみられる。新潟県産米の主要移出地は東京米穀市場であり，朝鮮米の標準米の引上げによって「良い米」がさらに大量に東京へ移入されることを予測し，そのような事態に備えて品種転換を考えていることがわかる。新潟産米は，当時大阪市場でも，また北海道市場[80]でも同じく朝鮮米によって圧迫を受けていたので，品種転換が切実なものとして受けとめられていたのである。

北海道への朝鮮米は，それまで漁場向けに白米が少量移入されるのみであったが，1927年から20余万石が移入されるようになった。以下はそのときの様子である。

> 従来北海道に移入する米は殆ど青森，新潟，富山等北陸，東北地方のものに限られており是等地方では唯一の好得意としておった所本年は前記の如く新に朝鮮米が六月迄に已に二十二万石も移入され今後少からず移入の見込でそれ丈北陸東北米の販路を塞いだので少からず恐怖を感じ殊に従来裾米の捌け場としておったのが本年は朝鮮米が品質が良いのに割安であるから之も鞍替されたので殆ど売行杜絶した　北海道が朝鮮米を使い出したのは極最近であって僅に附近の漁場向の白米が移入されたに過ぎず一般の人は朝鮮米と云へば石の多い粗悪なものとのみ思って居ったが本年二十余万石の朝鮮米が移入され始めて其の真価を認め味も北陸米や青森米より善く桝も多く釜殖するのに値段が割安と来て

---

79)　『東京米報』1926年11月7日。
80)　『朝鮮農会報』第1巻第5号（1927年8月），83頁。

居るから之を歓迎するのも道理である

つぎは福井県の様子をみてみよう。1927年農林省の「地方産米に関する調査」[81]による。

> 近年端境期の市場に於ける鮮米の跳梁は軟質米産地を通じ一般の脅威なるも殊に本県産米にありては鮮米の移入地たる阪神を近く控ゆるのみならず県下唯一の要津たる敦賀港へ直接鮮米の移入せらるゝに及び京阪は固より従来本県産米の大消費地たりし東京，静岡及び北海道に於て本県産米の出廻りを阻止せらるゝを以て直接間接に鮮米の圧迫を蒙ること甚大なり　蓋し本県産米は味付米として各地に賞用せらるゝと雖も端境期に於て其の出廻りを阻止せられんか貯蔵久しきに耐へず殊に大場種にありては変質と共に著しく食味を損するを以て梅雨期後に至りては市場に於て更に顧みられざる有様なり　本県産米は各地に需要され販路広きを以て一見頗る強味の如く解せらるゝも翻て之を観れば特殊の需要地らきが為需要地の嗜好に応じ之を目標として産米の改良を為し能はざるは却て弱味なりとも謂ひ得べし

福井県米は朝鮮米の移入にさまざまな面で脅威を感じていたことがわかる。まず敦賀港に朝鮮との直航便が開かれたことから脅威を感じた。福井県産米は移出先が各地に及び，各仕向先ごとに「鮮米の圧迫」を受けていた。それゆえに対処策，すなわち「産米改良」方針が立てにくく，難航していることが読み取れる。

上にいくつかの県（道）の状況を見てきたが，各都道府県では朝鮮米に対抗するため，品種の改良，検査の統一，貯蔵販売機関の設置充実等の施策をたてて，実行に移したのである[82]。

品種の改良は，朝鮮米と対抗する上で，もっとも本質的な対策であった。味の良い最上級米にするか，目方の重い米種を発見するか，収量が多く安くできる品種に頼るか，それぞれの県で多様な対応がみられる。こうした要求から，当該期はまた本格的育種事業が行われたのである。種子の更新においても，それまでの3年あるいは4年に1度を，「多くの県では毎年一回或は隔年一回の更新を為すに至った」のである。

---

81)　『東京米報』1927年4月27日．
82)　河村寅之助「朝鮮米の過去と現在」『朝鮮農会報』第5巻第11号（1931年11月），22～28頁．

朝鮮米の歓迎される大きな理由の一つである入枡の多いことに鑑み，検査の際，入枡の有無を厳しくチェックする県も多くなった。秋田県では，5合以上の入枡をしないと検査に合格させない条項を設けた[83]。

朝鮮米に対して，こうした内在的な対抗策をたてていく一方，朝鮮米の移入そのものを制限・統制しようとする対応策も行われていく。それは，29年米穀調査会で早くも指摘された。

第6節　1920年代後期の「玄米検査等級改正」要求

1926年検査規則の改正時に，等外米なる検査等級が設けられ，これについては輸移出が禁じられたことはすでに述べた。この等外米は，1926年に2.3％であったのが1928年には10％を超え，1930年産米では総検査数の12％を占める50万余石に及んでいる（表3-3前掲参照）。特に慶尚北道は1930年産の総検査数181万2,211個（約75万石）のなか，等外米が43万5,808個（約18万石）で約24％も占めていた[84]。

等外米の増加現象は日本米穀市場での市場競争への対応策の一環として，消費市場で声価を低くする可能性のある玄米の輸移出を検査制度をもって禁止したことの現れである。その結果，白米が年々増加し，玄米より安く輸移出することさえできる結果を生み出したことについてもすでに触れた。

ここでは，こうした状況をめぐっての朝鮮側と日本米穀商の動きを検討することで，朝鮮米をめぐる状況の一面を明らかにする。

第1項　朝鮮米穀商の動き

第1　朝鮮玄米商組合連合会の結成

朝鮮で等外米増加の状況にもっとも利害を感じたのは，当然玄米商であった。

---

83)　菱本長次「鮮米の内地進出と将来の対策」『朝鮮農会報』第4巻第9号（1930年9月），11頁。
84)　慶尚北道穀物検査所『穀物検査統計年報』第11報（1930年），12頁。

玄米商は，1928年，玄米商組合連合会を組織し，同年6月大会を開催し，等外米を5等米に改称し輸移出できるようにするよう朝鮮総督府に要望した[85]。

まずこの組織が結成される状況をみる。

当時，朝鮮穀物商組合連合会（1916年結成）という組織があった。その朝鮮穀物商組合連合会の構成と主導勢力は，つぎのようであったという[86]。これが玄米商組合連合会議事録によることに留意しつつ引いておく。

> （朝鮮穀物商組合連合会は）全鮮米界の与論機関たるが如き観を呈して居るのでありますが其の実際は会員僅かに拾数組合に過ぎません　目下全鮮には穀物商組合の数実に百幾十の多数に達して居ります　然るに同会は其の内の僅拾数組合を会員とするのみであります，而も其の会員たるや主に精米工業盛んな土地の組合が之を牛耳って居るのであります　即之等の有力なる精米業者は何れも会の幹事に就任して居り其の幹事会の決議は会則によって総会に代るの権能を以て居るのであります，でありますから表面はいかにも全鮮米穀業者の与論機関の如くであるが其の実際は殆ど之等一部精米業者の意見によって進止して居るのであります

1910年代から1920年代にわたって各郡レベルで穀物商組合が約百余ヶ所結成されていたが，その内，朝鮮穀物商組合連合会に参加していたのは十余の穀物商組合に限られていて，同連合会は「全鮮」組織であるといっても，各地方穀物商組合を統合する組織ではなかった。そして総会と同等の権威を持つ幹事会は有力な精米業者で構成されていた。玄米商は「年来終始一貫大にこれ（朝鮮穀物商組合連合会：筆者註）を利用し善用せんことに」努めて来た，というのが上記の趣旨である[87]。

以下で玄米業者は，1928年に至って玄米業者だけの組織結成の必要な状況が生じてきたことを宣明する。

> 同連合会（朝鮮穀物商組合連合会：筆者註）の組織と現状とは乍遺憾これのみを以てしては到底我等玄米商を満足せしむるものでないのである，玄米商のこ

---

85)　『朝鮮農会報』第2巻第7号（1928年7月），74頁。
86)　朝鮮玄米商組合連合会『朝鮮玄米商組合連合会第二回大会報告書』1929年，41頁。
87)　朝鮮玄米商組合連合会『全鮮の玄米商各位に檄す』1929年，6～7頁，41～42頁。

とはやはり我々玄米商同志，異分子を交えぬ者の間に於てのみ事に当たらねば駄目である　茲に於て我々は全く余儀なく全く仕方なしに別に本連合会を組織せざるを得なくなったのである。

　玄米商と白米商（精白米業者）との利害対立が読みとれる。こうした状況は第2回玄米商組合連合会大会で「我々は到底白米業者と手をつないで同一の途を進むことは出来ない運命にある」とされ，穀物商組合連合会の側では，烏致院穀物商組合が「本連合会（玄米商組合連合会：筆者註）加入組合は全鮮穀物商組合連合会を脱会せられ度き旨懲溷の件」を提出する（これは可決されずに撤回された）ほどであった。

　玄米商の中心的要求である等外米の移出解禁は精米業者の業域を侵害する問題だから，精米業者が主導権を握る朝鮮穀物商組合連合会を通じては訴えることができない。ここに玄米商だけの組織を結成する必然があったのである。

　　玄米商刻下の急務は全鮮同業者の大同団結を図って今まで各地に分散されていた個々の小勢力を糾合して一大勢力となし今まで相顧みられなかった各地個々の小さき叫びを集めて一大与論の声と化し旗幟鮮明旗鼓堂々以って一路只邁進すべきのみである

　1928年当初，玄米商の組織は「南鮮六道玄米商組合連合会」の名称で南部地域つまり慶尚南・北道，全羅南・北道，忠清南・北道の主要米産地43ヶ所の同業者をもって結成されたが，翌年1929年の第2回大会で「南鮮」の文字が削除され，全朝鮮の玄米業者の組織になる。「朝鮮玄米商組合連合会会則」によれば，会員は「一，玄米商組合又ハ之ニ類スル団体　二，玄米業者　三，前各項ノ外米穀取引又ハ産米改良ニ関係アル者」（第4条）であった。結成された1928年段階での会員の構成をみると，穀物商組合が21，個人が45，精米所4で，計70であった。事務所は大邱穀物商組合内に置き，会長は大邱穀物商組合長である濱崎喜三郎であった[88]。

---

88)　朝鮮玄米商組合連合会『朝鮮玄米商組合連合会々則』1929年，7〜14頁。

第2　朝鮮玄米商組合連合会の動き

1928年の第1回大会（結成大会）での決議案の第1項[89]、等外米を5等級に改称し輸移出を可能にする要望こそ、同連合会結成の要因であった。同連合会会長にして大邱穀物商組合長であった濱崎喜三郎の名で表された「等外米の移出解禁に就いて」という一文がある。この文章は各新聞に通報され、また小冊子として各界に配られたものだが、これを通して玄米商の等外米の移出解禁の根拠、主張、及び当時の朝鮮米穀業界の状況をさぐることにする[90]。

等外米の移出解禁を要求する根拠として、濱崎は以下の八つの理由をあげている。

一　なぜ等外米の移出を禁止したか。
二　今日等外米は断して粗悪品に非ず。
三　消費地はよく鮮米を理解せり。
四　等外米の移出禁止は却って産米の改良を逆転させつゝある。
五　白米移出の激増と米価。
六　農家に不当の損害を与へ国家の米価対策を裏切る。
七　営業の自由を失ふた米穀商。
八　消費地は等外米を歓迎する。

1926年朝鮮総督府が等外米の等級を設けたときは、「等外米は粗悪品である。粗悪品の移出は一般鮮米の声価を失墜し、又産米改良の発達を阻害する虞がある。」という理由で移出を禁止し、朝鮮での販売のみを許容した。その後の産米改良の進捗によって、もはや等外米は粗悪品ではなく、「往年の三等米以上の実質を有する」と濱崎は主張する。産米改良のシンボルとしての乾燥・品質を反映する重量を考察すると、4年前の3等玄米1石が103斤ないし104斤であったが、1928年、すでに等外米は107斤ないし110斤で、「立派な実質を有する」と主張していた。玄米加工した米が検査を受けて等外米になると、朝鮮国内販売が許容されているとはいえ、結局精米工場に買いたたかれ、玄米商人は多大な損害を受けた。つぎの資料（1930年）はこの辺の事情を伝えている。

---

89)　『朝鮮農会報』前掲同所。
90)　濱崎喜三郎『等外米の移出解禁と玄米の重量取引に就て』1931年、1～3頁。

> 輓近当局者が検査に依って鮮米の声価向上をお図りになることが余り急参る為め，従って無暗に検査の程度が向上されました為，今日ではいかに乾燥をよくし調製に苦心をして玄米を作って見ても，やはり沢山の等外米が出る，而かもその等外米たるや内地移出を禁止されて居りますので鮮内の精米工場以外売り場がありません，其の為実質から云へば四等米と紙一枚の差精々二三十銭安でよいものを一円七八十銭もの大安値で投売せなければなりませぬ，只さへ手間がかゝつて引合はない其の上に此の大なる危険を覚悟せなければならないのですから，今日では我々商人は玄米をこしらへることが甚だ困難となり地方によっては殆ど不能の状態にさへ陥っているのであります。

こうした籾摺業者の事情はついに，つぎの状況を生み出した[91]。

> 誰がいつまでも面倒な不安な従って資本廻転ののろい玄米を作る者があらうか，朝鮮の米穀商は今や水の低きに就くが如くに滔々相率いて皆白米商と化しつゝあるのである，仮に工場設備の資力が無かつたり其他余儀ない事情の為に尚践み止つて玄米を造つているものも此の峻厳な検査を忌避して漸次未検査品のまゝ精米工場へ投売するの風を馴致しつゝあるのである，只さへ行き場のない大量の等外米不合格米の一手引受所として次第に増加しつゝある白米移出は茲に至っていよいよ益々激増……

つまり玄米業者のなかで資力がある者は白米業者に転換する傾向もあり，籾摺をして検査を受けないまま精米工場の原料に売る風潮も出ている。たとえば米の集散地として有名な大邱は，一面玄米の移出地としても重要な地位を占めていたが，1930年から31年にかけ「大邱府内の籾摺工場が殆ど全部精米工場に早変りし，さしもの玄米移出地は茲に一転して精白移出地に転換するの奇現象を呈するに至（り）」，日本への移出を目的とする工場が，慶北精米，若林，朝鮮米穀，朝陽精米など，7ヶ所新設され，小工場で精米業に転換したものも多かったのである[92]。こうした籾摺工場から精米工場に転換するという現象は，特に等外米が多く認定された慶尚北道に限られ，他ではみられない。

朝鮮玄米の産米改良が進展しつつあるなかで，日本消費市場での声価を向

---

91) 濱崎喜三郎『米価対策 遺された諸問題』1931年，13頁。
92) 『釜山日報』1931年1月22日。

上させるために，検査はさらに厳しくなっていく。その反動で，白米の輸移出が増加する。それは，玄米商と精米商の対立をもたらし，籾摺業の流動をもたらしたのである。

第2項　日本の米穀商の要求

　等外米を生み出しながら産米改良を急速に進めている朝鮮玄米とともに，朝鮮白米の増加には，日本米穀市場の小売業者がまた敏感に反応した。朝鮮米の需要が多い日本消費地市場での小売業者は，自己販売用の精白業者兼小売業者であった。割高な朝鮮玄米をもって精白した白米は朝鮮の安価な国白に価格的に抗しえない。その打開策として最大需要地である大阪では，大阪穀物商同業組合と大阪米穀会が合同で朝鮮総督府殖産局に対して「朝鮮玄米四等以下移出解禁促進意見書」を1931年5月13日付で提出した。そのまま引用するが，「朝鮮玄米四等以下移出解禁」つまり，朝鮮玄米の5等級新設の要求の背景が集約されている。

> 四等米以下移出禁止の結果下級の籾或は等外米の法外なる安値を示し従て鮮内精米業者の白米濫売を醸成し近来朝鮮白米（以下国白米と称す）は四等玄米以下の不自然なる不当相場を示現し為に内地当業者殊に各都市小売業者は割高なる玄米を搗精し割安なる国白米に対抗せざるを得ず必然の結果夫等当業者の収益率激減し同業者の困惑其極に達せり　然らば当業者は割安なる国白米を販売し以て其弊を免れ得べしとの説あるも夫は皮想の観にして国白米を専業となす小売業者は到底一家の生計を営むを得す　現に或る町村の如きは当業者一致国白米の不買同盟を実行せる箇所尠からざるに徴し明なり　独り大阪のみならず全国大都市に於ける小売業者の困厄頗る多大なるものあり　即ち此救済法として五等級を新設し割安なる玄米を供給し一方鮮内等外米の不当の安値を防止し従て国白米の不自然なる相場を幾分訂正するを以て急務とす　是れ五等級新設を熱望する所以なり

　上記資料を読むについて，国白地白の別について述べておく。国白とは生産地で精白した精米であり，地白とは消費地で精白したものである。要するに，安価な国白が入って，小売業者が精白した地白が価格的に競争できない状態

になって，米穀商の利潤が激減したことの対応策としての玄米検査の等級改正要求であった。割安な玄米が日本米穀市場に入るようにする一方，安価な国白の源泉である朝鮮内等外米という構造を消滅させることをねらいとする。

その要求の前提には，道営検査によって品質向上がなされているから，5等級を新設しても声価は落ちないということがあった。以下の意見書から，朝鮮米穀検査が大阪でいかに高く評価されているか，同時に朝鮮玄米のそれ以上の品質向上による割高はもはや大消費地で歓迎されない傾向すらでてきたことが読み取れる[93]。

　　近来各道共検査向上し殊に四等級は厳格に励行の結果三・四等米の値鞘非常に縮小し四等米以下に尚一階級を新設し内地へ移出せらるゝも現在検査特に乾燥の点を低下せざる限り鮮米の声価に何等影響を及ぼすものにあらず
　　　内地の紡績業者其他多量消費する直接需要者は可及的寄按なる裾米を選択し需要する傾向あり　然るに近来四等級の品質向上し従て其価格亦割高となり玄米買付に焦慮せり

紡績業などの工場労働者が多い都市では，安値な米穀が恐慌下ではさらに歓迎されたのである。東京，横浜等の大都市でも東京廻米問屋組合，横浜米穀問屋同業組合が「現行四等級区分制を五等級制に改正」することを「鮮内各地組合宛」に送って，1931年秋に開催される朝鮮の全国穀物商連合会大会で等級制改正を決議するよう促した。しかしその朝鮮穀物商組合連合大会では[94]反対論があり満場一致の決議に至らなかった。

日本小売商に対する朝鮮国白米の圧迫はますます厳しいものになったので，1932年に入って日本穀物商らの動きは一層活発化した。大日本米穀会第25回大会（1932年4月）は「朝鮮四等以下玄米移出禁止の解禁」陳情の件を満場一致で決定し，これを農林省及び朝鮮総督府に陳情した。そこでは「今日朝鮮玄米は非常に改良を加へられまして4等級以下でも内地に移出致しても鮮米の声価には何等影響がないのであります，其の点は朝鮮総督府に

---

93)　大阪穀物商同業組合・大阪米穀会発朝鮮総督府殖産局宛「朝鮮玄米四等以下移出解禁促進意見書」。
94)　『等外米の移出解禁と玄米の重量取引に就て』前掲，11～14頁。

於きまして鮮米の声価に影響を及ぼすといふやうな風に幾分懸念して居るのは認識不足の現状であらうか」[95]と述べられていた。

朝鮮総督府が玄米の5等級を新設しない，また大部分下層向きであった白米の輸移出は制限しない方針をとっていたことが読みとれる。

当時，国会では米穀法のあり方が論議されていた。上に述べたいくつかの動きは，そのことを見据えてのものだった。地主階級は国家による米穀の買い上げ，輸移入米の専売など，強硬な米穀政策を要求していた。日本の米穀商は地主階級の要求する植民地米移入制限論に反対し，米穀の需給調節は，「経済自然の自由に任せるべき」であるとして，米穀法撤廃の運動に乗り出している。

そうした状況のなかで，大都市米穀市場の米穀商は割安の玄米の供給を妨げる要因である安い「国白」の移入には，正面から反対できず，玄米検査制度を改正して朝鮮の割安な玄米を買い上げることで，従来の利潤を保とうとしたのである。しかし朝鮮総督府は，米穀市場競争のため，玄米の声価の向上のため，朝鮮の玄米商・日本の米穀商らの等級改正の要求に応じず，一層厳しく検査を実施したのである。表3-26は，慶尚北道における検査実績である。

表3-26　慶尚北道玄米検査実績

等　級	数量（千叺）	比率（%）	区　分	比　率
一　等	0	0.0	上　米	0.0
二　等	0	0.0		
三　等	28	4.9	中　米	4.9
四　等	353	60.2	下　米	95.1
等　外	188	32.1		
不合格	16	2.8		

出典：濱崎喜三郎『米価対策　遺された諸問題』(1931年)11頁より作成。
備考：1930年10, 11, 12月の成績である。

---

95)　大日本米穀会『米穀』第228号（1932年5月），9頁，47頁。

第 4 章

昭和農業恐慌と検査の国営化
(1930 年代)

第1節　実施までの経緯

第1項　背　　景

　1929年10月24日のウォール街における株価大暴落を出発点とする世界恐慌の影響で，日本の主要輸出品である生糸の対米輸出が激減した。加えて，1930年の豊作による米価下落により日本史上初といわれる「飢餓豊作」が生じた。米と繭の二本柱で成り立っていた日本の農村は，双方の収入源を絶たれて，壊滅的な打撃を受けた。この事情を背景に米穀法が改正された1931年，朝鮮総督府は検査制度の総督府直轄＝国営化を立案し，1932年11月1日からそれを実施した。日本内地における米穀検査制度の国営化が戦時統制の一環として現れたことに対比していただきたい。

　この時期の総督府営移管には，二つの要因があげられる。

　第一は，日本米穀市場での銘柄競争である。1920年代後半，朝鮮米の移入による日本米穀市場の供給過剰は各銘柄間の競争を激化させた。そこで各地方は，地域銘柄をできるだけ統一して，より大量化した商品に仕立て，競争力を強める必要があった。

　第二は，前者と密接に関連するが，道営検査がもたらした種々の弊害を克服して一層の米の商品標準化を図ったということである。道営検査は不良品の輸移出を完全には防止できず，産米の声価失墜をもたらすことがあったのである。つぎの例がそれを示している[1]。

　　朝鮮ニ於ケル穀物取引ノ現状ヲ見ルニ其ノ商圏ハ行政区画トハ全ク離レ各主要開港地ヲ中心トシテ夫々奥地ニ進展セルヲ以テ一開港地ニ出廻ル穀物ノ生産地

---

1)　朝鮮総督府殖産局「第六二議会事務参考資料」1932年5月。

ノ如キハ少キモ二道多キハ六道ニ跨リ且ツ清算市ノ渡米トシテ又ハ市況ヲ見テ有利ニ販売スベク待機中ノモノハ悉ク倉庫ニ貯蔵スルヲ通例トスルニ依リ輸送ノ途次ニ於ケル諸種ノ損傷又ハ検査後ニ於ケル不正行為乃至ハ貯蔵中ニ於ケル雨湿，病虫害等ニ依リ著シク商品的価値ノ低下シタル不良品或ハ不正品ヲ発見セル場合ト雖モ現行制度下ニ於テハ其ノ検査ノ権限ハ検査区域タル道内ニ限定セラレ且ツ他道検査品ニ及バザルヲ以テ一旦検査ヲ受ケ他道ニ移出セラレタルモノニ付テハ何人モ之ヲ是正シ乃至ハ運搬停止ヲ命ズルコト能ハザル状態ナリ。又開港地所在ノ検査員ハ其ノ道ノ官吏ニシテ自己ノ職責ハ自道産ノミニ限ラルルノミナラズ現在取引ニ使用セラルル銘柄ハ各道名記号ヲ其ノ侭引用セラレツツアルヲ以テ他道検査品即チ他ノ銘柄ガ市場ニ於テ声価ヲ失墜スルコトアルモ何等ノ痛痒ヲ感ゼザル所ナリ。然ルニ従来ノ実績ニ鑑ミルニ一道ニ於ケル検査不評ハ直チニ類似ノ地方ニ敏感ニ影響シ其ノ失フ所誠ニ多大ナルモノアリ。

米穀取引の商圏と道営検査の行政区画とが異なることから，不良品の輸移出を根絶できず，日本米穀市場で朝鮮米の声価を貶める一因になっていた。

こうした検査制度上の欠陥の解決策として，輸移出米穀商は，長年にわたって総督府直轄の検査を要請してきたのである[2]。

折しも豊作による米穀の供給過剰のなかで，日本国内の地主層から朝鮮米移入制限が主張されていた。これらの主張に反駁するための理論武装を行い，かつ米穀市場での激しい競争をしのぎ切るためには，道営検査制度がかかえていた弊害の解消が切実な課題となっていたのである。

第2項　各道の事情

朝鮮総督府は，国営検査法案立案に先立つ1931年4月13日，各道知事宛に，つぎの「穀物検査ニ関スル件」[3]を送達して意見を照会している。

　従来屢，米穀大会其ノ他ノ機会ニ於テ内鮮米穀業者ヨリ不良米穀ノ移出ヲ防止シ取引ノ安全ヲ期スルト共ニ朝鮮米ノ声価ヲ高メル為現行地方費ニ依ル穀物検

---

2)　『朝鮮農会報』第16巻第11号（1921年11月），81頁。
3)　「産秘第54号」（1931年7月4日）『穀物検査国営関係書類』文書番号15（4）10308, 8, 6, 5, 10

査事業ヲ国営ニ移シ本府直轄ノ事業トシテ全鮮統一的ニ施行セラレタキ旨ノ要望アリタル処将来之ガ実現ニ関シ貴道並ニ全鮮的立場ヨリ見御意見承知致度ニ付庁議取纏ノ上六月十五日迄ニ御回答相成度……

各道からの回答の内容は大きく三つに分けられる。

第一は「国営トスベシ」という道で，忠北・忠南・全南・慶南・黄海・咸南の6道であった。

第二は「現行制度ノ儘ニテ可」として国営化に賛成しなかった道で，京畿・全北・江原の3道であった。

第三は「現行地方費検査の外別ニ国ニ於テ適当ノ施設ヲ講ジ以テ検査事業ノ完璧ヲ期スベシ」として複式検査を希望した道で，慶北・平南・平北・咸北の4道であった。

つまり京畿，全北，江原以外の道は，いささかのニュアンスの相違はあるが，総督府直営検査を希望していたのである。

第1 賛成意見

国営に賛成した6道のうち，慶南・忠北の論旨をみておこう[4]。

まずは慶尚南道である。

> 全鮮的ニ統一スルコトハ鮮米ノ声価発揚上最モ必要ナリ。内地産米ハ全々各府県別トシテ一府県ノ産米ガ他ノ府県ニ影響スルトコロナキニ反シ朝鮮ニテハ各産地別ナルノ他鮮米トシテ一般的ニ総轄的ニ取扱ハルノ傾向アルヲ以テ一地方産米ノ不評ハ直ニ鮮米全体ニ対スル不評トナル傾向大ナルヲ以テ是非共全鮮的ニ統一スルノ必要アルニ依リ本府ニテ統一セラレタシ。

ついで忠清北道である。忠北は，日本での朝鮮米移入制限の動きに対抗する途は，検査を統一し，朝鮮米の声価を高める以外にないと，以下のように主張する。

> 鮮米ノ内地移出量逐年増加シ之ニ対シテ内地各府県ハ著シク脅威ヲ感ジ最近団結シテ鮮米内地移出防止策ヲ講セントスト聞ク。此ノ時ニ当リ本府ニ於テ検査

---

[4] 「産秘第54号」，前掲。

事業ヲ統一シ一層鮮米ノ真価ヲ高ムルト共ニ販路ノ拡張ニ就キ適切ナル方策ヲ講セラルヽハ最モ緊要ナル事項……

　この時期日本市場で「声価ヲ損傷」する米の多くが，検査済の廻着米であった。1932年検査規則に「包装を更めたるもの，検査証印又は道名記載の摩滅若は汚損して識別し難きもの，封箋紙の毀損したるもの，変質其の他異状を呈したるもの」を再検査する規定が織り込まれたことは，その反映である。しかし，再検査は簡単に行えるものではなかった。その実態を釜山港をかかえる慶尚南道を例にみておく。釜山港には，自道産米（慶南米）だけでなく，慶北米，忠北米の一部，江原米の一部が廻着されていたが，つぎのような問題が生じていた。

　　常ニ多数ノ他道検査品廻着シ貯蔵セラル。然レドモ之等他道廻着品ニ対シテハ再検査執行ノ権限ナキヲ以テ自道産米ノ如ク徹底的ニ取締ヲ為シ得ズ。検査等級ノ妥当ナラザルモノ変質セルモノ或ハ其ノ他雨濡品等ヲ発見シタル場合ニ於テ所管ノ異ナル他道米ニ対シテハ妄リニ其ノ処置ヲ為シ得ズ単ニ該道検査所ヘ通報シテ其ノ措置ヲ待ツ外ナキヲ以テ自然他道米ニ対スル取締ハ形式ニ流レ易シ。加之小数ノ係員ヲ以テ多数廻着品ニ就キ一々完全ナル点検ヲ為スハ実際ニ於テ不可能ナルヲ以テ勢ヒ自道品本位ノ点検ニ傾キ為ニ往々ニシテ多数不良米ノ内地流出ヲ見タル場合ナシトセズ。

　開港場を持たない道は開港場まで出張して検査しなければならないのである。たとえば忠清北道の米は，大部分が群山港と仁川港に半分ずつ，一部が釜山港に送られて輸移出されていたが，以下のようなもっともな要求を上げざるを得なかったのである[5]。

　　本道ハ開港場ヲ有セス　其ノ為他道所在ノ開港場ヲ経テ内地ニ移出セラルヽ結果船積ミノ円滑ヲ欠キ開港場ニ堆積サレ堆積期間永キニ亘ルトキハ品傷ミ等ヲ生スル惧レアリ　而シテ之カ再検査ニ関シテハ現在ノ実情ニ於テハ一々当該開港場迄出張シテ検査セサルヘカラサル事往々アルモ若シ之ヲ本府直轄トナスニ於テハカヽル不便ヲ除去スルヲ得ヘシ

---

5)「忠北秘第176号」（1931年6月29日）『穀物検査国営関係書類』，前掲。

忠清北道にとっては，再検査の不合理的な運用の修正が，検査国営化に賛成する大きな要因でもあった。

開港地の倉庫で異常米が発見された場合（そのようなケースは決して少なくなかったが），開港地道検査所には他道生産玄白米の再検査の権限がない。そこで原検査地の検査所に通報し，原検査地の検査員の再検査を待つこととなっていた。再検査は煩雑な手続と時日を要したので，「余程甚だしいものを多数発見した場合でなければ，事実再検査を行ふことは殆んど無かった」といわれる。つまりいかなる手立てによるにせよ，変質米がそのまま移輸出されることもあったのである。

こうした不良変質米の輸移出による朝鮮米の声価の損傷は，結局，現道営検査制度上の以下の問題に帰因する。

第一は，港を中心とする米穀商圏と検査区域（行政区域）の不一致であった。米穀輸移出港は，釜山・木浦・群山・仁川・鎮南浦・元山の6港であったが，木浦・元山を除けば，各港は表4-1に見るように，2道から5道の検査米を輸移出していた。

第二は，検査官の権限が自道内で生産された玄白米検査に限定されていたことであった。

第三は，検査の手数料が地方財政の財源であったことにかかわる。道では手数料の増収を目的に検査数量を増加させるべく策を講じることがあり，たとえば道の境界付近では，それぞれの道が検査所を設置し，互いに隣接道産米の吸収に汲々としたという。検査の「甘さ」をもって誘うということもあったであろう。検査の質の低下，検査の不統一をもたらしかねない事情

表4-1　開港地とその後背地

釜　　山	慶南米，慶北米，忠北米の一部，江原米の一部
木　　浦	全南米の大部分
群　　山	全北米，全南米の一部，忠南米の半ば，忠北米の半ば，江原米の大部分，黄海米の半ば
仁　　川	京畿米，黄海米の一部，江原米の一部，忠北米の一部
鎮南浦	平北米，平南米，黄海米の半ば，
元　　山	咸南米，江原米の一部

を，慶尚南道庁は記述する[6]。これは根本において，朝鮮総督府の農政のあり方と関連する。

こうして現行制度の改訂と「全鮮画一的」な国営検査の施行が希望されたのである。

第2　反対意見

それまで穀物検査事業と生産改良事業の管轄機関はいずれも道庁であったから，両者は常に密接な相互連絡・協調が可能であった。そして検査手数料収入は地方費のうち重きをなしていて，大部分の道では手数料収入と経費の差額を産米改良事業にあてていた。国営化に反対する道の主張の一つも，そのあたりに起因する。京畿道の主張をみておこう[7]。

> 現行通地方費ニ依リ穀物検査ヲ施行スル場合ハ生産奨励方面トハ常ニ密接ナル連繋ヲ保持シ居ル為生産改良上ニ資スルトコロ大ナルモ国営検査ノ場合ハ右ノ連絡自然疎隔シ之ガ改良ヲ阻害スルトコロ尠カラザルベシ……穀物検査手数料ノ差額ヲ以テ産米改良上ノ施設ニ振向ケツ、アリト雖モ国営検査ノ暁ハ該経費ノ捻出ヲ他ニ仰ガザルベカラザルヲ以テ地方費経理上相当困難ヲ感ズル

検査制度が国営化されると，地方庁が中心になって実施していた生産改良事業に蹉跌が生じるということであった。

全羅北道の主張するところも同様である。表4-2にみるように，純収入は道によって差があるが，京畿道では年間5万円前後の高額にのぼっていた。

江原道の反対理由は異なる。多くは江原道の米穀生産における後進性に由来しての反対であった[8]。

> 現在各道ニ於ケル検査施設ハ全鮮的ニ連絡ナク亦種々ナル不便欠陥ヲ伴ヒツ、アル為朝鮮米豆ノ声価ヲ充分昂上シ能ハザル感アリ。之ヲ本府直営事業トナシ統一スルニ於テハ上述ノ不便欠陥ヲ容易ニ免レ得ルヲ以テ米穀経済上大ナル効果アリ。然レドモ本事業ハ一面地方ニ於ケル特種ノ生産奨励ニ対シ相当貢献ヲ

---

6)「産秘第54号」，前掲。
7)「京畿道機第88号」(1931年7月16日)『穀物検査国営関係書類』，前掲。
8)「江秘第152号（江原道知事→殖産局長)」『穀物検査国営関係書類』，前掲。

表 4-2　穀物及び縄叺検査による地方費純収入道別一覧（逐年）（単位：円）

道別	1926	1927	1928	1929	1930	平均
京畿道	40,626	59,341	51,267	42,321	43,756	47,462
忠清北道	12,135	6,129	277	4,437	3,148	3,651
忠清南道	4,064	21,515	24,447	3,171	1,126	10,404
全羅北道	38,766	48,281	22,134	24,412	10,761	28,871
全羅南道	14,369	23,195	17,247	7,333	1,725	12,084
慶尚北道	67,714	47,515	31,356	12,957	47,795	41,868
慶尚南道	17,284	38,779	38,287	10,412	13,140	19,416
黄海道	8,799	1,056	5,724	9,168	19,993	6,235
平安南道	40,847	34,281	36,933	32,120	15,159	31,845
平安北道	16,478	18,773	28,270	27,629	38,877	26,010
江原道	4,387	1,222	738	2,475	2,273	20
咸鏡南道	19,396	15,827	1,671	7,103	9,261	10,652
咸鏡北道	34,064	52,149	22,568	28,026	40,180	35,397
合　計	314,538	365,784	275,001	196,728	246,243	275,899

出典：『穀物検査国営ニ関スル件』（韓国政府記録保存所）により作成。

為シツヽアルモノニシテ将来益々生産奨励機関ト連繋ヲ密ニスル必要アリ。且ツ現在検査所ニ於テ施行シアル叺検査ヲ米豆検査ト切離シ此レノミヲ地方費経営トナストキハ本道ノ如ク生産数量未ダ少キ地方ニ於テハ事業遂行上不便不利トナルヲ免レザルベキヲ以テ本道ノ如キハ目下生産奨励ノ初期ニアリ且ツ副業奨励ノ関係モアリテ未ダ其ノ時期ニアラザルモノト認メラル。

第3　実施上の課題

　国営に賛成する道でも，国営検査実施後も検査機関と生産奨励機関との緊密な連絡が保たれるように各道が対策を立てることを要請した。たとえば全羅南道の場合は，「米穀ノ生産奨励ハ道ニヨリテ特色アリ　奨励品種ノ如キモ道毎ニ異ルヲ以テ，検査ノ国営統一ト共ニ生産奨励機関ト検査機関トノ連絡ニツイテ特ニ深甚ニ留意スルノ要アリ，故ニ各道農務課長又ハ道技師ヲ支所長トナシ両機関ノ連絡ヲ図ルコト」[9]を提案し，忠清南道は，「国営検査所

---

9)　「全羅南道知事穀物検査ニ関スル件」『穀物検査国営関係書類』，前掲。

係官ハ関係各道郡兼務トシ道産米改良事業ト連絡協調ヲ保タシムル」[10] ように希望した。慶北をはじめとする道が既存の道営検査を生産検査，国営検査を輸移出検査として複式検査を主張した理由もここにあった。

検査道営時代最後の5年間の穀物及び縄叺検査による地方費純収入が年平均約28万円であったから（表4-2前掲参照），国営化に必要な経費及び運営費は，検査手数料ですべてまかなうことが可能であり，特別な財政的手当は不要だった。実際，「昭和七年度予算案」中の「穀物検査国営案」によると，穀物検査の経費は「穀物検査手数料ノ収入アルヲ以テ本件経費ヲ支弁シ幾分ノ余剰アル見込ナリ」[11] とされていた。一方，収入を失う各道では，「国営ニ移管スル時ハ地方費ハ有力ナル財源ヲ失ヒ経理上支障尠カラザルヲ以テ国庫ヨリ適当ノ方法ニ於テ補助金ヲ交附スルコト」[12] を要求し，それに応える形で，地方費補助金1年20万円を第9年目まで検査手数料から支出することとされた[13]。

そして検査が国営化された場合の生産奨励機関との連絡問題は，道技手をはじめ検査職員を生産奨励機関と兼官にすることで解決しようとした（表4-3参照）。

表4-3　兼官及び嘱託数

道技師の検査所技師兼官	13人
検査所技師の道技師兼官	4人
検査所技手の道郡技手兼官	69人
検査所技手の郡農会技手等嘱託	91人
産業技手及ヒ郡農会技手ヘノ検査事務嘱託	58人

出典：「穀物検査国営関係書類」，註4参照。

---

10)　「忠南機密第123号」『穀物検査国営関係書類』，前掲。
11)　「増減内訳」『穀物検査国営関係書類』，前掲。
12)　「穀物検査国営問題ニ対スル各道ノ意見」『穀物検査国営関係書類』，前掲。
13)　「穀物検査ニ伴フ収支概算」『穀物検査国営関係書類』，前掲。

第 3 項　重量制実施の要求

　朝鮮総督府が検査の国営化に動きだしたチャンスをとらえて，朝鮮の米穀業界は重量制への転換を強く主張した。以下は全羅北道穀物検査所長横山要次郎の言に基づく[14]。

　需要先の取引の条件の変化すなわち白米のキロ売り制に対応する方策として，いくつかの道では容量に重量を併記した（以下，容重量二様制という）。これによって，朝鮮米の重量は，同一容量の日本産米よりいちじるしく増加し，搗上りが多くなった。この秘密の一つは次に述べる「入枡（口枡）」，容量の過少偽装である。「内地取引は愈々益々重量を重視し重量の大なるものは売れ足早く軽少なるものは売行き鈍い」傾向をもたらした。かかる傾向はまた朝鮮米にただちに反映され，各道検査所は競って入枡の増加を当業者に強要する。その結果検査規則では 1 叺 4 斗あたり 5 合ないし 8 合の口桝となっているのに，いつしか 1 升を凌駕する道が出，7 合を下回る道はないほどになった。

　口枡の増加とは結局，生産者からの収奪であり，「現今不引合な米生産業を更なる苦境」に追い詰めたのである。生産者は逃げ道を「乾燥」に求めた。「生産者は入枡増量の採算不引合を乾燥に依りて償はんとして乾燥度を低下せしめ重量に大なる影響が及ぼさない程度の肌磨れを生ぜしめ辛じて入枡増量の不利を償ほふとする」傾向が生じたのである。容重量二様制は，かえって産米改良の妨げになってきたのである。

　かくて米穀関係者は，国営検査実施を絶好の機会に容重量二様制を撤廃し，重量制にすることを主張した。主要米産地の一つ全羅北道では，前記横山と全羅北道穀物協会などが中心になって，小冊子『重量制に就きて』を刊行し，新聞・米穀関係雑誌等によって与論を喚起した。全羅北道は地下水位が高く乾燥条件が良くないので，「乾燥」とかかわって，重量制への一本化を主張したのである[15]。

14）　横山要次郎「検査国営に際し重量制の実施を翹望す」『堂島米報』第 159 号（1932 年 9 月 20 日），4～5 頁。
15）　池真澄「米の生産改良と重量制」『堂島米報』第 144 号（1931 年 6 月 20 日），3～5 頁。

上の主張は，朝鮮が重量制を採用すれば日本内地もこれに追随せざるを得なくなる，というねらいをも秘めていた。日本本土の尺度にあわせて市場進出をはかってきた朝鮮米は，日本米を自分の土俵で迎え撃とうとするまでに地歩を固めていたのである。

第2節　検査の内容と実施

第1項　検査の特徴と「規則」

第1　検査体制の構造

1932年9月，勅令第264号をもって朝鮮総督府穀物検査所官制が発布された。京城（ソウル）に本所を置き，仁川・群山・木浦・釜山・鎮南浦・元山の六つの開港場に支所を設置し，全朝鮮を六つの地域に分けて検査を行うというのである（【図1】参照）。

朝鮮総督府官制に基づき発せられた検査令（並びに同施行規則）によって，朝鮮総督の指定する地[16]より，または指定する地を経て，玄米白米を搬出する場合は，必ず総督府穀物検査所の検査を受けることになった。従前は道内の移動には検査を要さなかったが，新制度では指定地より移動するものはすべて検査を必要とされたのである（表4-4参照）。

等級決定の参考資料たる標準品は，それまでは各道が決定していたが，新制度においては穀物検査所長の決定に委ねられた。検査の統一をはかり玄白米の品質向上に役立つとされたのである。また，（他支所検査済品に対する）再検査の体制を整えたことは，国営検査の大きな特徴であった。再検査に関する主要条規を挙げておく。

　　検査令第五条　　取締上必要アリト認ムルトキハ店舗，倉庫其ノ他ノ場所ニ臨
　　　検シ穀物，帳簿其ノ他ノ物件ノ検査ヲ為スコトヲ得
　　検査令第六条　　穀物ノ取引業者，倉庫業者，所有者其他占有者ニ対シ穀物ノ

---

16) 菱本長次『朝鮮米の研究』千倉書房，1938年，308頁。

運搬停止又ハ積戻ヲ命ジ其ノ他必要ナル処分ヲ為スコトヲ得
施行規則第十五条　　（他支所の検査済品であっても）検査監督官必要アリト認ムルトキハ検査ヲ了シタル穀物ニ付更ニ検査ヲ為スコトヲ得

厳しい統制が課せられたのである。

【図1】（穀物検査所の配置及管轄区域）

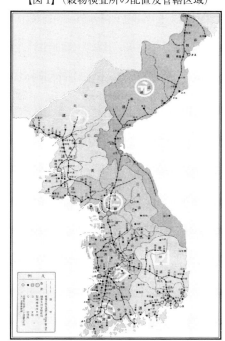

表4-4　支所別指定検査所数

支所名	指定地箇所	支所名	指定地箇所
仁　川	227	釜　山	174
群　山	210	鎮南浦	212
木　浦	121	元　山	91
		合　計	1,035

出典：前表と同じ。

受検後日月を経過すると，玄白米に変質異状を生じることがある。新検査では，検査の有効期間を設定し，期間経過後の輸移出に当たっては再検査が必要とされた。すなわち4月1日から6月末日までに輸移出する場合は受検後90日（白米は40日），7月1日から10月末日までに輸移出する場合は受検後60日（白米は40日）を有効期限としたのである。

第2　玄・白米検査の変化
1　玄米検査

等　級　　全朝鮮にわたって統一的に5等級に格付された。玄米の従来の等級の特等をなくしての1等級から5等級までという等級づけは，実際上前段階と同じである。第3章第6節でみた「玄米の5等級の新設」は容れられなかったのである。玄米の統制はさらに厳しくなった。

夾雑物　　石混入米は検査不合格とされ，石抜米以外は輸移出できないこととされた。大阪取引所が格付の基準を不抜米から石抜米に替えたことの反映である。夾雑物，赤米の混入歩合も引き上げられた。赤米の混入歩合は1合中1等5粒，2等15粒，3等40粒，4等80粒，5等120粒以内と規定された。夾雑物の混入は1等100分の3，2等及び3等100分の5，4等及び5等100分の6以内と規定された。

乾　燥　　各支所，各等級とも一律に水分含有率15.0％以内を標準にした。道営検査時代は，水分含有率15.5％といいつつも，道によって「目こぼし」があったり，等級によって差があったりした。たとえば，慶尚北道玄米は地勢土質品種等の関係上乾燥が良好で15％以内のものが多かったが，全羅北道玄米は地勢土質上乾燥が困難で，夏季には変質米の取引トラブルをたびたび起こしていた[17]。実際，検査国営化の初年，1932年には，群山支所管内の全羅北道の米穀商組合は15％水分含有率の乾燥程度を達成できず，緩和を陳情する[18]。朝鮮総督府は検査の統一，貯蔵力の向上のため，この陳情を却下している。群山支所管内では火力乾燥機の導入を迫られ，1934年末に同所管内に火力乾燥機74台が設置されたという[19]。

---

17)　「群山不正事件と生産者の覚悟」『朝鮮農会報』第19巻第7号（1924年7月）がある。
18)　『釜山日報』1932年12月4，5，6，7，8，13，24日。
19)　『朝鮮米の研究』前掲，310頁。

容重量問題　　容重量問題は[20]，姑息な解決がはかられることになる。

　玄米の容量取引と白米の重量取引という矛盾が「白米キロあがり」という尺度を生み出したが，時あたかも度量衡全体にわたるメートル法の採用が課題となっていた。メートル法への転換は1934年まで準備期間が設けられ，さらに5年間実施が延期されたが，玄米の重量取引化は時間の問題であった。容量制は枡の種類，人の技倆，温度の高低，乾燥の良否，膚ずれの多少などによって枡目にいちじるしい増減ができたのである。これは地主と小作，産地商人と消費地商人，米穀小売商と消費者の利害にかかわることでもあった。重量制の必要性は各関係者において論議されていて，その公正性・合理性は自明の理であった。

　しかし日本産玄米がなお容量によって取引されていることで，取引上不便な点があった。しかも，朝鮮米は軟質米に近いものが多く，容量に比し重量が少ない傾向があるから，重量制取引は朝鮮米にとって利益ではない，という結論に総督府は達したのである。そこで，容量制を維持し，その上で4斗叺に口枡5合ないし8合を添加することを規則に盛り込んだのである[21]。

　内地米と朝鮮米の重量比較が大阪堂島取引所で行われている（表4-5）。朝鮮米の重量は日本米のそれに比べていちじるしく大きく，ことに3，4等の裾米においてそうである。このことは上に述べた姑息な解決策の反映でもある。

　今日につながる米穀の重量取引は，1942年，食糧管理法のもとでようやく採用される。

表4-5　玄米の日本米・朝鮮米重量比較　　（単位：匁）

	重量別	一　等	二　等	三　等	四　等
日本米平均	一升	408	404	394	393
	一叺換算	16,328	16,160	15,772	15,708
朝鮮米平均	一升	412	413	407	405
	一叺換算	16,666	16,735	16,475	16,382

出典：横山要次郎『検査国営に際し重量制の実施を翹望す』（『穀物検査国営ニ関スル件』の中）

---

20)　「検査国営に際し重量制の実施を翹望す」前掲同所。
21)　『朝鮮米の研究』前掲，318頁。

包　装　もっとも大切なのは叺である。叺は1927年から地方費事業で搬出検査と生産検査が行われていたが，1932年，検査国営化に伴って，「叺検査規則ニ依リ天位又ハ地位ノ決定ヲ受ケタル新叺を用フベシ」（施行規則第10条）なる規定が設けられた。従来通用していた古叺，「人位」叺の使用は禁止されたのである。「天位，地位，人位」は生産検査においての等級である。

2　白米検査

等　級　特等を廃止し，1，2等と等外にし，石，砕米，夾雑物の混入程度を厳しくした。石の混入は1升中2粒以上のものは不合格とし，砕米の混入は，1等100分の12，2等100分の15以内と規定した。

乾燥は，国営化実施当初は水分含有率16.5%以内にし，翌1933年には16%に，さらに1934年には15.8%に引き上げた。従来白米は，搗精程度と夾雑物に集中して検査が行われ，乾燥には重きが置かれなかった。白米は玄米のように長期間貯蔵されることが少なく，実需要に消費されたので，乾燥程度が低くとも支障少なく，また乾燥が過ぎた白米はむしろ食味が劣るということで需要方面では乾燥は問題になっていなかったからである。そういう需要市場での状況が移出統制の圏外にある白米の移出量をさらに増加させ，移出統制の効果を稀薄化するという批判が日本の地主から出てきた。朝鮮総督府は白米の生産を抑制し，移出統制にも寄与させようと，乾燥程度を引き上げたのであるが，それは米価調節策でもあった。

前節でみたように，国営化が実施される前年1931年4月から日本市場で白米の小売りが重量制で行われていたのに対応して，実務上は重量を併記していた。

第2項　検査実施と生産者の負担

国営検査を強く要望した米穀商は，検査実施初年，大きな問題に直面した。彼等は国営検査が乾燥度の厳格化に対応し切れなかった。菱ケ管内，つまり群山支所を中心とする全羅北道，忠清南・北道の玄米商を中心に陳情委員を結成し，乾燥程度の緩和を陳情する動きがみられる。

木浦支所でも米穀業者らの「国営米検に怨嗟の声！」が1933年1月17日報道される。全羅南道の穀倉地帯である栄山浦出張所で合格米として移出したものが，木浦支所で不合格と判定され，「其日の米穀検査では従来立派に合格米として二等四等に入っていたものを全部乾燥不十分として不合格に下し，市内米穀業者は七割方不合格米を出して枕を並べて討死といふ悲惨な状態を出」したのである[22]。

国営検査の焦点は，乾燥厳格化にあったことは，容易に判断できる。

つぎは群山支所の咸悦米穀商組合長村井留吉の発言であるが，米穀商の発言から乾燥問題の実体の一面を把握できる[23]。

> 穀物検査の国営実施後いくばくも経過せぬのに之れが非難反対の声が菱ク米管内に俄然として起りつゝある事は米穀当業者の困惑に止まらず生産者である農民直接に蒙る大損害である，（中略）実際に我々籾摺業者の現状に就て観ても一目瞭然することである，即ち私の工場の例を揚ぐるに本年は二十石一度に出来上る乾燥機二台を以てし四千坪の籾干場を用ひ一日に玄米一千二百叺を乾燥する設備であるも，検査標準の所謂十五％に乾し上げるには一週間を要し，昨年までの三，四日間の乾燥日数に比し倍以上の日数が入り，従って人夫賃等の費用かさみ玄米一叺に付六銭の乾燥費が今年から十七銭，三倍加しているのであって，日数と費用とを多くした玄米が検査でハネられては商人は非常に迷惑である，商人の立場から斯く日数も費用もより多く要する関係上，金利を考え高低激変甚だしき相場の前途を思はねばならぬ危険等々あるため買入れる籾の値段をば自然タタいて前年よりも二厘も五厘も安く買うことになり……

玄米の水分含有率を15％にするために，国営検査実施前より乾燥日数が倍以上かかり，費用は3倍増加している。その一切の費用に加えて，金利・相場の変動，検査不合格の場合まで見込んで，米穀商は籾を買い叩いたのである。すでにみたように，検査をめぐる諸費用は，初期から生産者にしわ寄せされていたが，厳格な国営検査の実施によって農民の負担はさらに大きくなったのである。

実施されはじめた官製の農村振興運動を引き合いに出して，厳しい検査は「総督府当局の叫ばれる農村救済の手前矛盾する一大事」であると，米穀業

---

22) 『木浦日報』1933年1月17日。
23) 『釜山日報』1932年12月13日。

者は水分含有率の緩和を求めたが，陳情は受け入れられるはずがなかった。総督府にとっては市場が第一だった。

第3節　国営検査実施後の日本米穀市場での朝鮮米

第1項　朝鮮玄米取引の変化

　産地銘柄がそれまでの12道銘柄から6支所銘柄に縮小されたことで，品種が重要な銘柄区分になり，朝鮮米は市場の銘柄競争で優位を得た。検査の統一によって「大阪の小売屋は銘柄品種等級マークを聞いた丈けで其品質を知る事が出来」，未着物を買付けて未来の値上りの危険を予防することもでき，小売商はすでに買受済みの米を河岸浜から直接に艀あるいはトラック・馬車で自分の店へ配送した。1石について最低倉庫保管料（1旬）5銭6厘，倉出し賃6銭5厘，計12銭1厘が節減され，取引量も増加した。乾燥，調製，余枡の厳しい基準は，朝鮮玄米の搗上重量を多くすることになり，キロ売りする小売商に「好評」であった。余枡の優位性については第3章第5節

表4-6　東京深川市場日本・朝鮮玄米標準相場　　（単位：円）

		30/1/15	30/11/14	32/11/14	33/1/14	33/3/15	33/5/15
日本米	上	28.70	18.50	19.70	24.50	22.20	22.30
	中	27.00	17.50	18.90	23.60	21.60	21.80
	下	25.00	16.50	18.10	22.10	20.10	20.40
朝鮮米	上	27.70	17.90	19.90	24.60	22.40	22.50
	中	26.50	16.80	19.00	23.90	21.80	21.80
	下	25.00	15.70	18.10	22.90	21.20	21.10
差　額	上	1.00	0.60	0.20	0.10	0.20	0.20
	中	0.50	0.70	0.10	0.30	0.20	0.00
	下	0.00	0.80	0.00	0.80	1.10	0.70

出典：石塚峻「内地主要市場に於ける国営検査実施後の鮮米事情」『朝鮮農会報』第7巻第8号（1933年8月），20-21頁より作成。

第1項で述べ，また本章第1節第3項でも触れている[24]。

こうした取引の変化は朝鮮玄米の価格体系に変化をもたらした。

定期市場（清算市場）では，各取引所で格付が向上し，神戸米穀取引所では朝鮮米建標準が採用された。正米市場（現物市場）では，阪神地方は日本内地産米より裾米で2，30銭方，京浜地方では上中下米を通して約30銭の高値で買われている（表4-6参照）。朝鮮玄米は商品価値の向上により，日本産米に対する優位を確立したのである。

第2項　移出白米の増加

朝鮮白米の日本への移出がさらに増加し，玄米を凌駕する。1931年度（1931年11月～32年7月）は全移出量（容量）の玄米5割6分，白米4割4分が，1932年同期は玄米4割9分，白米5割1分となっている。逆転の理由として，東京鮮米協会理事菱本長次は国営検査に伴い玄米の水分検査が峻烈になったことを挙げていた。白米の乾燥度引き締めが玄米のそれより幾分緩やかだったから，白米にして受検する傾向が多くなったというのである[25]。

つぎは，菱本長次が『鮮米情報』に掲載した記事であるが，検査制度改正後，日本米穀市場では朝鮮白米を如何に受けとめていたかが語られている[26]。

　一．食味がよい。
　二．検査が厳重であるから，品質が揃ひ，搗精が十分で夾雑物がなく，重量も正確，包装も完全で安心して取引出来る。
　三．朝鮮米の真価が一般消費者に認識され，以前の如く喰はず嫌ひで排斥すると言ふ風が一掃され著しく売り易くなったこと。
　四．国営検査実施以来，白米の乾燥程度も著しく引き上げたので，唯さへ炭酸カルシューム搗で，貯蔵に耐へ得る上，更に夏秋の期節迄永く貯蔵しても何等の心配も無くなった。本年は七月に入っても尚盛んに白米の買注文が発せられたのは此の懸念が一掃された為である。

---

24)　澤田徳蔵『市場人の見たる産米改良』大阪堂米会，1933年，48頁，69～70頁。
25)　『鮮米情報』1933年8月1日。
26)　『鮮米情報』1933年8月21日。

五，以上の如く朝鮮白米は優秀で取引上の不安が全くない上に，価格は常に割安である。

　内鮮白米の小売値段を比較した農林省発行の資料によると，東京の場合，10キロ当り朝鮮白米は1円67銭，内地白米は1円79銭で，その値開きは12銭，つまり1石（240斤）につき1円70銭であった。大阪も各々1円65銭と1円75銭で，その値開は10銭で1石につき1円40銭であった（朝鮮白米は1等白，内地白米は東京は4等白，大阪は並等白の値段で，1933年1月から6月までの平均である）[27]。

　こうした朝鮮白米の進出に，雑誌『米之友』（米之友知識普及会発行）につぎのような批判がよせられている。

　一，朝鮮白米は内地産米の価格を圧迫し内地の生産者を苦しめるものである
　二，朝鮮白米は内地農村の産米改善に対する熱意を萎縮せしむる
　三，朝鮮白米は内地の白米商を圧迫するものである
　四，朝鮮白米は米食改善運動を阻害するものである

　一と二は，生産者団体と直接関連し，三は白米商同業組合，四は米食改良運動団体の玄米・胚芽米普及運動と関連した批判である。

　朝鮮白米の取引に直接関与する白米小売商の状況を大阪の例でみてみよう。

　大阪には5千人以上の白米小売業者がおり，1軒当り年間白米約600石を販売して生計をたてていた[28]。小売業者の販売量を分析すると，それまではほぼ朝鮮国白が半分で，朝鮮玄米を搗精しての地白が半分で，搗精過程で石当り5，6円以上の利益を得ていたのである。しかし，この頃になると，割高な朝鮮玄米を加工した地白は，価格面で朝鮮国白に太刀打ちできなくなった。大阪白米商は，出来秋に原料籾を割安で買付し地価や労賃が安い現地の大規模工場で生産する朝鮮の精米業者とは，到底競うべくもなかったのである。

---

27) 菱本長次「内地に於ける朝鮮米の売行」『朝鮮農会報』第7巻第10号（1933年10月），37頁。
28) 張英哲「朝鮮米の生産改良及取引改善の転換期（二）」『朝鮮農会報』第14巻第12号（1940年12月），46頁。

白米輸移出が多かった港は，仁川・釜山であったが，釜山の移出状況を検討する。

表4-7から移出米の玄米と白米の割合をみると，漸次玄米が減少し白米が増加しており，1932年10月，国営検査実施後白米は著しく増加している。

表4-7　朝鮮玄・白米移出量対比（逐年）（単位：千石）

年度	玄米（A）	白米（B）	B/A
1924	2,970	1,612	54%
1925	2,776	1,698	61%
1926	3,433	2,007	58%
1927	3,425	2,613	76%
1928	3,950	2,583	65%
1929	3,301	1,932	59%
1930	2,585	2,170	84%
1931	4,649	2,764	59%
1932	2,744	3,258	119%
1933	1,968	2,183	111%

出典：『白米統制の急務』1-2頁より作成。
備考：1933年は7月までである。

当該期の白米の増加の原因の一つは，乾燥度の合格基準が，玄米は各等級一括水分含有率15％以下で，白米は16.5％以下であったところにある。玄米を精白する過程で水分は約0.5ないし1％減る。したがって玄米移出よりも白米移出のほうが，こと乾燥に関してはハードルがだいぶ低いのである。

玄米の不合格米まで白米にして移出されたという事実についてはすでに何度か述べているが，ここでも実証されている[29]。

　現在（1933年：筆者註）五等米以上ハ玄米トシテ移出可能ナルモ不合格米ハ玄米トシテ之ガ移出ヲ禁ゼリ　然シ不合格ノ玄米ト雖モ之ヲ精白シテ白米トナセバ移出スルコトヲ得　故ニ現在玄米不合格ノ原因ヲ探求スルニ品質不良ノモノ四十％，受検者ヨリ不合格ヲ希望スルモノ四十二％ト云フ有様ニシテ玄米トシテ移出困難ナルモノモ一旦白米トスレバ移出容易ナルヲ知ルヲ得ベシ

---

29)　「釜山ニ於ケル米ノ移出状況」（1933年6月2日）『荷見文書』（同文書に関しては第3章脚注19）参照）。

実際，1933年の釜山支所玄米検査成績をみると，不合格が約22％にものぼっている（表4-8参照）。

表4-8 釜山支所玄米検査数と等級別合格・不合格数（逐年）　（単位：叺）

年度	検査総数			合格数							不合格数
	慶尚南道	慶尚北道	計	特等	一等	二等	三等	四等	五等・等外	計	
1931	1,404,059	1,812,211	3,216,270	8	661	6,274	216,472	2,106,792	850,684	3,180,891	35,379
1932	929,246	1,339,314	2,268,560	10	4,469	44,705	601,633	1,288,940	305,776	2,245,533	23,027
1933	1,039,403	877,244	1,916,647	0	122	5,825	126,396	586,622	773,674	1,452,639	424,008
1934	1,454,786	1,731,725	3,186,511	0	18,178	264,691	1,435,253	896,875	307,466	2,922,463	264,048
1935	1,035,051	1,011,672	2,046,723	0	760	18,093	494,321	998,255	306,205	1,817,634	229,089
1936	1,172,509	1,573,892	2,626,942	4	4,838	67,918	574,815	1,175,497	508,761	2,331,831	195,089

出典：朝鮮総督府穀物検査所釜山支所『検査成績（昭和10年度）』（1936年），4頁より作成。
備考：米穀年度である。

こうした「朝鮮白氾濫」の現象に対して，朝鮮の米穀商関係者のなかには統制すべきと主張するグループがいて，彼らは朝鮮総督府に「白米統制」を要請した。1933年末頃，大邱米穀商組合・同米穀取引所・釜山米穀商組合・同米穀取引所の4団体は，「白米の生産を圧迫して自然に玄米の生産を誘導する消極策と反対に玄米の生産を保護奨励して自然に白米の生産を衰退せしめる積極策」の二つを建議している。消極策とは白米検査の引き締め，籾の買上であり，積極策とは玄米検査の緩和，籾の生産検査等であった[30]。

建議のうち白米検査の引き締め，つまり乾燥度の上昇がまもなく行われた。そのきっかけは大阪・東京の米穀取引所で白米の銘柄取引が行われ，以前のようにすぐ消費されるとは限らなくなり，夏季に貯蔵されるものも多くなってきたことであった。白米の水分含有率は1933年には16.5％から16％以内となり，35年1月はさらに15.8％に引き下げられた。水分含有率引き下げの衝撃がどれほどのものか。精米数量が一時的に減った地域もある。以下は精米所集中地大邱（慶尚北道）の新聞記事である[31]。

乾燥其ノ他ニ多クノ労賃ヲ要スルトコロカラ大邱二十軒ノ精米業者従来一日八千叺乃至一万叺ノ精米作業ガ休止ノ状態トナリ，ソノ従業員二千名家族ヲ合

---

30) 『白米統制の急務』1933年。
31) 『大邱日報』1935年1月24日。

セテ約一万人ノモノハ目下旧正ヲ控ヘテ青息吐息，社会問題ヲ惹起セントシテイル

なおかつ，政府の買い上げや貯蔵奨励により移出の統制を受けている玄米に比べれば，白米は統制の圏外にあり，その数量がますます増加して，移出統制の効果を減じているという批判が各界各層から出されてもいる。

しかし1年後，白米は移出先の大阪で小売商の不売運動に直面する。

第3項　鮮白不売運動とその顛末

第1　巨視的背景

1936年5月，米穀自治管理法が公布されている。生産者などの自治管理によって米価の下落に対処しようとしたのである。米余りを基調とする農業恐慌への対策として，民間での強制貯蓄を実施する一方，標準最低価格を設定して，米価がそれを超えて1割以上上昇しない限り，貯蓄米の販売を認めない，という緊急対処策だった。

こんな法律を米穀業者が歓迎するはずがないが，日本内地側米穀業者と朝鮮側米穀業者との態度には違いがあった。日本側米穀業者は，同法は米穀業者のいのちを断つものであるとして猛烈な反対運動を起こしているのに対して，朝鮮側米穀業者は自治管理法案そのものには敢えて反対せず，米穀強制貯蓄比率の公平性を要求するのみであった。

朝鮮側米穀業者には余裕さえ感じられる。実際，朝鮮での米穀統制は，「第一段の統制は数ヶ面を単位とする地主及自作農とを以て組織する統制組合を以てし之を各道に於ける中央統制組合で統制し全鮮的統制は総督府に於て掌握」する，ともいわれていたが，実際には手をつけるに至っていないし，米穀業者に対する統制はなされなかったのである。

この余裕の背景は，当時期になると，「内地米穀業者の鮮米買い付けに対しては朝鮮米穀業者は独占的地歩を占め得るのみならず内地側業者に対する立場は従来と正反対の優越的立場に置かれ」ていたところにある。

これに対して，日本側米穀業者は窮地に立たされていた。米穀自治管理法によって内地米の流通を本格的に「産業組合」「全販連」に支配されるに

至ったから，朝鮮米の販売に重点を置かざるをえなかったのだが，米穀取引のイニシアティブが本法を契機に決定的に日本側米穀商から朝鮮米穀商へ移行すると考えていた。

第2　微視的背景

「鮮米協会」を中心に朝鮮穀物協会連合会では，1935年頃から消費者に向けて，近代化された朝鮮の精米所の紹介を含めて袋入白米の宣伝活動を行っていた。

朝鮮白米の「三大特長」を記した文書を配付し，試食会を連日設けたことが新聞で報じられている。つぎはその「三大特長」である[32]。

品質優良　優良品種であつて而も年々種子更新を行ひ，米穀検査が厳重で乾燥が良いから美味で釜殖えが多く十余年（以前）の様に小石などの混入は絶対にないから安心して使つて頂ける
　　　　　一度御使ひになつた御家庭は必ず続いて御愛用になるのが通例である。

値が割安　一日に千石乃至三千石の白米を籾からすぐに仕上ぐる程の大仕掛の完備した工場で大量に製産し，且つ米粕は更に加工して油を搾り，其の粕や米殻も亦夫々利用する様に経営が合理化されて居るから玄米としては値が高いけれども，白米は割安で非常に歓迎せられる。

目方が正確　朝鮮総督府が直接行ふ検査で目方は一袋三〇キロ入とし，之に二〇〇グラム以上の入桝がなければ不合格となつて内地に出ることが出来ない様になつて居て，最も正確である。

その結果消費者の朝鮮白米に対する認識は深まり，先行する諸宣伝とあいまって，消費者が店頭で名指しで袋入朝鮮白米を求めるに至っていた[33]。白米販売量の増加は袋入包装米の売れ行き好調による（表4-9参照）。

このような総体としての朝鮮米優位の状況のなかで，朝鮮の大精米業者には，個別資本として消費地の米穀小売商と，あるいは消費者そのものと直接結びつこうとする動きが見られる。ブランド米の販売拡大を図るべく，直販品の投入に踏み切ったのである。

---

32)　「好評の第二回鮮白宣伝講演試食会」『朝鮮穀物協会連合会会報』第17号（1936年8月），30頁。
33)　「大阪に於ける鮮白不売問題概況」（鮮米協会調査）『朝鮮穀物協会連合会会報』第17号（1936年8月），35頁。

先陣を切ったのが，仁川の力武精米所の直売品「菱平」(◇の中に平) である。力武精米所は1905年力武平八が資本金10万円で創立したもので，1913年にはすでに公称資本金100万円，払込資本金70万円の規模の会社形態へと経営を拡大していた。「菱平」は，朝鮮精米株式会社の「〇千」(〇の中に千) とならんで一流米としての評価を得ていた。

　そこに新たな動きが加わった。一部の小売業者が加藤殖産株式会社 (加藤精米所) と提携して,「千成会」[34] なるチェーン組織を立ち上げたのである。発足当時の会員数は約200人。加藤精米所は，各商店の取扱高に応じ，1,000袋までは1袋に付き5毛，2,000袋までは1厘，3,000袋までは1厘5毛，4,000袋までは2厘の割合で景品を給することを約定したのである[35]。

　もう一つ，朝鮮米とかかわって忘れてはならない組織があった。公設小売市場内の「公米会」である。公設小売市場は，第一次世界大戦に伴う物価騰貴，1918年の米騒動を経て，社会政策的に設けられたものだが，産地を問わず割安なものを取り扱って，1922年頃から市内小売相場を大きく牽制する存在となっていた[36]。「公米会」は1936年現在，大阪市内61個の公設市場に拠点を持つ有力な団体で，大阪における袋入白米宣伝の事始めはこの公設市場においてだった。

　加えて，この時期大阪では，小売商の増加による小売商間の競争激化が見

表4-9　移出白米の包装種類別数量 (単位：千個)

年度	叺入	袋入
1931	7,252	3,524
1932	5,090	5,800
1933	6,429	7,035
1934	6,669	8,320
1935	6,021	8,641

出典：朝鮮穀物協会連合会『朝鮮穀物協会連合会会報』第16号 (1936年7月) 25頁より作成。
備考：叺入は60キロ，袋入は30キロ。

---

34)　「大阪千成会の声明」『菱ヶ穀物協会会報』第50号 (1936年8月)，30〜31頁。
35)　横山要次郎「鮮白袋入不買問題の真相」『朝鮮穀物協会連合会会報』第18号 (1936年9月)，3〜4頁。
36)　鈴木直人『米穀流通組織の研究』柏書房，1965年，60頁。

られる。1935年10月現在，大阪の小売業者数は4,817人であったが，1年足らずのうちに5,300人に増えている。

「菱平」といい「千成会」といい「公米会」といい，これら零細な大阪の米穀小売商にとっては，みずからを販売競争から阻害する動向とも映ったであろう。

第3　大阪穀物商同業組合の鮮米不売決議

米穀小売業者の朝鮮白米に対する排斥の動きは，実は1931年から出ていた（第3章第6節第2項参照）が，その怨念が一気に噴出したのが1936年のこの不売決議である。

米穀自治管理法公布1月後の6月26日，大阪穀物商同業組合は「鮮白不売」を決議し，決議文を各組合員に送付している。会員5,300名を擁するこの組合は，役員は幹部4名，諮問機関として評議員40名，決議機関として代議員130名で構成されていた。幹部は組合長，副組合長，会計主任で問屋側が3名，小売商側が1名となっていた。評議員は問屋側が15名，小売商側が25名であった。

決議理由と決議事項は以下のとおりである[37]。

> 扨て現下吾業界は益々多事多難の状勢に直面し先般管理案が議会通過以来一層の暗影と不安の度を加へ来り吾人の結束強化の必要頓に急迫致来り候。此に加ふるに近来朝鮮国白米の大阪進出は急激に最も目醒しく産地精米所は何れも生産機能を増大増設し相競つてより多量の国白米を搬出するに努め小口宣伝と販路拡大に奔命せる現状に御座候，従つて将来は吾々地搗白米の重大なる減少となり前途甚だ憂慮に堪へざるもの有之べくと存ぜられ候。然して目下産地各精米所が積極的進出計画を樹てゝ来つゝあるものは即ち
> 　一，力武精米所は自家製品菱平印を宣伝の為琺瑯製看板を一部の小売店店頭へ掲揚せんとして積極的進出計画中にあり
> 　二，加藤精米所は当市内某同業有志との連絡に依つて千成会なる団体を通じて自家製品に新に千成印と銘せる袋入白を発売し千成会員のみに限り販売せしむることに腐心画策中にあり。
> 　三，更に全市公設市場に於ても是亦特種マークを創設し大々的に宣伝中にあ

---

37)「大阪に於ける鮮白不売問題概況」前掲，32～33頁。

四，此の外産業組合及百貨店其他の公共団体の進出も対岸の火災視し得ざる
　　　状態にあり。

　以上の現状を此侭放置するときは今後吾人の営業は結局朝鮮産地各精米所宣伝広告取次配達人の如き観を呈し自ら窮地に陥るものと思考致され候。
　依つて本組合並に業者間に於ても之が成行きを重大視し其の対策に腐心再三協議したる結果漸く成案を得たるを以て六月二十二日の評議会及六月二十三日の組合会に計りたるに満場異議なく左の通り可決確定致候條各位に於ても自業の将来の為め将又生活擁護の為め本決議を厳守し以て各々其の生業の御発展に奮闘あらんことを切望致候
　　一，菱平其他斯様なる国白の袋，叺入米の看板の掲揚及宣伝広告等の様なも
　　　のは一切なさざること
　　一，千成会と称する私団体は組合は絶対認めぬ
　　一，今後業者は国白袋，叺入米の卸売及小売取扱ひの廃止に極力努むること

第4　朝鮮側の反撃

　これを受けて朝鮮穀物協会連合会は，1936年7月1日，大阪穀物商同業組合に不売決議の撤回を要求する電文を送ったのに加え，4日幹事長名で「国白米を排斥するが如きは明らかに内鮮間に城壁を設け，内鮮融和の精神を冒涜するもの」で「内地より一般加工品は固より工業用器具機械，其他凡ゆる必需品の購入をなせる現状にして寧ろ朝鮮より移出する米価総額に比し，内地より移入するものが，遥に多額なりと思料するに若し国白米不売決議に依り米穀の内地移出を中絶せんか内地には返つて不利益を招来する」[38]と即時解決を要求する「声明書」を大阪穀物商同業組合，大阪府知事，大阪市長，大阪商工会議所会頭宛に発した。
　しかし大阪穀物商同業組合は，朝鮮穀物協会連合会の抗議を無視し，これを契機に朝鮮白米の統制を企てるべく行動を拡大し，大阪商工会議所に支援を求めるとともに，各地六大都市の穀物商同業組合に共同歩調を呼びかけた。

---

38)「鮮白不売決議に猛省を促す」『朝鮮穀物協会連合会会報』第16号（1936年7月），24～26頁。

支援を求められた大阪商工会議所は，7月25日商業部会を開き「朝鮮白米の直売並に袋入白米の内地移出を自制され」たしと朝鮮穀物協会連合会に通告を発するとともに，農林省，拓務省及び朝鮮総督府に対しては外地白米の内地移入統制を実施するように，下記建議を行っている[39]。

> 現行米穀に関する三統制法即米精統制法，米穀自治管理法，籾貯蔵法は玄米及籾の統制を主体としているから白米は直接に統制されて居らず為に朝鮮産地業者は比較的自由の立場にある白米を製造して内地に移出し内地精米業者を圧迫するのみならず朝鮮玄米の不合格品を他の一等白米に混合して合格せしめ内地へ移出することは明かに違法行為である，依つて斯る行為を絶滅するためには現行統制法中に外地白米の内地移入に関する統制規定を設けて統制されたい。

同日，大阪同業組合長木谷久一郎他3名は，朝鮮穀物協会連合会宛につぎの決議を送ると同時に，同業組合の定款変更の認可を大阪府当局に申請している[40]。

> 一　今後鮮米袋入白米を取り扱はず，但し当局に於て地方に卸売の目的を以て取扱うものはこの限に非ず
> 二　同業組合の定款を改正して袋入白米不売を強制的に実行する

こうした動向に対して，朝鮮穀物協会連合会は，大阪穀物商同業組合の「暴挙を阻止する」ことを決定し，同連合会の代表である斎藤幹事長，横山理事が朝鮮総督府の吉池農林局技師，岡信商工課事務官とともに大阪に赴いた。穀物協会の斎藤幹事長は大阪出発に先立ちつぎのような声明を発表している[41]。

> 朝鮮袋白は美味と低廉をもつて全国津々浦々に普及し朝鮮米の認識が今日これまで消費大衆に浸透したのも袋白の進出によるものと云つても過言ではない
> 云はば朝鮮米の生命線とも云ふべき年移出高八百万袋の袋白を内地市場で不売

---

39)　「大阪商工会議所鮮白の内地移入統制建議」『朝鮮穀物協会連合会会報』第17号（1936年8月），37〜38頁。
40)　『釜山日報』1936年8月4日。
41)　「鮮白袋入不売解決に乗り出す朝鮮穀連」『朝鮮穀物協会連合会会報』第17号（1936年8月），36頁。

するが如き不徳行為は朝鮮米の声価に致命的打撃を与へるもので朝鮮としては如何なる苦痛が伴つても袋白の自由なる発達を確保せねばならない

　朝鮮側にとっては袋入白米の移出方針は不動のものであったが，朝鮮穀物協会連合会が大阪穀物商同業組合の「不売」の動きを阻止するについてはいくつかの状況が有利に働いていた。
　第一に，消費者の動向である。大阪の消費者は，同業組合の不売決議や同業組合と肩をならべた商工会議所の一連の行動に不満を示していた。新聞には次のような記事が出ている[42]。

　会議所のこの処置は大阪米穀商の救済にはなるだらうが，三百万大阪市民の消費者大衆のことは考慮せないのかと言ふことになり会議所の右態度に対して市民より非難の声が挙がらんとしている，即ち現今の朝鮮米は往時のそれとは比較にならぬ位品質良好であつて，米屋が之れを買はないとは市民の敵として許し難きことであり，市民大衆の利益を度外視したかゝる処置を採らんとする会議所の態度も是正すべきであると云はれている。

　大阪穀物商同業組合は，組合員総会の決議が必要な定款の改正はできなかった。
　第二に，大阪の問屋で構成されている大阪米穀会が，不売同盟を「衷心肯ぜざる」(がえん)ものがあるとしたことである。この紛議が将来朝鮮産地と小売業者とを直接提携させることになりはしないか懸念する者もいた。
　第三に，小売商の分裂である。消費者が支持している袋入白米の不売は実行不可能と，静観する小売商もいた。
　第四に，大阪方が期待した6大都市小売業者の「合同路線」が不調に終わったことである。
　東京では米穀小売商は4種か5種の玄米を併せて精米するので玄米移入が圧倒的であり，わずかばかり移入される白米も小売り段階で他産地米と混合して消費者に渡す。東京で消費される米の4割が朝鮮米であったが，消費者は朝鮮米と知らずに食していた。「袋入国白」は扱っていなかったのである。

---

42)　『大阪日日新聞』1936年7月12日。

神戸・京都・名古屋等の穀物商同業組合は，小売商が役員の多数を占める大阪の組合とは違って，問屋筋が組合を支配していた。特に京都は問屋が小売業を兼営するものが多かった。また神戸米穀商同業組合連合会は大阪の動きを，以下のごとく公然と批判していた[43]。

一，大阪側が袋入国白を排撃しながら（地白を売るのは―筆者註）首尾理論の一貫を欠く
二，朝鮮総督府は生産費低下即ち小売値段引き下げのため籾から精白の一貫作業を奨励して居り表面上これに反対すべき理由なく従って総督府側の意向を徴した上で慎重に態度を決するも遅くない
三，卸商側が国白排撃に就いて何等態度を決定することなきに拘らず独り小売商のみが独断的に斯る重大決議をなすことは従来極めて円満であった小売商対卸商の関係を悪化せしむる懼がある。
四，連合会で協議した以上当然違反者に対しては厳重な罰則規定を設ける必要があるが果たして斯の如き制裁規定が有効に行はれるや否やに就いては大いに疑問の余地がある

袋入白米の需要状況は各地域で違い，同業組合とてその組織状況は各都市同じではなく，多くは問屋筋がイニシアティブを握っていたのである。その事実を踏まえて朝鮮側は各都市の問屋有力者らと数回にわたり懇談，折衝を試み，6大都市の同一歩調という大阪の目論見を挫折せしめたのである。

第5　不売運動の収束

追い詰められた大阪方は，米穀会を中心とする問屋商業組合から下記の妥協案（協定案）[44]を朝鮮方に提示した。

一，朝鮮穀物協会連合会と大阪米穀問屋商業組合の両者に属する共同登録商標○米印を以て朝鮮袋入白米の統一商標と限定する事
一，大阪市に強力な統制組合の設立を希望するも差当り大阪米穀問屋商業組合を基本とし是に大阪市に於ける有力なる問屋業者を積極的に加盟せしめ是に依つて朝鮮白米取引の統制を図ること
一，商業組合と産地精米業者との間に統制上必要なる特約を締結する事

---

43)　『群山日報』1936年8月9日。
44)　「鮮白袋入不買問題の真相」前掲，8頁。

一，朝鮮特約精米所は規定せる○米印入袋を予め用意すること
一，産地精米所は商業組合員以外に○米印を販売せざる事
一，商業組合員が○米印を購入する場合は商業組合を利用すること
一，商業組合員が○米印以外の袋入白米を購入することは従来通り自由とす
一，特約せる精米所より移出する白米一袋に付金拾銭也（仮定）戻しを為すこと、して為替を取組み其拾銭也を銀行に積立て一定期間後小売商へ七銭商業組合員へ弐銭商業組合へ壱銭の割合を以て分配するものとす　但叺の場合は右に準じ倍額とす
一，産地に於て大阪港への白米の移出制限を図ること
一，朝鮮穀物協会連合会並に大阪米穀会は千成会の解消に極力努むる事

協定案は朝鮮穀物協会連合会幹事会で議論されたものの，なお反対意見が強い中で，大阪穀物商同業組合側から「覚書」なるものが送られてきた。この「覚書」は，みずからが作成し提案した協定案を自己に都合の良いように改変したものだった。この背信的行為に，朝鮮側は一切の妥協を拒否するに至った。

大阪単独の袋入り朝鮮白米の不売が実行に入ってまもなく，米穀会有志60余名が連署で「爆弾的重要決議」という名で袋入白米不売問題に反対する文[45]を発表した。ついに大阪米穀会は「本会々員は爾今朝鮮袋入白米に対しては従来通り取引に順応するものとす」[46]ることを発表し，不売問題は霧散したのである。

第4項　「陸羽132号」――朝鮮米と東北米の戦い――

20年代半ばに東京に進出しはじめた朝鮮西北部地域の「亀の尾」は，国営検査の実施後，さらに乾燥・調製良好と評価される。食味の良い朝鮮米は，通年性をもった味付米として特性を発揮する。国営検査を通じて武装した朝鮮の「亀の尾」の出現は，当時東京市場の味付米として首座を占めていた「山居米（さんきょまい）」に脅威を与えた。「其得意を奪はれて遥々大阪の清算取引に迄

---

45)　「大阪の袋入白米不売問題従来へ還元」『菱ケ穀物協会会報』第53号（1936年11月），16～18頁。
46)　『鮮米情報』1936年10月27日。

表はれるに到つた程の大問題を惹起」[47]したこと，前章で述べた。

山形の「庄内米」は〇ナ（〇の中にナ）の「亀の尾」より6,70銭ないし1円2,30銭も下位にあった[48]。

そこで，大仕向地たる東京市場の動向を察して，東北の各県は，品種交代を第一義的に行うに至った。朝鮮米と拮抗する第一歩として奨励に励んだのが，耐冷性が強く，食味の良い「陸羽132号」であった。1936年の「陸羽132号」の普及状況をみると，対全耕作面積比率で，岩手85％，宮城24.9％，秋田64.5％，村山米（村山米作付面積に対し）16.3％，庄内米（庄内米作付面積に対し）6.1％，福島10％，青森46％であった[49]。

東北6県は「陸羽132号」を奨励し，品質の良い米を生産することで，「声価回復」をはかったのである。その成果は実に顕著であった[50]。

「声価回復」のためには品種改良だけでは足りない。各府県産米も入枡を実施して朝鮮米に対抗した。また籾を調製，籾摺するに，土臼からゴムロール籾摺器に転換する。このほうが調整後の重量が多くなるからである。つぎの資料から日本産米と朝鮮米の入枡競争の様子がみられる[51]。

> 米を唯一の生産物とする東北六県が，東京市場に於ける声価恢復に払ふ努力は実に絶大で，入枡の如き朝鮮に雁行して実施し，山居米の如き夫れが為に年額三万余円の犠牲を払つているといわれているから，朝鮮側が清水の舞台から飛び降りた積りの正味百六斤制も，東京市場では一般に近頃は生産者のサービスが良くなったな！位の程度にしか受入れないのである。

この時期，朝鮮米に拮抗しえた日本産米は，東北米と越後米に絞られるといわれる[52]。

越後米は，朝鮮米と真っ向から勝負した東北米とは異なる路線をとった。「朝鮮の現在品種と使用目的を異にし，且つ朝鮮で現在作って居らない品種を作ることが，内地米として朝鮮米の圧迫を免れ得る方法である」[53]という

---

47) 澤田徳蔵『米の消費地の研究と米の品種論』創元社，1939年，60頁。
48) 朝鮮穀物協会『朝鮮米輸移出の飛躍的発展とその特異性』1938年，57〜58頁。
49) 『鮮米情報』1937年3月9日。
50) 同上。
51) 『米の消費地の研究と米の品種論』前掲，168頁。
52) 『鮮米情報』1937年3月9日。
53) 『米の消費地の研究と米の品種論』前掲，168〜169頁。

のが新潟の作戦だった。その作戦に従って，極早生の「農林1号」で品種交代を行ったのである。「農林1号」は，朝鮮新米が出廻るまでの端境期には日本中至る処で売れて，新米であるために味付米として用いられて，朝鮮米の圧迫を免れたのである。品種交代策に，「農林1号」は成功したのである。

朝鮮側が，花形米といわれた「亀の尾」から「陸羽132号」への品種更新に成功したのは，ちょうど東北6県の「陸羽132号」と同じ時期であった。朝鮮と東北が，同じ「陸羽132号」をもって，乾燥・調製，玄米の重量制併用など，さまざまな方法で，東京市場で熾烈に戦ったのである。

第4節　日中戦争の拡大と朝鮮米

第1項　胚芽米・七分搗米奨励運動と朝鮮米

朝鮮の白米は胚芽米奨励運動に直面する。

1937年，名古屋で胚芽米奨励運動がはじまり，1938年大阪府も保健衛生と食糧資源の擁護の観点から胚芽米食の励行のため混砂白米販売を禁ずる法令を発布した。法令の制定過程で大阪府の衛生課が問屋とは相談しないで袋白米不売の小売団体と相談したことで，法令制定が早まったといういきさつがあり，そんなことから法令発布後，小売団体が再度鮮白不売決議を行うことが予想された。

米を美しく精白するために微量の砂を混ぜるという技法は古くから使われてきて，鮮白米の美しさはそれによるところが大きかった。砂自体は洗米の過程で排除できるが，精白の過程で胚芽などを削りすぎて，カロリー上もビタミン摂取の上からも好ましくない，されば混砂米は無砂米に代えるべきであるという論議や運動は1932年からあって，実際北海道・福島などでは混砂米の移入禁止が実施されていた。

日中戦争が始まると，健康上の課題だけでなく米穀の節約をはかるためにも搗精を抑えて七分搗米あるいは胚芽米の奨励が叫ばれる。東京・横浜・京都・神戸の大都市も厚生省の意を体し名古屋・大阪に倣って胚芽米・無砂七

分搗米を勧奨していく。これは，消費の面でも，また生産の面でも，奇しくもまもなく到来する戦時食糧対策を先取りするものでもあった。

米は市場商品・人気商品だから，七分搗程度で食味佳良なる品種米でなければ小売商が嫌忌する。搗精上胚芽の残存が多い品種といえば，「陸羽132号」「銀坊主」である。その結果秋田，山形，岩手等の「陸羽132号」の需要が急増し価格も暴騰し，これに適せざる一般の米の売れ行きが不良となり，需給の均衡を失い，高米価を誘致した[54]。1938年8月農林省は厚生省に対し胚芽米の勧奨を緩和し，これに代わり無砂七分搗米をもってするように慫慂したが，それ以後無砂七分搗米を奨励目標とすることになった。

それは品種の選定，精米業のあり方，腐敗防止問題など，つまり米穀生産と流通の各方面において，朝鮮の米穀界に影響を及ぼすものであった。各検査所及び総督府米穀課，米穀輸移出商を中心に胚芽米・七分搗米に適切な品種，精米の仕方等を研究しはじめたが，当時，つぎのような問題を予想していた[55]。

　一，朝鮮では味の点から従来小粒品種を奨励してきたが胚芽米は大粒品種を適当とするので大粒品種に転向する必要あること
　一，胚芽米の精米方法は特別の機械を必要とするので各精米所は設備の改善を要すること
　一，胚芽米は普通精米に比べると腐敗が早く従来運賃並びに米糠確保のため移出米は可成く精米して移出する方針で漸次実行されていたが腐敗防止の研究が成功せざる限り玄米移出に変更せざるを得ないこと

品種をめぐる各地域の動向をみてみよう。

慶尚北道当局は，新しい品種として1937年に奨励された「日進」「豊玉」は胚芽米に適合し，日本での胚芽米の奨励は新品種の普及の促進要素として機能すると，楽観していた[56]。

鎮南浦管内の○ナ米の7割が「陸羽132号」であった。西鮮3道○ナ穀物協会は，その生産米が胚芽米及び七分搗米に最適で「食味，貯蔵に於いては

---

54) 『朝鮮米の研究』前掲，297頁。
55) 『木浦日報』1938年5月13日。
56) 『朝鮮新聞』1938年9月3日。

全鮮無比の地歩を有する」米で，声価を高めるに，また販路拡張する絶好の機会であり，「却って有利に展開」するととらえていた[57]。

ここで，胚芽米・七分搗米奨励の，朝鮮米穀流通機構特に精米業界に及ぼす影響について考えておこう。

胚芽米・七分搗無砂米の精米には14, 5台以上の精米機がないと円滑な精製は無理で，したがって小集散地の小工場は存立が困難になると考えられていた[58]。朝鮮では大規模精米業者を中心に，胚芽米・七分搗米への準備が敏活に行われた[59]。背景には，日本本土での小売商業組合による共同精米工場経営推進の動きがあって，それに触発されたのである。

第2項　農事試験場南鮮支場での育種事業

日本米穀市場で銘柄競争が激化するにつれ，朝鮮米の品種の課題が新しい局面を迎える。特に大阪の米穀市場に新たに「近畿旭」が台頭すると，朝鮮米も対抗品種の選択に苦慮するようになる。

まず「旭」種を南部地方の全羅南道で試作するが，収量が少ないので，採用に至らなかった。「穀良都」一点張りであった慶尚南北道は，それに代替する適切な品種が見つからず，苦労する[60]。一方，京畿以南の南部地方では急速に「銀坊主」が栽培面積を広げていたが，「多摩錦」が質を買われて一時期相当栽培された。しかし収量が多くないことから，再び「銀坊主」に復帰する。朝鮮中・南部地域はいずこも優良品種を求めて四苦八苦したのである[61]。

こうした状況のなかで，新たな品種を求めて育種事業を行うべく，「総督府農事試験場南鮮支場並びに金堤干拓出張所官制」（1930年朝鮮総督府訓令第7号）が公布された。南鮮支場の設立は，地主会の物質的支援の上に行われた。実際建設費10万余円と4千余坪の敷地は，全羅北道内の地主及び農業関係者，有志の寄付によるものであった。地主の試験場とのかかわりについ

---

57)　『西鮮日報』1938年8月18日。
58)　『西鮮日報』1938年8月1日。
59)　『西鮮日報』1938年5月3日。
60)　『釜山日報』1936年3月20日。
61)　『米の消費地の研究と米の品種論』前掲，221頁。

て，試験場技手であった佐藤建吉，朝鮮総督府技手であった永井威三郎は，こもごもこう話している[62]。

> 南鮮地方の，これは主として日本人地主の努力ですけれども，金を寄付して土地と建物を作り，そこに技手をおいてもらって，そして南鮮の米作地帯の農事改良をやる研究所ができたわけですが，そういうようなことで日本人地主の努力というものも非常にありました。(佐藤)
> 自分等が金を出して作ったんだという気持もあったせいか，試験場に対しては協力といいますか，親近感をもってわれわれの試験場であるということで，しょっちゅう出入りして，よい品種ができるとすぐそれをもっていって，自分のところでやってみるというようなこともありまして，その点は今考えますとよかったと思うし，またわれわれ試験する側でも，ぼやぼやしてはおられない……。(永井)

地主等は，自分たちの寄付によって設けられた南鮮支場に対して，自分等の試験場との意識と親近感をもって日常接し，指導を求めたことがわかる。それはまた南鮮支場が地主らの要望を取り入れやすいシステムになっていたことにもよる。

育種の目標は南鮮地方に適する耐肥，耐病性の多収良質品種の育成であって，試験方法として1927年から日本の農林省が全国9地域で実施した育種組織をモデルとしていた。試験場として規模が大きく，育種の初期段階から最終の地方適否試験まで一貫して実施できたことは，日本内地においてもみられない特色であったといわれる[63]。そうした点から比較的早く新品種の育成が可能となったのである。

育成された品種の地方的適否のため，道・郡の奨励機関，農事試験場，穀物検査所，穀物協会，一般営農者が，一丸となって品種改良連絡試験を行った[64]。群山港の商圏下にある全羅北道・忠清南北道の「菱ヶ米品種改良連絡試験」と慶尚南北道の「角フ品種改良連絡試験」など，各地域で試験が実施されている。

生産から販売までの全過程に関係する各方面の米穀関係者の協力のもとに

---

62) 科学技術庁計画局調査課『朝鮮の米作技術発達史』1967年，29頁，109頁。
63) 同上，235頁。
64) 「朝鮮米品種論」『朝鮮穀物協会会報』第44号（1938年11月），40頁。

優良品種の選定が行われたことこそ，この時期の品種選定の特徴である。
　かくして，「南鮮20号」(豊玉)，「南鮮45号」(瑞光)，「南鮮46号」(栄光)，「南鮮60号」(日進)，「南鮮87号」(八紘)，「南鮮104号」(鮮瑞)，「南鮮103号」(朝光)及び「南鮮13号」の優秀性が認められ，関係道の奨励品種として1936、37年頃採択される。
　「豊玉」は，1928年，「中生銀坊主」を母親とし，「改良愛国」を父親として交配したもので，1933年「南鮮20号」と育成番号を付し，5代にわたって各道の農業試験場に配布試験を重ねて，成績良好として，1937年新品種名「豊玉」と命名されたものである。1936年，京畿道，忠清南・北道，慶尚北道，全羅北道で奨励品種に指定された。「豊玉」の玄米は中粒でやや長く，品質は良好，早熟であるが，多収であるため，「穀良都」「中生銀坊主」地帯に受け入れられて，1941年の栽培面積は12万2,000町歩であった。
　「瑞光」は「九大潮性旭3号」を母親とし，「銀坊主」を父親として交配したもので，1937年「瑞光」と命名された。本品種は平坦肥沃地向きの中生種で，熟期は「穀良都」と同じで，肥沃地帯においては多収を示す。全羅北道では1936年，忠清南道では1937年に奨励品種に指定されるが，主に耕土が深い食壌土平野地帯で奨励された。
　「栄光」は「瑞光」と同じく「九大潮性旭」と「銀坊主」を交配したものである。玄米は小粒で稲熱病抵抗性が強く，「銀坊主」の代わりに良質の晩生種として1937年から全羅南道の奨励品種に指定される。
　慶尚両道では，30年あたりから声価が落ちてきた角フ米の品種改良に尽力したが，成果を得るには時を要する。そこで間に合わせの角フ米の声価発揚策として重量制を採用した。比重の軽い「穀良都」が耕作面積の大部分を占めている両道は，生産者，籾摺業者が「品種更新が実現するまではサービスを行う」という犠牲を払ったのである。慶尚南道は「栄光」の作付面積を1937年の390町歩を翌1938年には2万6,250町歩に急速に拡大する計画を立てるなど，新奨励品種がいかに待たれていたかを示していよう[65]。
　表4-10は新品種の作付面積及び収穫高である。
　そして現実に，「豊玉」は1937年には，生産統計に顔を出す。

---

65)　『釜山日報』1936年5月8日，11日，1937年2月9日。

表 4-10　新品種の道別耕作面積　（単位：町歩）

	豊　玉	日　進	栄　光
1937 年度	5,282		
1938 年度	23,686	13,539	33,036
1939 年度	41,387	15,432	33,629
京　畿　道	28,090		
忠清北道	3,093		
忠清南道	3,390		
全羅北道	3,591		
全羅南道			21,378
慶尚北道	3,215	14,716	
慶尚南道		715	12,250
黄　海　道			
平安南道			
平安北道			
江　原　道	5		
咸鏡南道			
咸鏡北道			

出典：朝鮮総督府『農業統計表』（1939 年度）49-50 頁より作成。

　翌 38 年度，「日進」と「栄光」が統計に表れる。「豊玉」の作付面積は初年度は 5,282 町歩で，主に全羅北道，京畿道であった。翌年約 4.5 倍に急増するが，その急増ぶりは京畿道が約 8.3 倍，そして忠清南・北道が作付したことによる。「日進」の初年度作付けは 1 万 3,539 町歩で，ほとんど慶尚北道に集中している。「栄光」は 3 万 3,036 町歩で，全羅南道と慶尚南道が占めていた。

　こうした新品種が商品として出廻ったのは 1938 年産からである。市場では「全北の瑞光，慶南の栄光，慶北の日進凡て其地の銀坊主や穀良都よりはうまい」という評価を得ていた。もちろん，価格も「銀坊主」と「穀良都」より高く付けられたが，まだ量が少ないことで，日本消費市場側での定着した評価には至っていない。

第3項　輸移出米の飛躍的増加と朝鮮の食糧事情

　朝鮮米の日本米穀市場への移出の増加は，生産の増加を圧倒的に追越していた。検査を通過して輸移出された米は，表2-2（前掲）でわかるように，1920年代後半期には，生産高の約半分に及んでいる。

　生産の増加分を超えた移出は，朝鮮人にとって何を意味するか。人間の生きる一番基本的な要素である食生活の側面からみる。

　食糧の消費構造の変化は驚くべきものがある。表4-11に見るように，外米を含む米の1人当り消費量は1915～19年の平均0.707石から1930年～34年には0.444石に減少している。雑穀の消費量も1.324石から1.216石に減少しており，1人当り食糧消費量は総体で2.031石から1.660石へと減少している。減少率は米が38%，雑穀が8%である。移出米が「飛躍的に増大」する時期に，朝鮮の農民は絶対的食糧である米消費量を減らさざるをえなかったのである。

　こうした数字は春窮という生活のあり方に象徴的に現れる。

　春窮とは，大麦の収穫前の春季食糧端境期に生活に窮することで，表4-12は朝鮮総督府の1930年の調査結果である。自作農の18.4%，自作兼小作農の37.5%，小作農の68.1%，農民総戸数の48.3%が春窮農家となっている。

　米の消費量の減少，春窮の現象は植民地的経済機構のもとで商品経済に深く巻き込まれた農民が，窮迫販売・飢餓移出に喘いでいることを意味する。米消費を最低限にきりつめて，米を売らざるを得なかったのである。例えば京畿道の一部落調査によると，小作総戸数26戸中22戸が平均米1石3斗4升を売却しており，それは，小作料を払った残り＝手取り米の20%，1石30円で計算すると40円の収入ということになる[66]。農家更生部落の1戸当り現金総収入は1935年において135.03円であるので，現金収入の中で米穀売却収入の占める位置は高いのである。

　産米増殖計画を経過することによって朝鮮農業の米穀単作的な経営構造はさらに深化していく。まず，周知のとおり，水田の比率が高いこと，特に

---

66)　姜廷澤「朝鮮に於ける食糧問題の発展過程」『農業経済研究』第16巻第2号（1940年），25頁。

京畿道以南の7道は，単作的傾向が強い[67]。朝鮮総督府は米穀生産に熱狂し，多額の補助を給付し，地主，資本家らは莫大な資本を投下するが，雑穀生産は自給生産として放置されてきた。1919年と1937年の耕地のあり方を比べると，水田が19万町歩増加する一方で，畑が6万5千町歩減少している。

表4-11　朝鮮における米・雑穀の生産量と消費量推移

年次	米と雑穀の総生産量 千石	米総消費高 千石	一人当り食糧消費量（石）		
			米消費量	雑穀消費量	計
15～19年	36,634	11,777	0.707	1.324	2.031
20～24年	38,265	11,166	0.638	1.341	1.979
25～29年	38,041	9,727	0.512	1.300	1.812
30～34年	40,726	9,000	0.444	1.216	1.660

出典：朝鮮総督府『朝鮮米穀要覧』（1941年）より作成。
備考：米消費量には外米を含む。

表4-12　道別春窮農家数1930年調査　　（単位：戸）

道別	自作農	比率	自作兼小作	比率	小作農	比率
京畿道	2,407	13.1	22,233	33.3	97,001	69.8
忠清北道	3,564	19.9	17,891	40.3	54,435	76.3
忠清南道	4,438	30.9	24,104	45.2	83,764	89.6
全羅北道	3,098	28.7	23,191	42.6	110,469	71.5
全羅南道	14,721	23.2	52,028	46.9	103,588	81.2
慶尚南道	13,477	20	47,129	36.1	84,289	57.8
慶尚北道	8,354	21.2	33,892	37.2	87,626	63.2
南部計	50,059	21.5	220,468	38.6	621,172	65.3
黄海道	4,159	12.2	22,017	34.0	75,511	63.0
平安南道	4,733	14.3	17,209	28.0	33,557	58.4
平安北道	3,279	8.8	9,001	19.4	36,015	42.1
江原道	10,363	20.5	26,885	37.8	45,895	76.9
咸鏡南道	15,003	20.7	22,383	42.2	21,950	72.3
咸鏡北道	4,708	10.5	5,507	35.6	3,411	55.2
北部計	42,245	16.2	103,002	32.2	216,339	57.9
合計	92,304	18.4	323,470	37.5	837,511	68.1

出典：朝鮮総督府『朝鮮小作慣行調査』下，112頁より作成。
備考：比率は各階級総戸数に対する割合である。

67）　久間健一『朝鮮農業の近代的様相』西ケ原刊行会，1935年。

例えば次のような史料をあちこちに見かける[68]。

> 朝鮮の農家が米作偏重の結果は，天水によるの外絶対に水利なく，当然田として耕作すべき土地をも，地目を畓に変更して，稲作をなして居る向も少なくない。

米穀単作的農業は必然的に畑作生産において立ち後れの構造を作ったのである。

---

68) 「旱害対策に就いて」『朝鮮農会報』第 13 巻第 12 号（1939 年 12 月），18 頁。

第 5 章

籾検査の実施と展開過程

籾検査は，朝鮮でのみ実施された検査であり，日本本土でも台湾でも実施されていない。1934 年には「希望検査」の形態で，翌 35 年 10 月から「強制検査」として実施された。商品としての精米の検査が流通過程を遡及して玄米検査に至ったことを前章までに述べたが，ついに農耕過程の最末端ともいえる「籾」にまで，権力による直接的統制が及んできたのである。

　以下，籾検査の実施に至る過程を検討する。

第 1 節　籾検査の背景

　籾検査実施にあたって当時穀物検査所長であった石塚峻は，以下のように述べている[1]。

> 籾の検査といふ事は当局が多年生産者に奨励して来たもので仲々困難なことであったが，要するに籾乾燥調製の改良を促進させて改良された調整籾を高く売れるやうに検査によって品質を保証するのです，さらに取引の量目を保証して生産者の不利益を防止しようといふのです。一方商人に関しては籾の乾燥調製を改良して玄白米調製にあたり，原料籾の乾燥調製に費してゐた多大の労銀を省くこと及び籾の取引に関して受渡の際に斤量の紛議を防止するのです。

　つまり，籾検査は，生産者のためには籾の乾燥調製の改良を促進させ産米改良の結果を価格で保証し，米穀商人のためには玄白米加工前に原料籾の乾燥調製にかける労賃を省き，かつ籾の取引の円滑をはかる，といっているのである。だとすればそれまでの籾の乾燥・調製及び取引にいかなる問題が

---

1)　『京城日報』1935 年 11 月 26 日。

あったのか。

　籾の購買者は「僅かに改良種と在来種の区別を目安として値段を区別」[2] するのみであった。販売者は重量取引であったので重量を有利にするため乾燥度を落とし，さらに石・稗・赤米等，夾雑物を積極的に除去せず，「何等の改良に対する報酬を得るの途がないので，改良に努力を払っても払らはなくとも同じことであったから，自然農家が生産した侭の形に放置するの止むなきに至」っていた[3]。「従来長きに互りて年々生産奨励機関の勧奨はありたるにも拘らず，他の奨励事業に比し実効挙らず，依然として旧態を脱し得ざる状態にあつた」[4]。市場性を通じての標準化が籾取引の段階で欠如していたことが原因であった。第2章第5節第2項でみたように，玄白米精米所には千坪，万坪単位の籾乾燥場が設けられていて，籾の乾燥，夾雑物の除去等，籾の収穫後の産米改良は米穀商人が玄白米工場において行うメカニズムであった。もちろんそれに要する人件費・費用は，籾を農家から買収するにあたっての価格から差し引かれていた。

　籾の包装は，叺入りのものは57斤，80斤，90斤，100斤等，鮮皮（朝鮮在来の俵）入りのものは80斤ないし210斤で，千差万別であった。包装容量の不統一のため，積み込みに広大な場所を要し，しかも検量をせざるをえなかったのである[5]。これは敏活な取引の大きな阻害要素であった。

　当時籾の取引は，斤建の重量取引で，風袋込取引[6]と正味取引があった。風袋込取引の地域——ソウルとその近隣（京畿道，黄海道）——では，取引にとって重要な要素である風袋（俵）の重量は，地域的にまちまちで，取引実務上以下のように計算されたという。風袋の叺1枚の重量を5斤と措定する。1石の米は2叺分だから叺2枚の重量は10斤である。他方籾1石200斤として計算すれば，叺2枚の重量（5斤×2＝10斤）は総重量の5％となる。籾の相場が斤当4銭である場合には，風袋込取引の場合の単価は正味取引のそれの5％安，すなわち（4銭×0.05＝2厘）2厘安，ということになる。

　しかし容量の不統一に乗じて不正を行う籾仲介商がいたりして，価格設定

---

2) 萬治豊喜「産米改良の四大項目に就て」『朝鮮農会報』第17巻第1号（1922年1月），18頁。
3) 吉池四郎「籾検査の進展と共同販売の拡充」『朝鮮農会報』第11巻第8号（1937年8月），4頁。
4) 石塚峻「籾検査に就て」『朝鮮』第252号（1936年5月），64頁。
5) 「（平所長報告）朝鮮ニ於ケル米穀関係綴」『荷見文書』1935年。
6) 「黄海道に於ける穀物取引の特種事情」『朝鮮穀物協会会報』第42号（1938年9月），30〜31頁。

は結構厄介だったという。

　朝鮮穀物協会連合会の幹事長で，鎮南浦，仁川で大規模の精米所を経営していた輸移出商斎藤久太郎は，「総斤量ヲ増ス為ニ叺ヲ水ニ浸シ外部ノミヲ乾燥スル為一時温突ニ入レ，大縄ヲ用ヒ，口藁ヲ多クシ且ツ水ヲ含マセ，故意ニ土砂ヲ入ルルモノアリ，故ニ金融困難トナリ，元八掛位貸シタルモノモ今日ニテハ五掛位ニ低下セリ。」と語っている[7]。増量のための仲介者等の不正行為によって，米穀商は資金繰りに困難を感ずることも生じたのである。開港場あるいは集散地の米穀商人にとって，こうした不正籾仲介商は厄介な存在であった。

　籾の包装は鮮皮によるものが多かったが，産地より開港地の工場までの間に1俵に付き2，3斤程度の脱漏があった。この脱漏分は当然農家の負担に帰した。しかも鮮皮包装地域のほとんどは風袋込取引であるので，「籾値は勿論秤量をも瞞着して巨利を博し居りたる」[8]地方仲買人が多く現出していた。

　ここで，この時期に籾検査が実施されるに至る背景を確認しておく。

　籾検査の実施に踏み込むに至る背景として，長年にわたる米穀商からの要求，一連の米穀統制策中の政府の籾買上，米穀取引所への籾上場，などが頭に浮かぶ。

　総督府側が籾の検査について検討しはじめるのは，国営検査実施の初年，1933年6月であった[9]。農林省京城米穀事務所釜山出張所長からの照会に対する「朝鮮ニ於テハ農家ノ生産米穀ハ籾ノ儘売買譲渡セラルルガ為年来当業者ヨリ米穀大会其ノ他ニ於テ籾生産検査実施ノ要望アルノミナラズ最近政府ノ籾買上実施，米穀倉庫ヘノ籾寄託増加，取引所ニ於ケル籾上場ノ気構等ニヨリ籾ノ検査ヲ必要トスル事情愈々逼迫セリ。」[10]という朝鮮総督府の回答がある。

　米穀業者は，検査米の乾燥度の引上げ要求とともに，生産者の手によって原料籾の改良をはかってほしいと，籾検査を総督府に要求していた。この要

---

7)　「朝鮮ニ於ケル米穀ニ関スル諸問題」『荷見文書』1933年9月11日。
8)　「籾検査に就て」前掲，63頁。
9)　『群山日報』1933年6月15日，『木浦日報』1933年6月17日。
10)　「籾ノ検査ヲ実施セントスル理由」と「籾検査要綱」がある。前掲『荷見文書』昭和8年4月～12月。

望は，朝鮮米穀商組合連合会を中心に，1920年から毎年米穀商大会で決議されていた[11]。1932年10月の朝鮮穀物商組合連合会大会での要求はことさら強いもので[12]，総督府としては，前章で検討した玄・白米検査の国営化とともに，籾の乾燥問題は早急の解決を迫られていた。

玄白米検査の国営化は，玄・白米の水分含有率の低下を促した。ことに玄米の乾燥度検査に合格するためには，米穀商は大いに苦労することになった。原料籾の乾燥に数日あるいは十数日を要し，火力乾燥機の導入を強いられ，それをもってしても生産能率は大きく低下した。また火力乾燥機によって調製された玄米は，日本内地市場での搗精時に胴割（米粒が二つに折れること）が生じた。

前章で述べた改正検査制度の趣旨を貫徹するためにも，籾の乾燥問題は米穀商任せではなく，生産者のレベルにさかのぼって調製改良をはかることが必要とされたのである[13]。

また，1933年，米穀統制法が制定される。この法律は，米穀取引を基本的に市場にゆだねつつも，米穀の最高値最低値を政府が決定し，緊急時の移輸出を禁ずるなど，米穀法の1931年改正の趣旨をさらに強化するものであった。米穀余剰基調のなかで，この年は豊作が予想され，1934米穀年度末には1,500万石の繰り越しが予想されていた。1933年8月より朝鮮総督府は協議会を開き，各種の方策を考究したが，減反案は反対が多くて撤回され，実行の容易な籾の長期貯蔵を実行することになり，そのためにも乾燥の強化が必要とされたのである。乾燥を主体とする朝鮮における籾検査の実施は，農業恐慌と無関係ではなかったのである。

前章第5節で述べたように，朝鮮農村の疲弊は極みに達していた。総督府は，「自力更生」をスローガンに掲げたが，これは官製の農村振興運動である。そのために個別農家の戸口まで入り込んで実情把握に努めていた。「農民が改良のために費やした努力に対する報酬を普く農家に」[14]という，産米改良に対する報償と結びついて，籾検査は格好の宣伝材料ともなった。

---

11) 『朝鮮農会報』第15巻第11号（1920年11月），21頁，第16巻第11号（1921年11月），82頁。
12) 『釜山日報』1932年10月22日。
13) 蔡丙錫「籾検査の社会的意義」『朝鮮農会報』第16巻第3号（1942年3月），9頁。
14) 同上，72頁。

「農家の経済を更生する有効適切なる対策としては，農民をして籾乾燥調製俵の改良を促進せしむることが焦眉の急務である」[15]と，朝鮮総督府は籾検査を位置づけていた。

検査の立案者石塚峻は米穀商の取引上の問題を最重要課題と位置づけていたようではあるが[16]，米穀商の要望だけではなく，米穀政策上の必要，農村振興運動の推進といった，多元的な動きのなかで籾の品質向上と規格化のための検査が必要になったのである。

第 2 節　実 施 過 程

第 1 項　希望検査の実施

こうした背景のなかで，総督府は 1933 年 12 月 1 日，標準米豆査定会議を開催し，穀物商関係者に乾燥程度，夾雑物混入割合，等級の数，包装及び重量検査済品に対する標識方法等，検査の規則基準に関する諮問を行い[17]，その答申を受けて「朝鮮籾検査規則」を朝鮮総督府令第 104 号をもって 1934 年 10 月 19 日に発布し，翌 20 日施行した[18]。翌年（1935 年）4 月の強制検査を前提にして，あらかじめ籾検査なるものを受検者に徹底させるために，奨励検査（希望検査）を実施したのであった[19]。検査の形態は「朝鮮ニ於ケル農家ノ現状ハ収穫調製後直ニ籾ヲ手放ス慣習アル為各農家ノ庭先ニ於テ籾ノ生産検査ヲ為スハ不可能ナルヲ以テ搬出籾ニ付」[20]検査する搬出検査であった[21]。

---

15)　「籾検査に就て」前掲，64 頁。
16)　科学技術庁計画局調査課『朝鮮の米作技術発達史』1967 年，157 〜 160 頁。
17)　「1934 年秋期ヨリ実施予定ノ籾検査ニ関スル左記事項ニ対スル意見（乾燥程度，夾雑物混入割合，等級ノ数包装及び重量検査済品ニ対スル標識方法）其ノ他ノ必要事項」『朝鮮農会報』第 8 巻第 1 号（1934 年 1 月），126 頁。
18)　『朝鮮総督府官報』第 2333 号（1934 年 10 月 19 日），165 〜 167 頁。
19)　「昭和十年朝鮮米関係資料三」『荷見文書』。
20)　「朝鮮ニ於ケル米穀ニ関スル諸問題」1933 年 9 月 11 日，『荷見文書』。
21)　以下は「昭和十年朝鮮米関係資料三」前掲による。

希望検査の内容は，籾の品質・乾燥・調製・重量及び包装であった（第1条）。等級は上中下3等級にし，異年度産の混入・蝦米の混入・包装の損傷は格外にした（表5-1参照）。

表5-1 籾希望検査における格付基準

	上 格	中 格	下 格
品質及乾燥	標準品以上のもの	標準品以上のもの	標準品以上のもの
赤米（1合）	40粒以内	60粒	100粒
夾雑物	100分の3	100分の6	100分の8
水分含有率	15％	16％	17％

出典：「朝鮮籾検査規則」『朝鮮農会報』第8巻第11号（1934年11月），91頁より作成。

乾燥（含水率）については規則には明記せず，内規として上格15％以内，中格16％以内，下格17％以内とした。夾雑物は各々100分の3，100分の6，100分の8以内で，特に赤米には別に基準を設けて，各々1合につき40粒，60粒，100粒以内とした（第9条）。検査地は既存の穀物検査の指定地であった。検査手数料は，叺入を標準として1個（90斤）につき4銭，標準に依らないものは1個につき7銭であった（第2条）。

総督府は，「籾検査により得られる利益」を宣伝するパンフレットを郡農会などの集会で配布するなど，宣伝に努めた。

どのような層が受検したのか。木浦管内つまり全羅南道では，受検者の大部分は中地主であった（おおむね，所有150町歩以上を大地主，50町歩以上を中地主と認識されていたようである）。大地主階級は「煩瑣ナル籾検査ヲ嫌フ傾向」があり，また「小作籾（叺入又ハ鮮皮入）ノ斤量ヲ計ラル、事ニ依リテ苛酷ナル小作料取立ヲ曝露セラル、ヲ恐ル、点アリ旁ニ希望セス」という地主もいると伝えられた。「多クハ受検ノ回数，数量少ク且ツ有利ナル事ハ多ク語ラサル心理ニテ可モナク不可モナク『奨励セラル、故従ヘリ』テウ体ニ見受ケラル、モノナリ　中ニ『籾検査ハ結構ナコトナリ』トイフ者モアリ

何レニセヨ特ニ反対ノ声ヲ聞カサル、心得ルカ為ナリト推スヘシ」とする資料があるが，中地主の反応の典型であろう。

一方，木浦管内の精米所は大部分籾摺工場であったが，移出地工場のみな

らず奥地工場でも反対の機運が強かった。その理由を検査所は以下のように見ている。「主点ハウマ味ノ激減ニアリ　即チ地方ニ聴ク籾ノ売買ニ当リ目減リト称シ一八〇斤ニ付通常五,六斤ハ少ク仕切レル　右ハ売買ノ際ノ看貫ヲ買方ニ於テ行フ為ニモ依ルモ三,四十銭ノ不当利得アリ　之ヲ籾検査ニテ奪ハル、（品質ニ於テモ同様）ヲ好マサルニアリ。」奥地においては「籾検査ヲ受ケ農業倉庫等ニ入庫セルモノハ軍糧トシテ無料徴発セラル」との噂も出ていたが，こういう噂に利益を感ずるものがいたことになる。

　希望検査実施中，米穀業者の特徴的な活動がみられる。たとえば群山支所内の穀物業者団体である菱ク穀物協会は，「産米改良に関する籾検査の普及徹底を期する為」受検籾50叺を1口にして福引券1枚を贈呈して福引賞金として約3千円の奨励金を出していた[22]。

　穀物協会は中間商人の排除を強調した。生産者に向けては「従来籾の販売に当り仲買人の手を経たる籾生産者は受検に依り夫等の口銭を省略し且つ直接時価より高値に販売し得るのみならず仲買人に依りては重量を瞞着せしものありたるも其の不利益を防止し得」るから籾検査を受けるように，米穀商に向けては「検査籾の購入は中間商人（仲買）の利得（口銭）を省き策に乗せられることを防止す」るから受検米を購入するように宣伝した[23]。穀物協会

表5-2　5ヶ月間の支所別籾検査数
（34年11月～35年3月）（単位：個）

支　所	検査数（A）	割当数（B）	A/B（％）
仁　川	980,186	800,000	124
郡　山	860,764	550,000	124
木　浦	309,375	250,000	133
釜　山	931,741	700,000	133
鎮南浦	875,751	760,000	115
元　山	181,873	140,000	130
計	3,959,690	3,200,000	124

出典：「籾検査の趨勢」『菱ク穀物協会会報』第35号（1935年5月）31-32頁より作成。
備考：90斤入り換算したものである。

22)　菱ク穀物協会『菱ク穀物協会会報』第35号（1935年5月），89～90頁。
23)　『菱ク穀物協会会報』第32号（1935年2月），14～16頁。

の籾検査の宣伝活動は，籾の強制生産検査（生産者検査）の実施を見込んで行われたのだろう。

　各道ごとに検査量目標が設定されていたが，結果的には目標より平均1.24倍の受検があったことを表5-2で確認されたい。

第2項　利害関係者の動向

第1　朝鮮総督府

　総督府は希望検査の実施とともに強制検査の準備に入り，予想搬出数量を基礎に予算を編成していた[24]。

　総督府が搬出検査を採用したのは，実務担当者たる道の農務担当者の見解によるものであった。彼らの主張の根拠は，二つにまとめられる。第一は生産検査は小作契約の内容にかかわり，地主小作関係に影響を与えかねない。これは農政担当者にとって鬼門ともいうべきものであって不可。第二は，人的・物的に生産検査は不可能であるというところにある。以下は伊東全羅南道農務課長の言による[25]。

　第一に関して，「籾ノ生産検査ヲ施行スレバ小作籾ハ従来ヨリモ労費ヲ掛ケタル優良籾ヲ納入スルコトトナルヲ以テ従テ小作契約ヲ改訂シテ小作料ノ減額ヲ計ラシムル等農政上幾多ノ難問題伴フヲ以テ直ニ生産検査ヲ行フコトハ不可ナリ」

　第二に関して，まず検査を受ける側の農家においては「籾ノ乾燥調製ニ要スル器具器械ノ準備ナシ　故ニ今直ニ生産検査ヲ施行スルモ之等器具不足ノ為実現困難」であり，また検査する側も，職員数が生産検査には無理である。

第2　朝鮮米穀研究会[26]

　朝鮮米穀研究会は1931年頃設立された団体で，『鮮米情報』という旬刊紙を発行している。筆者の入手した会則は一部破損しているが，読みとれる範

---

24)　『朝鮮日報』1935年4月3日。
25)　「平所長報告　朝鮮ニ於ケル米穀関係綴」『荷見文書』
26)　朝鮮米穀研究会に関しては，「平所長報告　朝鮮ニ於ケル米穀関係綴」前掲，による。

囲で紹介する。

第2条「本会ノ目的ハ米穀ノ生産，配給（以下不明）」で「米穀ノ生産，配給ニ関係アル会員ヲ以テ組織」されている。会員は1933年1月現在54名で，朝鮮総督府関係者18人（穀物検査所3，水利2，専売局1，農林局4，農務課2，農事試験3，商工1，観測1，鉄道局1），銀行関係9人（朝鮮3，殖産6），東拓3，土地改良2，朝鮮農会1，米穀商関係（取引所7，米穀倉庫2，米穀商連合1），米穀会社（不二興業ND，鮮満開拓2，成業社1），大阪商船2，水原高等農林学校1で構成されていた（数値ママ）。「米穀ノ生産，配給ニ関係アル会員ヲ以テ組織」するとしながらも，地主の意見を反映するであろう朝鮮農会からは1名しか参加していない。この構成から，本会の性格はほぼ読みとれるであろう。

籾検査の実施にあたっての朝鮮米穀研究会の役割は大きかった。同会が会員と大地主の意見を聞いて総督府に，また各関係方面に配布した「要望事項」はつぎのとおりである。

一，検査を行ふべき籾は販売を目的となすものに限り，小作人が小作料として納入せんとするもの並に生産者が倉替又は加工等の為に移動せんとするものに就ては検査を行はざること
二，出張検査の範囲を拡張し検査の敏速を期すること
三，自作農其他の小量の籾に対しても集合検査等の便宜を図ること
四，重量及び包装に地域を定め例外を設くること
五，小作官その他直接農家の指導に当る官憲は米穀検査官と連絡を取り能く協調して検査合格品の生産に努むること
六，強制検査の実施迄には相当の準備期間即ち任意検査施行期間を要すること
七，受検専門ブローカーの輩出に対する用意を要す
八，検査請求人の経済的負担を成る可く軽くすること

朝鮮米穀研究会は，搬出検査の実施によって発生する問題を想定して，総督府に準備するように「要望」した。またこの「要望事項」は各方面に配布して世論を形成して，総督府の構想した籾検査が円滑に行われるように，支援していた。

検査の目的が生産改良にあることから，「理想的には生産検査の方法により成るべく検査の結果を直接に生産者に知らしむること並に検査の結果を直

ちに改良に応用せしむること等が肝要」であると認識していた。朝鮮の生産者（主として小作農）は知識程度及び経済能力が低く生産者をして検査請求人にすることはほとんど不可なので，地主が籾を収得し，検査を受けたうえで，地主が乾燥，包装，量目等の改良を小作人に指導すること，これが現実的な策と考えていたのである。

第3　米穀商

まず，籾の生産検査を従来から主張してきた米穀商の代表団体である穀物協会は，当局の諮問を受けた際，搬出検査には強く反対して，「籾の搬出検査は絶対に不可」という答申を提出している。その反対の理由はつぎのようである[27]。

一，籾の強制検査は生産の改良並に調製改善の普及徹底を期すを目的とする以上絶対に生産検査に拠られたきこと
二，指定地外への搬出検査は独り生産者に対し生産改良観念の涵養を不徹底ならしむ
三，搬出検査のみに拠るとき籾の普遍的商品価値を局限し延いては指定地内と指定地外との価格の不平等を招来し取引を不円滑ならしめ且つ商品の自由性を失ふ（虞）れあり
四，搬出検査は生産地と集散地との原料の需給状態を不円滑に導くのみならず既設工場は勿論一般に経済的動揺を来す嫌ひあり
五，搬出検査のみに限定するときはさなきだに跳梁しつゝある奥地不正仲買に対し検査手数の煩雑其他を理由とする安価買上げ又は斤量詐取等の悪弊を助長せしめために農家の被害を一層大ならしむ

穀物協会は生産検査を主張しつつも，それを実施できない場合は，前記の諸弊害を緩和する便法として，さしあたり移出を目的として加工しようとする籾は，必ず検査合格品であることに限定すべきことを，要望書の形態で提出している。

27）同上。

第 4　大地主

以下は，朝鮮農会ならびに米穀研究会合同で開催された「籾検査に関する懇談会」（1935 年 5 月 15 日）における多賀榮吉（地主・全南代表）の発言である[28]。

> 籾の検査に関し生産者たる農民は当局に向って其の実施方を希望したことも無く，また御相談に預ったこともないに拘はらず，事茲に到ったのを遺憾に思はざるを得ぬ。米穀商人側は生産検査実施を要望し，また当局の諮問にも預かって居ると聞くが，吾々生産者には今日までさうした事もなく彼我著しい相違である。そして斯る重大なる事件ある毎に寧ろ縁遠き商人にのみ重きを置かれ，表面は生産者保護と称し乍ら生産者を軽視してゐる結果，政策がどうもピッタリとゆかぬ観あるを遺憾とする。

総督府は，籾検査の政策立案にあたって，地主には諮問していないのである。加えて，発言全体から，地主層の総督府農政に対する不満と，両者間の疎遠がみられる。朝鮮農会は籾検査の項目がほとんど既定事実になっている状況で独自に陳情したが，その要項は乾燥，夾雑物の基準を緩和することが中心であった。

朝鮮農会の陳情要項はつぎのようである。

一，水分含有量一等 15％以内，二，三等 17％以内トセバ現在ノ実情ニ照シ大部分ノ籾ハ等外品タラザルヲ得ザルニヨリ一等 17％，二，三等 19 乃至 20％程ニマデ緩和セラレタシ。

二，水分含有量ハ地方ノ実情ト其ノ歳ノ天候情況ニ照応シ毎歳決定スルヲ妥当ナリトス。

三，夾雑物一等 3％，二等 5％，三等 8％ハ現在ノ実情ハ勿論玄米夾雑物ニ関スル規定ニ対照スルモ厳ニ過グル故若干緩和スルコト。

四，地主ガ其ノ小作籾ヲ仮収納処ヨリ移動セントスル時（勿論販売ヲ目的トセザル物）又ハ庫替ヘニ際シテハ指定地通過ト雖モ希望受検トスルコト。

五，受検者ハ検査ニ付手数料ノ外相談ノ負担ヲ増加セラルル故検査手数料ハ軽減シ成ルベク一叺二銭以内ニ低下サレタク少クトモ将来三銭以上トセザルコト。

---

[28]　「籾検査に関する懇談会」『朝鮮農会報』第 9 巻第 6 号（1935 年 6 月），70 頁。

六，検査ハ漸ヲ趨フテ完全ニ進ムノ方針ニ出デ当初ハヨク地方ノ実情ニ則シテ無理ノ生セザル様寛大ニ施行スルコト。
七，籾ノ生産改良奨励ニ対シ一層適切ナル実行方策ヲ執ルコト

実は，すでに述べた朝鮮米穀研究会の「籾ノ強制検査施行ニ関スル要望事項」は，案の段階で会員と全朝鮮の大地主に配布し，その意見を聞いたが，「会員及び大地主の意見は殆ど研究会の〈要望案〉に賛成」だったので，原案のまま陳情したとされている[29]。

第5　問　屋

開港場の客主組合（問屋）は，籾強制搬出検査は「問屋組合を殺す」ことだとして，危機感を募らせていた。問屋は，以下の陳情をなした[30]。

> 農倉，郡農会，面事務所においておこなわれる事となり生産者は何れも共同販売所に籾を持出す為籾集散地たりし木浦には生産者から直接搬出する籾が激減することゝなる，そのために搬出籾の販売仲介又は周旋による手数料で生活してゐる木浦問屋組合（問屋業者百五名と物産委託販売業者三十名とで組織す）は自滅のほかなしとして寄々対策協議中であつたが同組合では十一日役員会開催して籾共同販売所に問屋組合を指定されるやう要望するに決し顧問車南鎮，理事長朴正基，常務理事朴徳珍三氏が陳情……

新しい制度のなかで，「籾共同販売所」に指定されることに生きる道を求めようとしたのである。籾の販売仲介者の具体的な行動として注目すべきものであった。

第3項　強制検査の実施

第1　概　観

籾の強制検査は1935年10月1日より施行された[31]。
小作人が地主に納入する米は検査対象から除外されたが，これは朝鮮米穀

---

29) 『東亜日報』1935年2月22日。
30) 『朝鮮新聞』1935年2月19日。
31) 1935年8月6日付総督府令第96号朝鮮穀物検査令施行規則改正による。

研究会の陳情を容れたものである。米穀商らの主張した生産検査ではなく，指定地の搬出検査とされた。籾検査指定地は，玄白米検査がすでに行われていた490ヶ所に新たに百数ヶ所が増設され，指定地は600ヶ所を超えた。そして指定地外でも希望検査が続けられることとされ，そのための簡単な施設が約500ヶ所新設された[32]。

等級は1,2,3等と等外品（不合格）の4等級としたが，等外品の搬出は認められた。

水分含有率は，希望検査のときと同じく1等品は15％以内，2・3等品は17％以内とされた。もっとも重要な乾燥問題について，農会等の地主の陳情は受入れられなかったのである。

夾雑物についてもやはり地主の陳情は受入れられず，1等品は3％以内，2等品は5％以内，3等品は8％以内とされた。

重量は，叺入1個90斤（口枡は1斤）と規定されたが，包装に関しては当分の間在来俵（鮮皮）90斤（口枡2斤），120斤（口枡2斤），150斤（口枡3斤），180斤（口枡3斤）を認め，咸鏡北道においては麻袋100斤（口枡2斤）を認めた[33]。

手数料は希望検査のときより1銭引き下げ，叺入り一個3銭にし，在来俵90斤入り4銭，120斤入り5銭，150斤入り6銭とした。

希望検査は，一，農会等に於て為す共同販売する籾，二，政府保護の各種米穀倉庫等に入庫する籾，三，地主の倉庫に入庫せんとする籾は入庫前に，四，精白米の原料として指定地に搬入する物，と指定されていて，特に二番はかならず希望検査を受けることとされていて，検査官の出張旅費は徴収しないこととされた。

第2　開港地の状況

実施直後の開港場と指定地，生産地等の状況を検討する。

まず，開港場，大集散地の様子をみると，籾出廻不足，激減，遅延，精米界の不振という現象が起きている。

---

32)　『釜山日報』1935年9月19日。
33)　「籾検査に関する懇談会」前掲，68頁。

鎮南浦　　新聞[34]から状況をみる。

> 平野一帯から水運鉄路によって毎年南浦へ搬出される籾は現在の処昨年同期に比し一大激減を来した，此事実は本年より実施の籾検査による影響であること明白で農家の売惜みでなく玄白米調製のため搬出遅延となったものとみられてゐる，右の結果水運は結氷期に入ると不可能のため鉄路の搬出が増加の傾向をたどりさらに積先が従来籾は鎮南浦と限られてゐたが玄白米となると仁川内地方面の直接取引が開始されて積先の変調は免れないこと丶なる

籾検査によって鎮南浦港の出廻籾に激減現象が起こったこと，内陸地で籾から玄白米調製加工が行われていたことがうかがえる。鎮南浦は商圏の縮小という脅威にさらされたのである。

仁　川　　「新穀の出廻り期を迎へた米の仁川にサッパリ籾が出て来ないので各精米所は穀物貿易の進展上重大問題である」[35]という状況下，輸移出白米製造業組合ではまず産地の状況の掌握に努めている。黄海道を調査した鳥越理事はつぎのように報告する[36]。

> 精米界の不振に付いては種々な原因があるが今回の黄海道視察で痛切に感じたのは籾の検査施行と共に各産地に小規模の精米工場や籾摺業者が続出し原料の籾を競争的に購入してゐる事である，而して農村では茲両三年の豊作と米価高で非常に潤ひ大農筋は持ち米を売惜んでゐるため籾は奥地でも割高を維持し当業者は殆ど休業してゐる状態であった　従って何とか斯る精米工場の濫設を防ぐ方法を講じないと結局共倒れになる

それまで黄海道には籾摺・精米工場がほとんどなかったが，籾検査実施前後あいついで工場が設置される。仁川の精米業者らにとってはこうした工場の新設は脅威であった。

仁川商工会議所が調査した鉄道便による米の移入状況を前年と比較してみると，1934 年度は籾 641,238 石，玄米 402,308 石であったが，1935 年には籾 398,320 石，玄米 608,553 石で，籾移入量が減る反面，玄米が増加している。

---

34)　『西鮮日報』1935 年 10 月 22 日。
35)　『朝鮮新聞』1935 年 11 月 7 日。
36)　『京城日報』1936 年 2 月 1 日。

奥地での籾摺業の発達を証明している³⁷⁾。
　元来籾の生産検査を主張し，指定地搬出検査に反対し，その弊害を陳情してきた精米業者らは，籾出廻りの減少，奥地における製玄精白業者の増加による開港地商人の事業不振等，被害を受けて，いち早く 1935 年 11 月，籾の指定地搬出検査を停止することを決議する³⁸⁾など，多面的な動きをみせる。

　木　浦　「籾検査実施以後出廻四分一激減」で，木浦籾摺同志会では「籾検査の地方に於ける実際情況を調査」するために 2 班の調査団を結成し，全羅南道の 10 郡を調査している³⁹⁾。「籾検査制度は地方奥地の一部業者に利益を，生産者と都会地の業者には致命的痛手」をもたらしている証拠として，検査施行前奥地と開港地間は 100 斤につき運賃の差額の約 2、30 銭位の値開きで売買されていたのが，検査施行後は約 7、80 銭の差額を生じていることと，奥地籾摺業者の受検数量が前年同期に比し 3 倍に増加していることをあげている。

　群　山　籾の出廻が 3 分の 1 に減じ，「群山精米工場が相ついで休業」⁴⁰⁾し，大工場のみが体裁上機械を運転させていると報道されている。群山つまり菱ク地域では，地主の小作米が産地で精米され⁴¹⁾，日本の移入米穀商人と直取引する現象も起きていること，前章第 3 節第 3 項で述べた。

> 籾検査は未だ搬出検査にのみ重きを置き小作米は無検査なるため，これ等無検査米は各地の小精米工場に山積せられ，メリタリ取引と称するもの盛んに行はれ，これ等小精米工場は直接内地商人と取引を開始し生産者の故をもって移出税の必要なくために都会地商人とは一叺につき四五銭の差異を生ずる結果となってゐるがこれがため平野部山間部の区別なく群小精米工場は雨後の筍の如く簇生……

　各開港場の籾激減の裏には，産地に籾摺工場が増え，また移動式の籾摺業

---

37) 『東亜日報』1936 年 2 月 8 日。
38) 蔡丙錫「籾検査実施当時に於ける米穀業者の要望と当局の対応策」『朝鮮農会報』第 16 巻第 7 号（1942 年 7 月），3 頁。
39) 『木浦日報』1935 年 11 月 16 日。
40) 『中鮮日報』1935 年 12 月 21 日。
41) 『朝鮮新聞』1936 年 1 月 14 日。

者が続出したという事実があり，「開港地業者恐慌を来す」[42]と報じられている。たとえば鎮南浦では，籾検査実施一ヶ月の間に200台の籾摺機が奥地へ輸送されている[43]。

第3　指定地，生産地の状況

一方，指定地，生産地ではいかなる問題が起きたか。

受検の前提として（籾の）水分検査器・秤・調製道具が必要であったが，生産者が衡器をもたないまま荷造りをし，検査所の衡器で重量・乾燥度を量り，荷造りをやり直すことが多々あった。その場合，一叺につき4,5銭の費用を要するのである[44]。

包装の原則は叺とされたが，叺作りの器具もなく，購入することも難しかった。ソム（在来俵）によることも容認されてはいたが，その場合でも縄が従来の3倍以上かかったのである[45]。

また運搬費用の問題が生じる。従来は産地から直接に市場・港へ船または牛車で運搬していたが，検査を受けるため検査出張所に運搬し，検査を終わってまたそれを市場・港あるいは現物売買場所に運搬する等，農家の運搬費が倍増している[46]。

さらに検査員の手不足で，検査日が伸びたりすると，検査地で宿泊することになる。

大地主あるいは大農はスムーズに大量の籾検査を受けることができたが，中小農民らは検査員の手不足，時間に制限されて後回しにされ，僅少な端数ものは受検もできなかった。そんな事情から，米を急いで売らざるをえない中小農家の場合は，検査受検の手数を忌避する傾向が強い[47]と伝えられる。

そこで不正仲介人が続出し，農民は大損害を被ることになる[48]。

　　便宜ヲ与ヘルトノ口実ヲ以テ未検査ノ籾ヲ等級以下デ買収シ且ツ検査料トシテ

---

42)　『京城日報』1935年11月13日。
43)　『西鮮日報』1935年11月28日。
44)　『木浦日報』1935年11月16日。
45)　『東亜日報』1935年10月27日。
46)　『東亜日報』1935年11月1日。
47)　『木浦日報』1935年11月16日。
48)　『釜山日報』1935年11月12日。

>一斤一厘ヲセシメ一石ニ就キ十七銭ノ暴利ヲ得, ソノ上秤料ノ如キモ多ク木製秤器ヲ使用或ハ数量ヲ胡麻化ス等実ニ二重, 三重ノ利得ヲ得テ居ルノデアル, コレガ為メ地方農民ハ検査料ニ於テ等級ニ於テ斤量ニ於テ甚大ナ損失……

これでは指定地検査を忌避する「無検査籾の逃避」現象が生じるのは当然で, 朝鮮総督府を悩ませるに至る[49]。海岸等に逃避されると取締りが不可能になるのである。「米穀集散分野に大変化, 従来集散地は廃虚化」[50]という記事が中央紙に出るほどであった。こうした状況下で, 既述のように, 産地に籾摺精米工場が簇生したのである。

以下は群山発の新聞報道である[51]。

>メリタリに籾を容れて運搬し正味売買して帰りには其メリタリを持ち帰り堅俵の籾を運ぶ一種の搬具である故に, 検査料及包装費を農家と小工場と折半して所得する有様で小工場では籾検査費は要せず一々メリタリをうつすときに点検が出来る便利がある, 玄米に調製して不合（ママ）にでもなるときは直に白米にして, 其土地にて小売して, 決して損をせないやり方である, 然し玄米調製の殆どが級品ばかりで, 中々研究もしてゐる

メリタリは, 産地では便利な容器であった。籾検査実施により, 生産者と籾摺・精米業者の間で, 包装費, 検査料, 点検の手間を省くことができるので, 有効に使われている。

生産者は, 産地精米業者には無検査で売買をすることができる。搬出する籾は少量であっても検査をしなければならない。その場合, 籾1叭3銭の検査手数料と, 叭と縄が必要であり, 叭・縄代が1叭25銭とし, 検査料の3銭を合算すると1叭28銭となる[52]。地元精米所に無検査で売れば少し安くとも検査にかかる費用を省くことができるので, こちらのほうが農家の利益になる。これまた農家の籾検査への対応であった。

---

49) 『鮮米情報』1936年3月24日。
50) 『東亜日報』1936年2月15日。
51) 『中鮮日報』1936年1月13日。
52) 『中鮮日報』1935年12月20日。

第4　実施の強化対策

搬出強制検査の実施過程で朝鮮総督府はいくつかの手直しを迫られた。

強制検査実施わずか2ヶ月ののちに，農林局長は各道知事宛に籾検査に関し再通牒を発している（1935年12月5日）[53]。

> 最近の状況を見るに，籾検査の趣旨未だ一般生産者に徹底せざる為，進んで受検する者尠きのみならず，不正仲買人の逆宣伝に乗ぜらるる者もあるやうに思料せらるに付検査機関は勿論，米穀業者とも十分連絡を図り，共同販売の拡張，受検組合の設置等，適当の方策に依り，検査の趣旨を一層生産者に徹底せしむると共に，其の効果を自覚せしめ，所期の成果を収むる様更に一段の御配慮ありたし
> 　第一　開港地または籾の集散地において籾の搬入検査を実施すること
> 　第二　指定地の変更及び新設
> 　第三　受検組合の設置を助成すること
> 　第四　共同販売の徹底化を期すること

上掲通牒各項目につき説明を加えておく。

第一について　　検査の逃避の防止及び無検査籾をそのまま使用することのできる奥地業者と検査品以外は手に入らない開港地または集散地の米穀業者との不均衡への直接的な対策であった[54]。籾検査が実施されはじめた1935年11月の穀物検査標準品査定会において，各道との協議が行われた。そこで搬入検査が提案され，各開港地または奥地の米穀集散地で籾の搬入検査を実施することにしたのである。これは精米業者が購入する籾はその指定地内に搬入される際に検査を受けさせる方法であった。

これは，検査規則に規定されていない対応であった。早期に強制検査を実施した〇ナ管内の新義州では，地方の生産者より受託していた籾摺りを受託できなくなり，一時期取引の不振をもたらし，反対もあったという。

この籾の搬入検査は鎮南浦支所と釜山支所において実施されたのが最初で，漸次他の支所管内でも実施されるに至ったが，特に鎮南浦支所内の平安南・北道は1936年には「オール検査」を実施し，精米業・米穀業者の使う籾はすべて検査籾となったと伝えられる。

---

53)　「籾検査実施当時に於ける米穀業者の要望と当局の対応策」前掲，7頁。
54)　『鮮米情報』1936年3月24日。

第二について　　仁川穀物検査支所管内では，無検査籾のソウル搬入を防止するべく，とりわけ多くの指定地が新設された。1936年京畿道だけでも14ヶ所が新設されている。当時ソウルに搬入された籾170万石のうち，鉄道便による搬入米は検査米であったが，船便により搬入される約70万石の6割と，陸路牛馬車，トラック便による搬入米30万石の8割，つまり70万石弱が無検査米であった。「京城ニ廻着スル籾ヲ点検スレバ殆ンド全鮮ノ籾検査程度ガ判ルトモ云ハレ京城府ハ殆ンド全鮮ノ縮図」であるとされて，ソウルに籾検査監督官が置かれた。

この措置には別の側面もあって，「京城府ニハ殆ンド全鮮ノ大地主ガ集中サレテ居リ全鮮各地ニ小作地ヲ有スルノデアルカラ籾検査ノ実績ヲ擧ゲルニハ常ニ之等ノ地主ニ連絡ヲトリ小作人ノ籾ノ生産改良並ニ収穫籾ノ受検奨励」[55]をする必要があったのである。その意味でもソウルは籾検査にとって，重要な地域であった。

第三について　　共同販売が不振な地方において受検組合を組織させて生産者が籾検査を受けるように講じた。強制検査の2年目，1936年には各開港地をはじめ各地の籾集散地に受検組合が設けられた。仁川・群山・鎮南浦・平壌・木浦のように客主組合（籾の問屋組合，委託販売）の存在する地方では，客主組合を受検組合に改組して無検査籾の受検を励行した。この措置によって生産地指定地で逃れていた籾も検査の網に掛かるようになった。

第四について　　次節で詳述する。

このような施策のなかで，籾の検査成績には顕著な向上がみられた（表5-3参照）。1935年9月までの希望検査期には受験籾は400万個であったが，搬出強制検査になって1,700余万個に増加し，1937年は凶作であったにもかかわらず2,400余万個に激増している。

等外の比率は35年5.5％，36年8.3％，37年23.3％，38年26.8％と年々増えていった。各等級の割合は，35年は1等級が29.5％であったが，36年には9.4％，37年には1.7％に激減し，反面3等級の割合が多くなる。これも検査精度の向上に基因するものとみられる[56]。

穀物商と仲買の受検量は全検査量の62％（1936年度），52％（1937年度）

---

55)　京城米穀事務所『京城府ニ於ケル米穀事情』1936年6月，218〜219頁。
56)　菱本長次『朝鮮米の研究』千倉書房，1938年，346頁。

で，半分以上が商人によって受検されている。農民にとっては未検籾の販売が利益であったことを推測させる。

表5-3　等級別籾検査実績（逐年）(単位：個, %)

年度	検査数	一等	二等	三等	等外
1935	4,421,280	27.6	54.1	12.7	5.6
1936	17,506,917	9.3	40.7	40.9	9.1
1937	24,205,385	1.7	19.6	55.8	23.0
1938	35,650,937	2.0	18.4	58.5	21.1
1939	32,850,775	0.3	9.6	63.1	27.0
1940	15,952,758	1.6	17.6	61.0	19.7
1941	35,546,802	0.6	11.4	62.5	25.5

出典：朝鮮総督府穀物検査所『検査統計』1938-41年より作成。
備考：1. 籾検査は1934年10月より実施される。
　　　2. 米穀年度である。
　　　3. 単位は1938年以前は個（90斤）で，以後は叺である。

第3節　共同販売

第1項　検査以前

　籾検査実施以前，大規模組織のもとに共同販売を実施してきた綿花，蚕繭とは異なって，籾は大部分自由売買に委ねられていた。籾の共同販売の実施は，籾検査の強化策の一環として進められる。当時農村団体としては農会・金融組合・産業組合があったが，農会は各種産業団体を吸収合併して行くのに伴い，それらの団体への生産指導に集中し，販売・購買事業とは距離を置いていた。金融組合も農村における金融の円滑と農産物の貨幣経済化をはかるなかで，金融・販売・購買事業を兼営していたが，1929年販売購買事業を定款から削除するに至った。つまり，農会は農事の指導奨励，金融組合は専ら金融事業，産業組合は特産品の取扱に機能分担がなされ，3団体とも籾の販売購買事業は行っていなかった。

それが農業恐慌の深刻化と相俟って，米の飢餓販売，春窮民の氾濫などの社会情勢はこれら農村団体に，「農村の窮乏状態を救ふ為に傾倒すべきことを強く要求し，而して又農村のかかる窮状を救ふ手段捷径は，一に懸つて当時暴威を逞しくせる地方末端商人の不正暴利を排除する」ことが要請されるに至った。それに応える形で，三団体は販売購買事業に「無統制に進出」しはじめた。その一環として籾の共同販売事業にも乗り出してはいたが，それほど大規模のものではなく，いくつかの個別農会が道の籾の共同販売を実験的に試みていた位であった。

京畿道を例にとって，道農会が斡旋する共同販売の背景をみておこう[57]。

> 本道は仁川に於ける白米搗精工業の発達せる関係上，農家は其の生産籾を出来秋に販売する者多く，而も之等の出廻籾は大部分白米原料に供せらるゝにあるから，籾の乾燥調製督励上所期の効果を収め難く，延て玄米調製の発達を阻害せること尠からざる憾があったのみでなく，一面近年に於ける農村不況は農産物価格の暴落に因由すること多き事実に鑑み，之が対策の一手段として生産物の改良統一を図ると共に共同出荷に依り販売の合理化を図ること……

こうした道農会の共同販売斡旋事業は，1922年朝鮮農会が産米改良を決議し，乾燥，玄米調製などの4大目標を決めた（ほとんど実績がなかった。否すでに検査制度を頂点に流通構造が形成されていた）その延長線上にあり，特に農業恐慌による米価の下落が促した動きであった。

実績をみると，1930年度水原，31年度安城・龍仁・利川，32年度麗州と，道の主要米産地5郡に販売所10ヶ所を設けていた。1932年，10月25日から12月22日までの間に40回の共販を行ったが，その出荷量は，22,413叺，出荷延人員は2,657人で，1人当りの平均出荷数は8.4叺であった。この数字からみると，共販に参加した農民層は中小農民が多かったといえるだろう。

一方，一連の米価調節策のなかで，倉庫事業に共同販売の計画が盛り込まれた。

1931年7月17日農業倉庫令を発布するにあたって，朝鮮総督府殖産局は

---

57) 「籾共同販売斡旋事業の概要」『朝鮮農会報』第7巻第2号（1933年2月），83〜87頁。

つぎのように述べている[58]。

> 現今ノ経済組織ハ農業者ノ市場ニ於ケル地位ガ極メテ微弱デアルガ為ニ自ラ生産シタル物品ニモ拘ラズ其ノ価格ノ決定ニ付テ殆ド何等ノ発言ヲ為シ得ナイノガ常態デアル　農業倉庫ハ之等ノ農業者ノ為ニ販売ノ斡旋ヲ為シ生産者カラ消費者ニ至ル間ニ於テ中間商人ニ獲得サルル利益ヲ出来得ル限リ生産者ノ手ニ収メシメルト共ニ公正ナル価格ノ実現ヲ期セントスルニ在ル　此ノ目的ヲ達スル一方法トシテ共同販売ハ最モ注目スベキ販方方法デアッテ倉庫ニ依ル平均モ此ノ共同販売ノ運用ト資金ノ融通トガ相俟ツテ其ノ実効ヲ期シ得ルモノト信ゼラル

　倉庫事業は共同販売が前提であろう。実際の運用を詳らかにする資料をいまだみないが[59]，『朝鮮米穀倉庫要覧』の統計をみると，1933米穀年度に籾3万4,000石，34年度24万石，35年度15万9,000石の実績を示している。籾検査実施前の共同販売は，30万石を超えない規模であったのである。「農業倉庫ガ現物ノ保管ヲ主目的トスル関係上自然倉庫普及ト共ニ其ノ区域ノ狭小ナルヲ便利トスル故下級農会程経営者トシテハ恰好ナルモ今日ニ於テハ諸種ノ事情ヲ綜合シテ道農会ヲ以テ適当トセラレテ居ル」との記述からみると，道農会が共同販売の斡旋を担当したようである。

第2項　共同販売の本格的展開

　朝鮮の共同販売は籾強制検査に触発されて1935年頃から本格的に展開する。ここで，籾強制検査実施約1ヶ月後，1935年12月5日に農林局長が各道知事宛に発した籾検査強化対策の一つとして共同販売を各農村団体が行うように奨励する再通牒（第2節第3項参照）を振り返っていただきたい[60]。同年殖産契令を発布し，それまで購販事業を禁じられていた金融組合に共同販売の斡旋を認めている。各農村団体の活動は農村振興運動によって「更生部落」と指定された部落を中心にしていたので，籾の販売を共同事業として実施するには好都合であった。籾検査初年の販売数量は検査量の5.8％，2年

---

58) 「朝鮮農業倉庫業令ニ就テ」『朝鮮米穀関係例規』1940年，597頁。
59) 『朝鮮米穀関係例規』前掲，596頁。
60) 「籾検査実施当時に於ける米穀業者の要望と当局の対応策」前掲，7頁。

目は9.6％を占めていた[61]。まだ市場出廻数量の約1割程度で，籾取引の中心的な存在とはいえない。

籾検査の3年目になると，総督府は籾検査の強化をはかって，共同販売未着手の地方にも共同販売所を設立し，共販機構を拡大する方針を打ち出す。1937年5月，各道農業技術官会議で共同販売のための「協議事項」[62]を決めている。斡旋の対象として「中小農家の所有籾を主とすること，国営検査籾たること，道の奨励品種を主とすること」をあげている。そして農村団体を籾共販の機構に参加させ，共同販売の実績を向上させ，円滑な運用を期するため，つぎの方針を立てた[63]。

　一，農会を中心に籾共販を統一し殖産契，産業組合はその出荷団体とす
　一，現在の農会，殖産契，産業組合の籾共同販売は農村振興課と提携して各団体間の摩擦を回避せしめ従来通りそれぞれ共販に尽力せしめる
　一，右三団体で地盤を協定し受持区域内は当該団体が籾共販を奨励する

第3項　斡旋団体の対立

しかし共販をめぐって各農村団体の足並みがそろっていたわけではない。「籾共同販売の昨年（1936年：筆者註）の実績は農会関係100万石，金融組合関係5万石にして農会としては自分の方に一任を希望し金融組合としては全鮮にて100万石の籾共販はまだ過小であると割込を希望してゐる」状況であった。農会と金融組合の共販斡旋をめぐるイニシアティブ争いに関して，総督府農林局は，各道知事の方針を尊重して道の裁定に委ねる方針をとっていた[64]。

1937年，共同販売の実績は検査籾の26％を占めるまでになった。表5-4により道別にみると，慶尚北道は68.6％，忠清北道は53.4％，平安南道は45.5％であった。一方穀倉地帯の全羅北道は13.9％で，慶尚南道は15.8％，

---

61)　『鮮米情報』1937年6月29日。
62)　同上，1937年5月18日。
63)　同上，1937年6月29日。
64)　同上，1937年9月28日。

京畿道は 15.2％で低い。道によってばらつきがあることがわかる。全羅北道の成績不振について，穀物検査所支所長は「本道においてその実績が捗々しくない原因は地主階級等が多い為めでありなかなかむずかしい問題だ」と発言している。

表5-5 により籾検査第3年度の1937年の実績を斡旋団体別にみると，道郡農会が 83.2％，金融組合が 14.4％，産業組合及び農業倉庫が 2.4％であった。金融組合が相当伸びている。

道郡農会の斡旋での共同販売が強い地域は慶尚北道（98.7％），平安南道（95.9％），忠清北道（93.7％）で，金融組合の斡旋が強い地域は咸鏡南道（73.3％）と全羅北道（49.6％）である。

共同販売をめぐる農会と金融組合の対立は「逐年激増の一途を辿」ることになるが，それは以下みるような農会と金融組合の共販方針の相違に起因する。

第一に，共販の販売先である。農会は販売先を地場商人に限定する「現地販売主義」であったのに対して，金融組合は朝鮮金融組合連合会の統制下で「消費地販売主義」に立って，商圏を拡大し有利な販売を意図することこそ共販の目的に合致すると主張していた[65]。

第二に，「需要者側の精米業者方面では金融組合の斡旋に全幅的支持している」といわれている。ここでいう精米業者は開港場，集散地の大規模の精米業者のことであろう。精米業者が金融組合の斡旋を支持する理由は，財務的な処理が便利だったからだった。すなわち「農会は金銭貸借の対象として不便が多く，賠償問題の起こった場合に困ることが多く且つ何事も官庁式で取扱に敏活を欠き商機を失い易いに反して，金融組合は代金支払は現品引受後に決済するは勿論，取引の上に総て安全，確実，敏活であるからである。従って同一の籾でありながら金組扱いの場合は農会扱いのそれに比して常に割高」[66]と，ある精米業者は発言している。金融組合の場合には共販用集荷の量と品質を予想して前渡金を融資することによって，一定数量の集荷を事前に確保して，数量と品位等級を買い手にあらかじめ知らせておくことに

---

65)「殖産契と金融組合の機構改善問題の帰趨」『金融組合』第127号（1939年）。
66)『堂島米報』第233号（1938年11月），12～13頁。

表5-4 各道別籾検査数量と共販率(1936～39) (単位:千叺,%)

道	1936年		1937年		1938年	
	籾検査数	共同販売率	籾検査数	共同販売率	籾検査数	共同販売率
京畿道	2,290	10.2	3,389	14.3	4,795	15.2
忠清北道	420	5.0	611	6.6	1,031	53.4
忠清南道	2,106	3.5	2,466	10.1	3,530	21.1
全羅北道	1,747	4.1	1,836	2.2	2,311	13.9
全羅南道	1,854	8.2	1,517	9.9	3,633	25.4
慶尚北道	2,059	7.4	1,899	28.6	3,952	68.6
慶尚南道	2,377	11.4	1,894	4.8	3,626	15.8
黄海道	2,602	1.2	1,220	2.7	3,980	2.7
平安南道	1,490	1.2	1,992	9.8	2,678	45.5
平安北道	784	1.8	2,514	2.4	2,211	22.3
江原道	392	5.3	538	2.5	693	15.8
咸鏡南道	375	4.1	716	2.7	1,034	18.0
咸鏡北道	28	24.9	25	16.9	41	25.2
合計	18,523	5.8	24,617	9.6	33,516	26.0

出典:『朝鮮農会報』第16巻第7号(1942年7月),8-10頁より作成。
備考:米穀年度である。

表5-5 団体別共同販売数量(1938年度) (単位:叺,%)

	道郡農会		金融組合		産業組合及び農業倉庫		合計
京畿道	428,000	58.6	261,097	35.8	41,152	5.6	730,249
忠清北道	515,585	93.7	33,780	6.1	1,070	0.2	550,435
忠清南道	422,582	56.6	299,570	40.1	24,322	3.3	746,474
全羅北道	140,499	43.9	158,954	49.6	20,660	6.5	320,113
全羅南道	750,580	81.4	134,592	14.6	36,807	4.0	921,979
慶尚北道	2,678,072	98.7	35,504	1.3	0	0.0	2,713,578
慶尚南道	499,265	87.2	24,823	4.4	48,185	8.4	572,273
黄海道	63,639	58.0	46,104	42.0	0	0.0	109,743
平安南道	1,167,869	95.9	23,635	1.8	27,780	2.3	1,218,284
平安北道	436,832	88.6	56,041	11.4	0	0.0	492,873
江原道	65,982	60.1	432,276	39.4	510	0.5	109,768
咸鏡南道	44,237	23.7	136,579	73.3	5,505	3.0	186,321
咸鏡北道	110,034	96.9	322	3.1	0	0.0	10,356
合計	7,223,176	83.2	1,253,277	14.4	205,991	2.4	8,682,444

出典:『朝鮮農会報』第16巻第7号(1942年7月),8-10頁より作成。

よって，高値を付けることを可能にしたようである[67]。

　第三に，金融組合は員外者の生産物については，法規上扱い難いことがあった。

　第四に，手数料及び生産者の負担について，農会側の要求と金融組合側の意見とは一致し難い場合が多かった。

　そのような次第で，農会と金融組合がともに存在する地域が多いにもかかわらず，合同しての共同販売実績はかならずしも芳しいものではなかったが，稀には「籾共販実施要項」をつくって，農会と金融組合が事務分担から利益の割合まで明文化し，協力することがないではない。忠清南道の例を以下に引用しておく[68]。

忠南に実施の籾共販要項

　忠南当局により実施された共販は籾共販を農会と金組の共同斡旋事業とし両者協力して事業の全遂行を期すると言ふ建前。実施要項は次の通りである。

　実施要項

　一，斡旋主体

　　籾の共同販売事業は総て道の奨励方針に依り農会（道農会を含む）及金融組合連合会の合同斡旋事業として之を行ふものとす　米穀統制組合取扱籾の販売は群農会の関与するものとして右合同斡旋事業に包含す。

　二，斡旋の対象

　①中小農家の所有籾を対象とし左の各項の籾に付共販を行ふものとす

　　　イ，道農会農業倉庫の寄託籾並に非受検籾（但し道農会の関与したるものに限る）

　　　ロ，群農会倉庫（郡米穀統制組合倉庫の借庫を含む）の寄託籾

　　　ハ，金融組合倉庫の寄託籾

　　　ニ，金融組合の担保籾

　　　ホ，殖産契員の籾

　②国営検査籾とし未検査籾は絶対に取扱はざること

　③道の奨励品種たること

　三，事業の分野

　　籾の共同販売事業に関しては概ね左の通分野に決定せるも常時緊密なる連

---

67)　「殖産契と金融組合の機構改善問題の帰趨」前掲。
68)　朝鮮殖産銀行調査部『殖銀調査月報』第7号（1938年12月），70〜72頁。

絡協調を挙げ相互援助することゝし以て共同販売事業の円満なる遂行を図ること。
①農会の事務
　イ，籾の乾燥調製及包装改善の積極的奨励並に指導
　ロ，共同販売籾の集荷並に共同販売所迄の輸送の指導　但し金融組合倉庫の寄託籾金融組合の担保籾及殖産契員生産籾の集荷は金融組合之を行ふ
　ハ，共同販売籾の保管竝に買受人に対する之が引渡　但し金融組合倉庫寄託籾及び担保籾竝に殖産契員の生産籾にして其の保管場所に於て共販に附するものを除く
②金融組合の事務
　イ，共同販売に関する入札者の選定
　ロ，入札の執行
　ハ，販売籾代金の受入竝に出荷人に対する代金の支払
　ニ，共同販売斡旋手数料，受検代行手数料及其の他籾共販に関する立替金の取立
③農会及金融組合の共同事務
　イ，籾共同販売に関する趣旨の周知徹底並に出荷の勧誘
　ロ，籾不正仲買人の取締
　ハ，共同販売事務に従事する職員の充実
　ニ，穀物検査所及其の他関係方面との連絡
　ホ，籾の受検代行
四，農会及金融組合の協議事項
　イ，共同販売所及日時の決定（但し日時の決定は第二項第六号の籾に付てのみとす）
　ロ，入札者の範囲及入札の方法
　ハ，殖産契区域内を除く共同販売所に於ける籾の保管設備其の他必要なる器具の充実を為さんとするとき
　ニ，籾受検代行
　ホ，其の他必要と認むる事項
五，共同販売斡旋手数料
　販売価格の千分の三とし販売委託者より徴収し左の比率に依り分配するものとす

①群農会と金融組合との場合
　　群農会五割五分
　　金融組合四割五分
②道農会と金融組合の場合
（以下略）

　籾検査の4年目1938年，金融組合の実績はまた伸びて全共販の26％を占める。
　共同販売は定期市，駅前広場，役所，米穀倉庫等で行われたが，特にこの時期定期市での共販は活発であった。1938年の定期市の籾取引中共販が占める割合は46％に達していた[69]。しかしなお，農会と金融組合の籾共販における対立は解消のめどが立たなかった。この調整問題は朝鮮における産業団体の機構改革を待つことになる。

第4項　総督府政策の岐路

　総督府当局は，共同販売が本格的に展開するにつれ，共同販売と籾検査との関係について岐路に立たされた。当時，米穀関係者のなかで「一，籾の共販は奥地の公定相場を定める程度としてこの相場を基準に検査籾の銘柄取引を増進せしめる。一，籾の共販を更に拡大強化すれば籾検査をこれ以上に強行せぬでも奥地の籾取引は公正を期し得られ投売防止が出来る」[70]という二つの途が論じられていたという。
　元来は検査が搬出検査であることから生じる問題であったが，ここに至って，「共販主・籾検査従，籾検査主・共販従」という政策的ジレンマに逢着したのである。そしてそこには，「共同販売と地方商人」というもう一つの問題が潜んでいた。以下は湯村辰二郎農林局長の発言である。

> 籾検査と共同販売は関連性はあるが絶対不可分のものではなく，また籾の共同販売は商人の存立を危ふくする程に強行する性質のものではあるまい。地方によって商人が横暴で籾相場を叩きその跳梁が甚しい地方，或は籾取引が余り小

---

69)　文定昌『朝鮮の市場』日本評論社，1941年，220頁。
70)　『鮮米情報』1938年2月15日。

口に分散して居て売買両者共に不便である処には共販を励行する要があるが，それでも地元商人を無視して内地或いは移出港の米商人だけに指名入札させるのは大に考慮の余地がある。

　ここでは，地方商人を排除するような徹底的な共同販売策は立てないことと，共同販売は籾検査の強化策として理解するという姿勢がみられる。本来の共同販売理念を矯めて地方産地商人を保護するという課題が政策に内在していたことを推測できる。

　実際，全羅南道の籾共同販売は1938年から各郡農会が地場商人と契約を行い，一切他地方米穀商は関与させないことになった。従来道内各地から大量に籾買収を行ってきた木浦・麗水という開港地の大手筋米穀商は，共販から完全に締め出された。木浦と麗水の米穀商は道庁を訪れしばしば共販・競争入札への参加を陳情した[71]。

　また全羅北道は従来共販が不振であったが，1938年，共同販売を断行することを決めている。その目的は，農民に有利な販売と籾取引の改善，また品種の混淆の防止，籾検査の徹底をはかることで，以下のような具体的方針[72]まで立てられていた。

　　一，共販は競争入札とすること
　　二，米穀商組合所在地の一郡を単位とし郡内に適当数の入札場所を設定し道内に合計86ヶ所の入札場所を設定し市日若しくは他の適当なる日を選んで共販を行うこと
　　三，農民側の統制は一部落を単位としその部落に既設の振興組合その他自治団体をして之に当らしめ受検販売に関する諸施設は可及的速やかに之れ等団体をして整備せしむる
　　四，他郡よりの競争入札参加は行はしめない
　　五，初年度の共販予定数量は百万叺
　　六，共販委託者に対して受検費用一叺二銭及斡旋手数料叺一銭を負担せしめそれ以外に包装替え及入札場所使用料を場合によっては負担せしむる

---

71)　朝鮮殖産銀行調査部『殖銀調査月報』第7号（1938年12月），72頁。
72)　『群山日報』1938年7月1日。

だが，米穀業者間に意見の対立が起きた[73]。対立点の中心は入札方法にあった。道の方針によれば，競争入札には郡内のものだけが参加でき，他郡より参加できないことになっている。これは以下の業者側の希望に反するものであった。

　一，一郡に制限せず一郡の入札には全道内の業者が参加し得るよう機会均等主義を執ること
　二，もしそれが不可能ならば一郡内の組合員即ち業者全般に普遍的に共販籾を供給し得るよう何等かの方法を講ずること
　三，入札の場合は敷札を用いず飽くまで入札最高値本位で売却し又入札数量の変更を行わぬこと

道当局は業者側の希望を拒否したと伝えられる。

穀物協会は当局の共販のやり方を批判し，また生産者の立場から農会の共販斡旋を批判し，その解決方法として，籾の生産検査を改めて主張した。

次は1938年10月，第1回米穀大会の決議事項[74]である。

　籾共同販売の目的は生産者利益のために農家が生産したるものに対し，直接販売の斡旋を為すが原則なるに現在に於ける共販は，生産者直接に非ずして，殆ど仲介業者の手に渡りたるものに対してのみ斡旋せる憾ありて共販の主旨に悖る而已ならず，弊害頗る多し，之が原因とする所は例へ当局に於て籾検査を強要すると雖も検査員の手不足或は諸準備整はざる等の関係に依り迅速ならず，其ため遠距離のものは共販場所に於て宿泊の已むなきに至る事あり，又農家は換金を急ぐに斡旋機関たる郡農会に資金乏しく金融の途なきため生産者は検査を受けて共販に附することを嫌忌し安価に仲介業者へ売却するに至るべし，故に共販は斡旋機関に於て金融の途を講ずるは勿論，籾検査を生産検査として強制的検査を施行し，且つ生産者が共販の有利なるを自覚するに非ざれば之が目的達成は困難なるを以て籾共販は当分生産者の任意とし，生産検査実施迄は漸進主義に依られたきと共に共販の改善に関し各道当局と地方穀物協会とに於て懇談の機会を与へられたし。

これら生産者の要望に対応した結果，籾検査実績に，顕著な向上がみられ

73）『群山日報』1938年7月2日．
74）『朝鮮穀物協会会報』第45号（1938年12月），45頁．

たこと，前節第3項で述べたとおりである。
　かくて，1938年共同販売の実績は増加し，戦時期を迎えることになる。

第4節　地主と小作

　ここで，籾検査をめぐる地主と小作人の関係に言及する。
　籾検査施行規則では，小作米は検査の対象から除外されたが，地主は籾検査を悪用したのである[75]。地主は籾検査を良いチャンスとばかりに，小作人より収納する籾に検査規格を，「小作人の義務のように」[76]適用した。
　慶尚北道の善山では，籾を乾燥させて，叺，縄を添付して納付するように命令したり[77]，(籾検査の合格籾は「多摩錦」「穀良都」「銀坊主」に限られているという理由をつけて) 小作地で生産された在来種籾の受領を拒絶する，という事態もあった。小作人への責任転嫁である。転嫁には，小作人に検査を受けさせてから検査籾を納付させる「直接的な転嫁」と，小作人自身に検査を受けることを強要はしないが，検査規格をみたす籾の納付を命ずる「間接的な転嫁」があった。
　当時朝鮮総督府小作官を務めた久間健一氏によれば，直接的転嫁は一般に中小地主の間に多く行われ，契約証書に現れた文案も大同小異であった。以下にあげる例は希望検査時代のものだが，すでに検査規則が発布された後のものなので，規則制定後もこのような契約がなされていたものと思われる[78]。

　　地主朴〇
　　　第八条　乙ハ小作料ヲ朝鮮正租検査規則ニ依リ，中格以上ニ合格セル正租ヲ納
　　　　　付スルモノトス，但シ合格セル小作料ノ検査手数料ハ甲ノ負担トス
　　地主文〇昌

---

75)　『朝鮮中央日報』1935年10月19日。
76)　『朝鮮中央日報』1935年12月2日。
77)　『朝鮮中央日報』1935年10月19日。
78)　1934年10月籾検査規則発布直後に募集した小作契約書である。

第5章　籾検査の実施と展開過程　　237

　　第六条　乙ハ小作料ヲ朝鮮正租検査規則ニ依リ，中格以上ノ検査ヲ受ケテ納付
　　　スルモノトス，但シ合格セル小作料ノ検査手数料ハ甲ノ負担トス（「中格」
　　　は籾検査の2等級にあたる：筆者註）

　間接的転嫁の方法は，さらに二つに分かれる。一つは籾検査の規格を明示
するもので，もう一つは地主の検査を受けさせるものであった[79]。以下にい
くつかの例を示すが，双務契約の形態をとらずに小作人の誓約書の形態をと
るものさえあることに留意しておきたい。

　　地主朝鮮信○株式会社
　　第八条　小作料ハ（中略）道ノ奨励品種中貴社ノ指定品種タルヲ要シ，赤米，
　　　異品種混入ナキモノヲ貴社ノ指揮ニ従ヒ精選シ乾燥ヲ優良ナラシメ（朝鮮籾
　　　検査規則ニ定ムル中格以上ノ品位ノモノ）納入スルコト
　　第九条　小作料ハ総テ叺入タルヲ要シ一叺正味九十二斤入トシ，其ノ包装ハ朝
　　　鮮籾検査規則ニ定ムル包装ニ準ズルモノトス
　　地主朝鮮興○株式会社
　　第九条　賃借料ハ貴社指定ノ品種ヲ充分乾燥シ品質ヲ精選セル籾ヲ一叺正味
　　　九十斤，外ニ入桝二斤ヲ籾入新叺ニ包装シ一定ノ縄掛ケヲナシ，検査上格品
　　　ト同等ノモノヲ納入スルコト，万一貴社ニ於テ不良品ト認定シタルトキハ其
　　　ノ事由ノ如何ニ拘ハラズ再精選ヲナスカ又ハ補償物ヲ追納スルカ孰レトモ貴
　　　社ノ指図ニ従ヒ何等異議ヲ申出ザルコト　但シ検査上格品ヲ以テ納入シタル
　　　トキハ検査料ハ会社ニ於テ交付ス
　　注記：この農場の昭和10年の小作料納入告知書には，一叺九十二斤入とし，
　　　籾検査一等品と同等なる旨記載されている。
　　地主東洋拓○株式会社
　　第十三条　小作料ハ（中略）検査ニ合格スベキ程度ニ十分精選乾燥シ，御指定
　　　ノ通リ包装シ，納入可致若シ不良品ヲ持付タル場合ハ再精選ヲ命ゼラレ又ハ
　　　相当ノ割増料ヲ徴セラルル共異議申間敷候
　　地主韓務農○社，韓○寿
　　第五条　乙ハ納賭スベキ総斤数ヲ分チ一叺ニ正味九十二斤強ヲ計入作俵シ布片
　　　ニ乙ノ住所氏名及籾種名ヲ明記添付シ検査上差支ヘ無カラシメ万一乾燥精製
　　　不完全ナル時ハ収賭者ノ指揮ニ服従シ即時再乾燥又ハ再精製ヲ実行ス

79）　久間健一『朝鮮農政の課題』成美堂，1944年，194～195頁。

籾検査は，地主の小作人への規格転嫁を前提にしたものであった。乾燥調製をはじめ，重量，包装において小作人の労働・出費は大きかった。ここに，籾検査の階級的性格がある。特に乾燥の規格に合わせるのは大変で，これらのことを慮って，当局は各種奨励金交付の仕組みを作っている。以下は忠清南道の例である。

道当局は籾検査の実施前に，乾燥の改善促進のため枕乾燥（丸太を枕に見立てて稲の束を振り分けて乾燥する方法）を奨励し，それに要する費用の一部として地主に反当り籾1升内外に相当する金額を郡農会に寄付させ，郡農会はその経費を主として当該畜に対する枕乾材料費に充当するよう指導を行い，特に各水利組合に対してはそれぞれ予算に計上させ徹底的励行を期したと伝えられる。

乾燥調製が良好で籾検査に合格し得る籾を小作料として納入する小作人に対して，地主をして其の品格数量等を記載した褒賞内申書を郡農会に提出させ，報償として籾を交付した。報償の標準は，小作料籾1石につき籾検査1，2等合格程度の改良籾に対して籾2升，3等合格程度の改良籾に対して籾1升とした。これを奨励籾といった。

また従来小作料籾を鮮皮包装にて納入していたものを叺包装に改めて納入した小作人に対して地主は叺代の半額を必ず負担すること，すなわち籾1石につき叺1枚に相当する金品を交付することにした。

他の道当局もそれぞれ小作人の納入する改良籾に対して，割戻し及び奨励籾の交付を地主に助言した[80]。

京畿道の場合，道農会主催のもとに行われた地主懇談会で，協議事項として小作籾割戻率及び奨励籾の交付率を決めている。小作籾割戻率は，1，2，3等に各々7％，5％，3％で，奨励籾交付率は，1％，1.4％，1.8％であった。

慶尚北道は「乾燥調製による減量は豊凶及び小作農の栽培状況に依って差異を生ずるので道内一律にさだめることは困難だが大体減量は石につき7斤内外で少なくとも交付基準をこの程度とし，これに包装費を見込んで交付せしむること」としている。

果たして割戻し及び奨励籾交付は実行されたのか。久間氏は「恐らく殆ど

---

80) 『釜山日報』1935年9月22日。

なしと云ふも過言でないだろう」[81]といっている。

さて，籾検査に触発された地主が，不在地主＝静態的地主も含めて生産改良に力を入れた様子が「不在地主迄も一定の拠金を為し依つて以て郡全体の生産籾の改良調製に力を致せる所や生産者の受検籾は全部を挙げて唐箕選を行ひ……」[82]なる資料からうかがえる。

もう一つ特記すべきは，小作人みずから検査を受けて，納付する例があったことである[83]。

> 小作籾の受検は各地とも相当の数量に上り漸次増加の傾向さへある。これは地主の要求よりも寧ろ小作人の希望に依ると見るべきで，彼等が進んで受検を望む理由は，一，多数の地主は従来の慣習により多くの口桝を要求するに反し，籾検査では僅少の口桝を以て足り非常に軽減される。二，乾燥調製等も地主に依り過度の要求をなし，之に応ぜざれば解約さるゝ如き虞さへあるが，受検籾を納入すればかゝる要求を持込まるゝ余地なく小作人に有利であるからであった

これにより，地主の小作人に対する収奪がどれほど厳しかったか，その一面が知られる。そして小作人側が，籾検査を利用して地主に対抗する側面があったことが認められる。

第5節　生産過程，流通過程の変化

籾検査は，米穀の生産過程，取引過程に多大の影響を及ぼした。

まずは生産現場である。

「施政以来25年籾の乾燥には多分の努力をしたが容易に改善されなかった。しかし籾の搬出検査実施で一変した」とする穀物検査所の報告書がある[84]。「籾検査と同時に黄海道では稲を刈ると十字に組んで乾すことがあの大

---

81)　『朝鮮農政の課題』同上，203頁。
82)　「穀物検査事業の進展と籾検査の使命」『菱ク穀物協会会報』第67号（1938年1月），3頁。
83)　『朝鮮米の研究』前掲，353頁，「籾検査に就て」前掲。
84)　『鮮米情報』1935年12月3日。

平野全面に行はれ，忠南北の枕乾も愈々普遍し忠南北，慶尚南北の畦畔乾もその指導奨励と共に面目を一新してきた」と，稲乾燥の様子が伝えられている。従来，各種訓示はおろか道令によってまで奨励に努め，かつ成果をあげえなかった農耕現場での稲乾燥について，籾検査以後は，各道当局の指導奨励が効果をもたらしたのである。

　つぎは，流通過程の変化である。

　まず，取引形態に変化を及ぼした。

　それまで籾の売買は規格化が進んでいなかった。品種，米質，乾燥，調製，包装などがばらばらだった。籾の仲買人，買収員が実物を点検して，みずから判断して取引価格を決めていたのである。検査実施後，籾は1, 2, 3等に規格化され，1等と2等の価格の格差は各支所を平均して9厘であり，2等と3等間の格差は1厘1毛となった。各支所ごとに各品種別の各等級価格はほぼ一定して，取引上便利となり，安心して取引できるようになった。朝鮮取引所において籾の上場が視野に入るのも，籾の品質・基準価格が一定してきたためである。法律上の概念を借用して語れば，ここにおいて籾は，はじめて（不動産や芸術品のような）「特定商品」から（砂糖や鉄のような）「種類商品」に転化したのである。

　精米業が発達していた仁川・鎮南浦支所の籾検査と玄白米検査量の相関関係を表5-6からみてみよう。他の支所に比較して籾検査量が高いことがわかる。開港場または大都会の大精米工場が全部検査籾を使用することになったのは，取引商品の規格が担保されたからである。

　大精米工場にとって，受検籾は次のような利点があった。整理してあげておく。

　　一　品質，乾燥調製等が向上した。
　　二　等級が決定し精米原料として購入しやすくなった。
　　三　それまで開港場の大精米工場は籾の乾燥に日数と経費とを要していたが，これが軽減される。
　　四，籾買出の不安が解消し，中間商人・不正商人に乗ぜられることが無くなった。

表5-6　支所別籾玄白米検査高比較（単：石，％）

	籾	玄・白米	比　率
仁　　川	824,090	799,170	103
群　　山	650,169	1,036,634	63
木　　浦	468,928	761,452	62
釜　　山	742,957	1,282,940	58
鎮南浦	892,957	767,034	116
元　　山	68,441	92,981	74
合　　計	3,647,093	4,780,149	76

出典：朝鮮穀物協会連合会『朝鮮穀物協会連合会報』第25号（1937年4月），32頁より作成。
備考：1936年10月から1937年3月現在の検査高である。

　また，市場に新しい現象が起きた。籾価格が玄米に比して割高となったのである。
　従来籾の価格は商人の独断的評価に委ねられてきたから，農場等のような有力な売り手を除いては，籾は常に玄米に比していちじるしく格安に取引されていた。特に，例年出盛期に籾は安く買われていた。籾検査の実施により籾は値上りし，その上昇率は玄米の3倍以上に及んだこと表5-7から読みとれる。それは籾検査以後のいくつかの状況が重なっての出来事であったとみられる。つぎは菱ヶ協会の分析である[85]。
　　一，籾検査の実施と共販とが各所で行はれ共販の入札価格は算盤一杯の値を出しこれが地方の公定相場のやうになつて叩いて買へなくなつたこと
　　二，地方に籾摺工場の増加或は農村に移動籾摺機械の普及等が原因して籾が安ければ玄米にして売出すやうになつた　即ち農村が玄米との換算相場に明敏になつて来たこと
　つぎに共同販売の活発化によって，農民にとって籾の新しい販売体系が生まれたということがある。「農民 →（仲買人）地方米穀商 → 精米所，輸移出米穀商」という図式が「農民 → 産業団体 → 精米所，輸移出米穀商」という体系に変化したのである。共同販売の増加の要因，実態については，農民経

---

85)『菱ヶ穀物協会会報』第45号（1936年3月），45〜46頁。

表5-7 玄米と原料籾の価格比較　　　　　　　　（単位：円）

	玄米一石の値段			玄米一石の原料籾350斤の値段			価格上昇の差 (B-A)
	前年	本年	差額 (A)	前年	本年	前年との差額 (B)	
1935年11月	28.130	28.560	0.430	25.795	28.280	2.565	2.14
1935年12月	28.030	28.800	0.770	25.830	28.630	2.800	2.03
1936年1月	27.860	29.310	1.450	26.385	29.421	3.146	1.69
平均	28.000	28.890	0.890	25.970	28.770	2.800	1.91

出典：『朝鮮』第252号（1936年5月），69-70頁より作成。

営の変化を農民的契機を重視して分析する必要がある。

また籾検査の実施によって精米業にも変化が起きた。

まず，大規模の精米工場の経営方式の転換である。原料籾の品質の向上によってみずからのかかわる工程が減少し，石当りの利潤が少なくなった。その結果従来の利益を維持するためには，加工量を増大させなければならなかった。朝鮮精米株式会社の設立は，そういう状況へのいち早い対応であった。

もう一つの変化は，籾検査によって精米工場の数が増加したことである。穀物協会の調査によると，1934年の1057工場が1935年には1202工場へと，1年間で145工場が増えたという[86]。特定の道，具体的には全羅北道，忠清南道等で増えたようである。それは，籾価格が玄米市価より割高となったことからくるもので，籾摺業を衰退に追い込み，精米業に転業するものも多かった。

また，移動式籾摺機が農村に普及した。農村の消費米のための摺上げも含めて，生産地で加工を行う端緒になったのである[87]。

---

86) 朝鮮穀物協会『朝鮮穀物協会連合会会報』第13号（1936年4月），57頁。
87) 農村の聞き取りによれば，十分多く普及していたようである。

第6節　精米業の変容

第1項　概　　観

　1930年代後半期，精米業の業態が変化を示し始める。それは以下のような米穀をめぐる内外の状況の変化に促されてのものであった。
　一，朝鮮での籾検査の実施（1935年）に伴う原料籾の購入経路の変化及び籾の品質向上による利潤減少。
　二，1936年大阪穀物商組合の鮮白ボイコット騒動を象徴とする，日本での販売問題。
　三，米穀自治管理法の実施（1936年5月28日施行，1942年食糧管理法の施行に伴い廃止）による危機意識。
この3点である。
　米穀自治管理法は，日本，朝鮮，台湾を通じて米穀の供給が過剰な場合，その過剰米を統制するため，日本，朝鮮，台湾における米穀の自治管理を行うことを目的として成立した。それは政府の米穀需給推算の結果，米穀の供給過剰が予想される場合，地主生産者により構成される米穀統制組合あるいは代行する民間団体に対して過剰米の範囲内で一定数量を割当し強制的に貯蔵させることを目的とした。
　「精米業者は思惑にその方途なく往時の黄金の夢所は一朝にしてケシ飛ばされ，業界は一大不振に陥るものとみられていることにおいて勢い統制組合所属の精米所が地方的に出現し郡単位に精米所が設置される模様で，正に精米業者脅威時代を現出せんとしている」なる一文は，彼らが同法の施行によって米価が調節されるものと認識して[88]，危機意識に駆られていたことを示している。
　大阪における鮮白米不売決議とその影響，籾検査の実施による原料高と，

---

88) 『大邱民報』1936年11月25日。

経営不振がつづくなか，開港地の精白業界は「一大警鐘が打鳴らされたもので，これを機会に斯業界内の機構，販売方法等に再検討が加えられる機運を促進」[89] すべきであると理解したのであった。精米業者は組織化及び資本の合同化，経営の多角化等をはかって積極的に対応していくが，時期から見て，大阪での鮮米ボイコットの衝撃がいかに大きかったかが知られる。

第2項　組　織　化

精米業者の組織化の動きがみられる。「業界の革新」を先頭に立って叫んでいた丸仁協会（仁川）が主導して，移出白米工業組合連合会が1936年9月に創立された。連合会は，原料の購入及び生産品の販売の統制に合意し，これを強化するために朝鮮工業組合令制定促進運動を進めることになる。設立要項を示しておく[90]。

　一，全鮮に亘り移出白米を製造する工場主を組合員とし組合を組織す
　一，組合は全鮮を六区域に分ち穀物検査支所管轄毎に一組合を設け其統一を図る為中央に連合会を置く
　　　連合会は各組合の事業に対し其連絡協調を図る為適当の機関を備ふ
　一，組合設立の根拠を為す法令は工業組合令の急施を当局に要望して之れによる

第3項　資本の合同化

1936年，京城の朝鮮精米会社，仁川の加藤精米所，有馬精米所は，合同で資本金500万円（現物出資400万円，現金出資100万円）で「朝鮮精米株式会社」を設立する。これら3社はいずれも名だたる大会社である。本社を京城におき，釜山，群山，仁川，鎮南浦，海州各支店で従来とおり作業をつづけた。実は朝鮮精米設立のねらいは資本金千万円規模の全朝鮮精米業者の大合同であり，他の精米所の参加を次のようなスローガンの下に呼びかけてい

---

89)　『鮮米情報』1936年6月30日。
90)　『菱ク穀物協会会報』第51号（1936年9月），13頁。

た[91]。

一，鮮内精米業者の不況打開に努め合理的経営に依って切抜けると共に全鮮の白米品質統一とマークの一定化を行ふ。
二，内地の米穀業者と親睦協調をはかり鮮白米に対する内地側の認識不足を是正すること。
三，内地の白米小売業者と連絡を緊密化し過般の鮮白米不買決議の如きことのなきやう最善を尽す。

しかし，大手三社の合同は，すでにして朝鮮精白米の60％以上を生産することになり，「一大トラストで群小精米業者に一大脅威を与へる」とも見られていた。

一方，中小の精米工場でも合併が進められている。

たとえば慶尚北道の清道に「山三李水喜精米所，丸共李仁基精米所十一年十月三日合併して三共物産株式会社を資本四十万円払込十万円」[92]で組織し，慶尚北道の永川，尚州，金泉，倭館等で「奥地精米業の合同着々実現，全鮮的に拡大の傾向」である[93]，と，官庁文書に記載され，あるいは新聞紙上に報じられている。籾検査以降，「籾値の堅持と内地方面の買付不振により各精米業者は殆ど採算難に陥り僅に人夫賃其の他の中間経費軽減を目標に操業を為して居る状態にあるが最近之等中小精米業者間に之が打開策として合同論が台頭」し，全羅北道の長項，熊川，大川，金堤でも「散在割拠した精米業者間の合同傾向が顕著になりつつある」[94]とも伝えられる。

第4項　経営の多角化

精米業は化学工業技術を導入して，経営の多角化をはかっていく。これは上述の企業合同の動きとも関連することで，大資本をもってはじめて可能なことであった。精米だけでなく，糠油あるいは薬品製造，籾殻の化学的処理

91）『鮮米情報』1936年9月15日。
92）『昭和十二年一月以降平所長報告朝鮮ニ於ケル米穀関係綴』。
93）『釜山日報』1938年5月11日。
94）『鮮米情報』1936年11月24日。

など，副産物を利用した多角経営に乗り出したのである。

そのなかで，注目されるのは，糠油である。

米糠は主に飼料や肥料に，特に精米業者の糠は肥料として使用されてきた。しかし糠には油が約20％含まれていて，肥料として使うときは農民は余程工夫しなければならなかった。糠油が搾れるようになってからは，糠油粕は肥料としての価値を高め，糠油はまた朝鮮で搾ったものは酸化が少ない優良品として日本産のものより高価に販売された。

朝鮮の白米工業は籾からすぐ白米とする工程をとり，かつ大工場である点で，日本の糠油とは基礎的な生産条件が異なっていた。加えて，日本消費市場での混砂米の禁止，胚芽米の奨励等により，無砂米の需要が拡大したが，このことは朝鮮の製油にさらに追い風となった。混砂糠からは8％〜10％の油を生産したが，無砂糠からは13％〜15％の搾油が可能であったのである。

米糠油は酸価の大小により値段が違う。酸価30程度で27.5斤入1缶当り5円位であった。取引では酸価が1増すごとに2，3銭ずつ減額した。朝鮮の糠油は酸価が小さく，冬は酸価5〜10，夏は酸価1〜2位であった。これは日本内地の糠油の酸価30〜50より20以上も低い。したがって1缶当り40〜60銭以上高く売れたのである。米糠は精米機から出たその瞬間から酸化がはじまるので，搾油までの時間が長い程，また温度湿度が高い程，酸化が進行する。朝鮮では大精米工場に付属の搾油工場があって，大量に精米し，できた糠はただちに搾油工場に廻して搾油するから酸価程度が低く品質がよい。これに対して日本内地では，大精米工場がほとんどなく，各精米工場より糠を集めて製油したから，とても朝鮮の油とは対抗できなかったのである。

1938年現在，仁川，群山，釜山，鎮南浦に各二ヶ所，金堤，長項，江景，京城，海州，新義州，元山に各一ヶ所，合計15ヶ所の糠油工場が精米工場に併設された。1937年の生産高は約20万缶で，売上は100万円に達した[95]。仁川の某精米所の糠油による収支調査がある。それによると，純利益が白米1石につき約20銭であった。各地の調査によると最小12銭，最大48銭の利潤をあげている。製油は有利な事業であり，「精米工業の利潤源泉

---

95) 『朝鮮米の研究』前掲，299〜300頁。

は精米よりもこの化学部内の方が漸次その主要地位を占めんとしており今や精米工業は化学工業への推移を示す」。それは，また「糠油を搾るやうになってからは俄然白米の移出が多くな」る現象を生み出す[96]。

　こうした30年代の米穀をめぐる内外的状況に対応するなかでの構造的な再編成は，精米業が戦時体制期に生き延びる基盤になったのである。

---

96) 張英哲「朝鮮米の生産改良及取引改善の転換期（二）」『朝鮮農会報』第14巻第12号（1940年12月），42頁。

第 6 章

戦時体制と米穀政策の崩壊
(1939〜1945)

1937年7月7日の盧溝橋事件後，17日に蒋介石は日本に対する決死の抵抗を宣言する。それによって日本の侵略は新たな画期を迎え，日本軍は国共合作なった中国軍に苦戦を強いられることになる。1938年，国家総動員法が公布されるが，この時期大陸では，日本陸軍は武漢攻略のために消耗し尽くしていた。翌39年7月には国民徴用令が公布されているが，この時日本陸軍はノモンハンでソ蒙連合軍と必死の戦いを繰り広げていた。会戦ごとに国内体制を整備しなければならないほど，大日本帝国の経済基盤は脆弱だった。そして同年9月にはヨーロッパで世界大戦がはじまっている。

　そのような情勢に規定されて，最初は朝鮮半島の旱魃被害に対応した応急措置のつもりであった農業統制は，農政当事者の思惑を超えて，戦時色に染まって行かざるをえなかった。次第に個人取引は禁止され，流通機構の統制システムがつくられていく。朝鮮総督府が強制出荷，強制買入の権限をもって統制していったのである。

　米穀検査制度もまた，米穀統制政策に見合ったものとして展開されていくことになる。それ故に当該期の検査制度の展開を検討するにあたっては，食糧統制政策の変遷を考察する必要がある。

　戦時期の米穀政策は，米の価格と流通を，国家が全面的・直接的に管理を強化していく過程として展開した。この過程は，公定価格制度，輸移出入管理，流通機構管理が軸となっている。すべての米を政府の管理下に特定のルート・方法に従って流通させるために，生産者に対しては集荷規制（供出），消費者に対しては消費規制（配給），流通担当者に対しては流通規制が実施されていく。

　このような政策のもと，朝鮮米の移出は，移出米穀商と移入米穀商との間の取引ではなく，朝鮮総督府と日本政府の間の取り決め事項となり，受け入れる場は自由市場ではなく，流通統制機構となった。

　統制強化の過程で，前時期までの検査制度は，この時期大きな変化にさら

される。その結果，米穀検査制度そのものが崩壊の道をたどることになる。

　前時期までの米穀商品化過程で重要な位置にあった米穀商，精米業者などは，この事態にどのように対応していくのか。それは検査制度の変化とどうかかわるのか。これらも戦時統制下の米穀政策上の重要な検討課題である。

　いま一つ注目したいのは，食糧の「増産」と「供出」である。「増産」と「供出」は戦時下農民の「二大使命」とされたが，「増産→供出」という図式は，米穀検査制度を梃子にした「米穀商品化の拡大→農民の窮乏化」という，前段階にみられた構図と，植民地収奪の手段として対応する。

　農業労働力が不足し，「厭農思想」が拡がるなかで，「増産」のための品種政策はいかなるものでありえたか，これまた興味深い課題である。

　食糧統制の強化過程は以下の三期に分けられる。
　第1期：1939〜40年　戦時食糧政策成立期。
　　　　　　　　　　　この期に玄米検査が弱化していく。
　第2期：1940〜43年　「増米6ヶ年計画」の実施から朝鮮食糧管理令の公布まで。
　　　　　　　　　　　この期に検査制度は銘柄，等級を簡略化していく。
　第3期：1943年〜　　食糧管理令施行以降

　以上のような時期区分によりつつ，しかもなお，本稿では逐年的な考察を行っていかざるをえない。日本資本主義の脆弱性は，いささかなりとも長期的な「政策」を維持できず，緊急避難的に食糧対策を実施し，さらにその欠陥を補うべく翌年にこれを改訂する，という「不手際」を繰り返さざるをえなかったからである。

　農政が崩壊するところ全統治も崩壊する。

第1節　戦時食糧政策の成立と玄米検査の弱化 (1939〜1940)

第1項　旱害対策と輸移出米の統制

　1939年，朝鮮の穀倉地帯は旱魃に襲われた。朝鮮米の移出途絶は，日本

本土の米穀市場の需給逼迫をもたらした。それまでの「米穀自治管理法」などにみられる米穀生産過剰の中期的基礎認識は，不足基調に変容を迫られた。具体的にいえば，国の食糧政策は，個別的米価政策から総合的食糧政策へと，急速に性格を変えていった。

　旱害対策を実施するなかで，真っ先に統制されたのが，輸移入・輸移出米であった。従来の輸移出入米穀市場はなくなり，米の輸移出入はすべて政府の手で行われることとなった。輸移出入米の数量，価格，形態を日本政府と朝鮮総督府が日本国内の需給状況と朝鮮内の需給状況，さらに満洲粟の需給に照らして毎年取り決めることになる。すなわち朝鮮へ満洲粟が，日本へ朝鮮米が，そして満洲へは日本の工業製品が，という三角バーター制が構想されたのである。その際，一貫して日本の食糧需給状況を優先指標として数量が決定された。

　1939年7月初旬から，朝鮮半島の旱魃を見越した米穀の売り惜しみ，買い占めが広がっている。米価は急騰した。総督府は各道宛に通牒を発し，各道は実情に即して対応策を講じた。殖産局に報告された各道の対策は，最高標準価格の設定，自家消費米以上の保有数量の報告，大地主・商人に対する市場売捌きの勧奨，小売業者組合を組織しての騰貴防止の価格協定，思惑取引への融資を停止させる金融業者への指導，貨車配給の円滑化などであった（表6-1参照）[1]。

　しかし，これらの対策にもかかわらず，闇取引が横行し，米価はさらに急騰する。7月29日，総督府は，1）取引所の籾の上場承認，2）籾と玄米の最高価格の暫時設定，3）農場地主等の所蔵籾の出荷慫慂，4）代用食糧の

表6-1　玄白米検査高推移

年度	1937	1938	1939	1940	1941	1942
玄米検査高	10,025,174	15,811,526	9,980,634	698,567	2,033,125	2,221,787
白米検査高	15,963,127	21215343	18,641,365	7,938,692	25,119,890	32,027,652

出典：朝鮮総督府穀物検査所『検査統計』1941年度，『朝鮮総督府穀物検査所月報』通巻第111号（1942年12月）。
備考：玄米の単位は叺，白米の単位は個である。

1）『朝鮮農会報』第13巻第9号（1939年9月），89〜90頁。

確保，5）雑穀価格の適正化，6）朝鮮内消費米の搗精程度の低下，7）代用食及び混食の奨励，の7項目にわたる米穀・米価対策を立てた。そして8月20日には籾及び白米の公定小売価格を主要都市で発表した。しかしこのときの「最高価格」は実情にあわず，無統制無秩序に等しい状況であったという[2]。

価格統制だけでは効果がなかった以上，当局は出荷統制，消費統制，流通統制に踏み込まざるをえなかった。

この年まず実施されたのは消費規制であった[3]。節米運動などによって輸移出余力の確保をはかったのである[4]。つぎに行われたのは搗精過程に対する規制であり，総督府は10月4日，「白米取締規則」を公布し[5]，特殊な用途に充てるもの以外は全部胚芽米または七分搗以下にして，無砂米のみが販売されることになった。

こうして総督府は，集荷規制を含め，食糧に対する国家的統制を強める法案の準備に取りかかった。次項にその経緯を述べる。

第2項　朝鮮米穀配給調整令の発布

米穀配給統制法に基づき，日本本土では，1939年7月，国策会社である米穀市場会社が設立された。朝鮮でもこれに呼応し，朝鮮米穀市場株式会社が制令第15号（9月22日公布）によって設立された。この会社の払込資本500万円は，総督府と民間の共同出資による。事業は朝鮮内における米穀市場の経営，それに付帯する事業，その他会社の目的達成上必要な事業であり，雑穀の取扱も含まれていた。

しかし朝鮮米穀市場株式会社の設立のみでは米穀市場の逼迫に対応しきれず，同年末には「朝鮮米穀配給調整令」が発布されている。この制令は日本本土における「臨時米穀配給統制規則」（1940年8月）と「米穀管理規則」（1940年10月）を先取りするものであった。さらに「米穀配給統制ニ関スル

---

2)　岩田龍雄・金子永徹「戦時下朝鮮に於ける米穀政策の展開」（上）『殖銀調査月報』第64号（1943年），9頁。
3)　『釜山日報』1939年9月26日。
4)　『釜山日報』1939年8月12日。
5)　『朝鮮農会報』第13巻第11号（1939年11月），106頁。

件」なる通牒によって米穀配給機構の改編・円滑化をはかり，価格の適正化を推し進めようとした。これによって総督府は，統制米として250万石を買い上げ，150万石を日本へ移出し，その代わりに満洲及び日本から雑穀300万石を朝鮮に移入することを決定した。先に述べた日本・朝鮮・満洲の三角バーター制である。しかし実際といえば，日本本土での雑穀の価格は朝鮮のそれよりはるかに高いこと等の原因から，この施策は円滑に機能しなかった[6]。

朝鮮ではすでに籾の供出がこの年からはじまっていた。供出は主に「第一次買付は小地主を中心に買付させ，大地主の方は数量を調査して各道で押えさせてあり」[7]という新聞記事からも読みとれるように，第2回買付も地主を中心に行われたことは容易に推測される。籾価が割安であることから，地主層は「政府買上忌避を目的として精白貯蔵をなす傾向が濃厚」であったようで，順調に買付が進んだわけではない。そのため，はじめは出荷奨励の形態をとったが，買付に応じない者に対して出荷命令を発することになった[8]。

第3項　米穀検査の弱化

この時期，これまで厳格化の一途をたどってきた米穀検査に変化が現れている。

変化の第一は，検査量に現れている。籾検査は前年度受検量の約48％，玄米検査は前年度の6.9％，白米検査は同60％にとどまった。旱害によって収穫量が前年度生産高の59.4％であったという事実に照らしても，玄米検査量が格段に減ったことがわかる（表6-2参照）。

その原因は，朝鮮総督府と日本本国農林省の間で，白米形態での移出が協定されたところにある[9]。農林省側は長期の貯蔵に堪えられまた割安である玄米の移入を要望し，総督府側は白米での移出を主張するという意見対立があったが，朝鮮側の主張が容れられたのである。この意見対立は，当時，日

---

6) 『京城日報』1939年12月13日。
7) 『京城日報』1940年2月29日。
8) 朝鮮金融組合連合会『調査彙報』第9号（1940年5月），50頁。
9) 『調査彙報』第7号（1940年1月），49～50頁。

表6-2 各道の旱害対策

京畿道	1) 京城府内に於ける最高標準価格（一等白米一瓩二十八銭五厘，籾一斤十一銭四厘）決定実施中　2) 韓白米に就いては合理的価格の自主統制を為さしむる方針の下に組合を組織中
忠清北道	1) 自家消費量以上の所有籾，玄，白米は之を販売の用に供するものと認め暴利取締令に依り所有数量の報告を徴すること。2) 右所有数量は所轄郡内の消費に充つることとし若し郡外搬出の際は所轄警察署長の承認を受けしむることとし請書を徴し之が実行を確保すること。3) 価格に付ては土地の実情を考慮し協定すべきも大体に於て最高一斗三円八十五銭程度とす
忠清南道	1) 道内に於て百石以上の米穀所持者（処分能力ある者）百九十四名を道庁に招集米価昂騰抑制に関する協議会（七月二十五日）を開催す
全羅北道	1) 七月一日米穀現在高調査より推定し出廻期迄の需要を満すときは余裕なきに至るを以て目下道外搬出を制限すべきや否やに付考究中
全羅南道	1) 大地主，商人等の貯蔵籾及玄米の適当なる価格に依る市場売捌を勧奨する様府尹，郡守，警察署長宛通牒す。2) 府尹，郡守，警察署長斡旋の下に府郡島各地方毎に白米の小売自粛協定価格を決定す。3) 米穀調整打合会を開催し米穀金融，貯蔵米市場売捌等に関し打合協議を為す。
慶尚北道	1) 大邱に於ては精米，白米小売各業者の組合を結成せしめ一応七月十一日の価格（白米小売価格十四瓩三円九十銭）以上に騰貴せしめざる様協定す　2) 道内各郡に於いては右価格に準ぜしむると共に警察署長に於て関係方面と連絡し地主商人等の手持米の市場売捌を慫慂せしむ。
慶尚南道	1) 七月十五日釜山一等白米一升四十銭を最高とし之を基準値として各地の米価を協定せしむ。2) 貯蔵米に対しては月割を以て売却せしむ。3) 金融業者に対しては思惑的のものに対し金融停止方を懇談す。
黄海道	1) 府尹，郡守，警察署長に対し不取敢米価急騰抑止方通牒を発し対策別途考慮中。
平安南道	1) 農業倉庫籾倉庫の慶尚者たる農会をして保管期間の更新及新たなる受託を中止せしめ一方在庫米を半強制的に共販出庫せしむる様寄託者に勧奨せしむ。2) 貨車配給を円滑ならしむる様当局に交渉せしむ。
平安北道	1) 当分の間大口籾所有者に対し市販を極力勧奨し売惜買占行為の絶無を期し側面的に米価の平常化を図ることとす。
江原道	1) 全鮮的に統制実施すべき強力なる根本的具体策の決定を俟って積極的に措置を講すべく不取敢郡守，警察署長に対し米価急騰抑止方通牒す
咸鏡南道	1) 白米其の他雑穀の価格を六月一日現在価格に引下げしむる方針なるも他道との権衡もあり考慮中。
咸鏡北道	1) 一応清津，城津，吉州に於ける米価協定を為すことに決定。

出典：『朝鮮農会報』第13巻第9号（1939年9月），89-90頁。

本産玄米と朝鮮産玄米とでは朝鮮産玄米の方が廉価であり，したがって日本本国側では玄米移入が有利であり，他方白米の公定小売価格は朝鮮米・内地米の区別をしていないので，白米にして移出した方が朝鮮にとっては有利であるというところにあった。総督府が本国農林省を押し切ったのである。

　米価の公定化のもとで玄米検査が格段に減った事実は，植民地検査制度の本来の目的が薄れていったことを象徴的に物語っている。白米検査はすでに述べたように，搗精度を94％に引き下げていた。

　変化の第二は，消費規制の一環として，市販米が7分搗になっているか，搗粉使用禁止が守られているかについての検査が，はじめて京城(ソウル)・釜山・仁川・群山・大邱・平壌などの大都市を中心に実施されたことである[10]。また，1940年5月，穀物検査所の一部職員に経済警察事務が嘱託された[11]。消費規制の取締を強化したのである。この措置もやはり，戦時期検査制度への突入を表している。

第2節　増米6ヶ年計画から朝鮮食糧管理令まで（1941〜1943）

第1項　増米6ヶ年計画

　前節で述べてきた統制策とともに，増産計画が立てられる。

　1934年に着手された「産米増殖計画」は，米穀生産の過剰基調のなかで米の価格調節政策が導入されることによって中止されていたが，5年足らずののち，再び実施されることになったのである。朝鮮総督府は，「帝国の食糧供給基地たる重大使命を負荷された朝鮮として，且亦現下食糧問題の緊迫性に鑑み」，農林省・拓務省と打合わせて，1940年度から「増米6ヶ年計画」を実施することを決定した。

---

10)　『穀監』第46号（1940年1月7日）。
11)　『調査彙報』第12号（1940年6月），26頁。

第6章　戦時体制と米穀政策の崩壊　257

増米計画は二本立てとなっていた。その第一は耕種法の改善であり[12]，第二は土地改良事業であった[13]。

6ヶ年計画の初年度である1940年の予算内訳は，耕種法の改善に288万円，土地改良関係に428万円が充てられた。

計画総体として，6ヶ年計画の完成年次である1945年には，増産総額は，耕種法の改善により得られる数量が463万石，土地改良事業により得られる数量が120万石，あわせて583万石とされた。

計画は「農村振興会及之に準ずる団体並水利組合農場等」を実行単位とすると設定されていたようであるが，「耕種法改善計画」の実態を明らかにする資料は見つかっていない。前時期の耕種法の改善とは相当異なるものだったのではなかったかと思われる。たとえば，増米6ヶ年計画では，販売肥料を統制し，自給肥料を増大し，少肥栽培法をはかることとされている。また「多収系優良品種の育成」については，前時期の計画を引き継いでいるようにみえるが，言葉は同じでも「優良」の意味が異なっていて，30年代初期の農事試験場南鮮支場での育種事業（新品種の育成）（第4章第4節第2項参照）とは対照的に，今回は「西北地域の早稲地帯の新品種育成」が語られている。

増産計画は耕種法の改善に重点を置いた「消極的具体的増収方法」で，土地改良によって積極的に増産をはかることの比重は，この時点では意識的に軽くされていたといわれる[14]。このことについてはつぎに述べる。

耕種法改善計画

　一，（略）

　二，（略）

　三，耕種法の改善施設

　　イ，地帯別耕種法の樹立励行

　　ロ，健苗育成のため共同又は集合苗代の設置奨励

　　ハ，水稲採種畓の経営ならびに種子更新の確立

　四，多収系優良品種の育成ならびに暗渠排水調査研究

　　イ，西北鮮早稲地帯に本府農事試験場直営の新品種育成機関を設置し急速に

---

12)　『調査彙報』第8号（1940年3月），1～2頁。
13)　同上，63頁。
14)　同上，62頁。

　　　　同地方に好適する多収優良品種を育成しこれが普及をはかること
　　　ロ，南鮮において地下水位高く土壌の理化学的性質を悪化し増収困難なる地
　　　　帯に対し本府農事試験場南鮮支場をして暗渠排水の経済的施行方法および
　　　　耕法を研究せしめこれ等地帯の稲作改善に努めしむること
　　五，販売肥料配給の適正ならびに合理的施用方法の徹底
　　六，地力維持増進のため深耕および秋耕の実施ならびに自給肥料の増産増施奨
　　　励
　　七，労力ならびに灌漑水の配給調整の確定
　　八，適期作業の励行奨励
　　九，部落共同作業実施の奨励
　　十，米穀増産品評会の開催
　　土，地主の協力

　増米6ヶ年計画の実施により，往年の産米増殖計画の一部が復活することになったが，しかしつぎの点で多少の差異があった。すなわち往時の産米増殖計画においては，灌漑改善事業のほか，開墾，地目変換等，面積の積極的拡張がはかられたが，今回の計画にあっては急速な増産の効果をあげるとともに，資材特に鋼材の節約を期し，またさらに半島の旱害対策としての見地より，主として既成畓の灌漑改善に重点を置いており，新規開畓は灌漑改善と同時に実施することを有利とするものに限り，また従来の実績に鑑みて耕地整理及び暗渠排水をも実施して耕種法の進歩に対応することになっている。

第2項　1941米穀年度食糧対策

第1　国家統制の本格化

　1940年11月（昭和16米穀年度）になると，国民食糧の需給調整，国民生活の安定，軍需の充足をはかるという三大目標が立てられ，「国家統制」による米穀統制対策が本格的に実施される。

　この年，日本本土が旱魃，病虫害のため大幅な減収が見込まれたため，特に朝鮮米の日本移出量は，「最大限度責任移出」という政治的取り決めがなされて，日本の希望数量に近い470万石を移出できるものと，10月段階で

第 6 章 戦時体制と米穀政策の崩壊

想定されていた[15]。

こうした状況から，1940 年 10 月 14 日，米穀集荷の国家統制の強化をはかるとともに，朝鮮における消費規制を一段と強化した「昭和 16 年米穀年度食糧対策」が発表された。

それは以下の 9 項目からなっていた[16]。

　　第一，出荷統制
　　第二，蒐　荷
　　第三，配　給
　　第四，輸移出入
　　第五，道配給組合の強化拡充
　　第六，監督及び助成
　　第七，資金の斡旋
　　第八，価格操作
　　第九，消費規制

以上に基づき，各道は，米穀配給統制規則を制定している。のちに紹介する「全羅北道米穀配給統制規則」（11 月 11 日発布）はその一例である。これによって，生産者の出荷統制，販売先の統制，道外搬出の禁止などがより厳しく実施されたのである。

「昭和 16 年米穀年度食糧対策」の眼目は，なんといっても蒐荷，すなわち供出＝供権的収奪にある。そこには「道は……国民精神総動員部落連盟を単位として供出必行会を組織し，総協和精神に則り自発的に供出をなすこと」（蒐荷）といった表現があるが，この文章の主語は道である。総督府との間の矛盾・対立・苦衷が読みとれもする。

この間の供出の状況に関しては，予定とおりの供出実績をあげたこと，総督府管理米を優先的に供出したことなどがあげられているが，それは朝鮮で「無制限供出」が行われ，日本本土の需給状況によっては，朝鮮における一人当り消費量を切り下げてでも追加供出を迫るということもあってのこと

---

15) 同上，75 頁。
16) 同上，73 〜 75 頁。

だった[17]。

　これに対抗して，農家では，あらゆる方法で供出の忌避がはかられた。たとえば移動式発動機及び精米機を有する地方賃摺業者に依頼し，籾をそのまま精米機に投入して数回反復搗精する。できてくるのは完全な精白米に近く，市場の需要には合致する。しかし，籾摺を省略する結果，それまで食糧あるいは飼料に用いられていた糠等が，籾殻とともに粉砕され，廃棄されることになった。これは，節米の趣旨に悖ることになる。また，厭農的気運が高じたりもした[18]。

　そのような機運のなかで，総督府は家宅捜索など強圧的な方法で供出米を確保していったのである。

第2　統制と調整

　総督府は，年初に全朝鮮均等の一人当り消費量を決定し，これを各道の人口数に乗じて道別消費高を決定し，各道の生産量と睨み合わせて，米穀の過剰道と不足道を析出した。そして過剰道の過剰米は総督府の指揮により不足道への供給，移出及び特殊需要（そのほとんどは軍隊用であった）に向けられた。同様に，各道内においては，過剰郡と不足する府，郡，島が析出されて，それらの間に移動が行われる。これは道内操作米と称されて，その運用は道の自由裁量に委ねられた。これについては総督府は干渉しなかった。

　つまり統制米には，総督府統制米（輸移出，軍用，道間操作米）と道統制米（道内操作米）とがあったのである。

　総督府統制米の総数量は，各道の予想収穫量から予想消費量と翌年度繰り越し予想量を引いた数量の634万9,000石であった[19]。そのうち160万石は不足道向けの道間統制米であり，466万石は輸移出米として計画されていた。

　この年の過剰道は忠清南道・全羅北道・全羅南道・慶尚北道・慶尚南道・黄海道・平安北道の7ヶ道で，不足道は京畿道・江原道・咸鏡南道・咸鏡北道の4ヶ道であって，それぞれに供給地及び需給地が原則1個所指定されて

---

17)　全国経済調査機関連合会朝鮮支部編『朝鮮経済年報』1941・42年版，259頁，大蔵省管理局『日本人の海外活動に関する歴史的調査』朝鮮篇，第9分冊，1946年，52頁。
18)　「食糧事情ヲ繞ル管内治安情況報告」光州（全羅南道）「経済治安日報綴」。
19)　「昭和16年度追加予算関係書類」政務総監用『大野禄一郎文書』1181。

いた[20]。平安南道・忠清北道は需給等しいことになる。

供出量を，総督府が過剰道に，道が郡に，郡が面に割当てるという方策は，最後まで一貫していた。

米穀の「蒐荷糧穀の買付は道糧穀配給組合（以下道配給組合と称す）をして一元的に之を行はしむること」（昭和16年米穀年度食糧対策第二）とされていたが，現実には道配の機構が完備されなかったため，供出を命令された道では，農会・産業組合が現物を引き取り，金融組合が代金支払に当たった。米穀供出の実績を上げるために，「供出を命ぜられたる数量の供出が終了する迄は道内における自由取引を禁止すること」（同第三）を道は総督府から命じられた。

生産者の出荷，販売先，道外搬出などにさらに統制が加えられた道もある。以下は穀倉全羅北道での「米穀配給統制規則」中の規制である[21]。

　　第一条　米穀生産者又は土地に付権利を有する者にして米穀を小作料として受くる者（以下単に米穀生産者と称す）は其の生産し又は小作料として受けたる米穀を種子用及当該米穀生産府邑面に於て直接自家消費に充つる者に対し譲渡す場合を除くの他道知事の指定する者以外の者に販売，交換其の他何等の名義を以てするを問はず対価を得て之を譲渡することを得ず。但し特別の事情に依り道知事の許可を受けたる場合は此の限に在らず。

　　第二条　米穀生産者が其の生産し又は小作料として受けたる米穀の出荷（小作料納入の為耕作者の出荷する場合を含む）は府尹，郡守の統制に従ひて之を為すべし

　　第三条　道知事の指定する者に非ざれば米穀を道外搬出することを得ず

ところで供出米の代金は，極力農民の手に渡らないように仕組まれていた。もちろん，農民の負債の担保とか先を見越さぬ浪費の防止とか，もっともらしい理屈は付けられてはいたが，以下は水田財務局長発各道知事宛通牒中の「要綱」である[22]。

　　一，共販のものはもとより，その他道配給組合に於いて直接生産者より買取りのものと雖も，売上総額より借入金，借入金利息，肥料代，その他売却代金

---

20)　「昭和十六年度追加予算関係書類」『大野録一郎文書』。
21)　『菱ヶ穀物協会会報』第101号（1940年11月）1～6頁。
22)　『調査彙報』第13号（1941年1月），2頁。

をもって支払はるべき経費を差引き残額の大体5割以上を目途として可及的預金せしむることとし，従来より励行中の天引貯金率を下らないよう貯蓄奨励の強化を図ること

二．各道知事は道配給組合，その他代金の支払取扱い機関において直ちに預金に振り替る措置を講ぜしむること

供出米の対価として支払われた代金は，インフレ防止の名分のもとで，10％を天引かれて強制貯蓄[23]させられた。強制貯蓄率は1941年には13.5％，42年には14％，43年には26.6％にまで引き上げられる。この強制貯蓄に加えて，支払代金からはさらに，肥料代金・組合費・貸付金の返済等が差引かれた。いうまでもなく天引きされた預金は，兵器生産等戦費に回されたのである。

籾価格が低く据え置かれたことに加えて，こうした「天引き」のために，ただでさえ苦しかった農業経営はますます困窮化した。つぎの小作人の供述はそれをよく示している。供述の最後の「農業ノ現状ハ私バカリデナク全部ガ同様ダト思フ。困ツタモノダ。」の嘆息は，小作人のものではなくて，供述録取者たる面長のものであろう[24]。

自分ハ水利組合ノ蒙利区域内地デ良イ畓ヲ八千坪程小作シテ居ル。今年ハ豊作デアルガ籾ノ価格ガ安イ上ニ天引貯金，人夫賃，肥料代，水税等ヲ引去レバ残リハ一文モ無ク借金ガ嵩ムバカリデ困ルカラ，来年ハ小作地ヲ全部返還スル心算ダ。農業ノ現状ハ私バカリデナク全部ガ同様ダト思フ。困ツタモノダ。

第3　供出の実態

供出の実態と成果はいかなるものであったか。

まず，生産者の側の実態から眺めてみたいと思う[25]。

農家は農家で，或いは便所に，煙突下に，畑の中に匿すと云ふ風に，陰惨な空気が地方一帯にみなぎり殺伐な光景が各所に展開し，人心は著しく動揺するに

---

23) 朝鮮金融組合連合会『国民貯蓄造成運動に関する資料』（第5輯），1945年，100頁。
24) 黄海道延白郡石山面○東里，元面長　権春馨「食糧事情ヲ繞ル管内治安状況ニ関スル件」海州，地検秘第734号，「経済治安日報綴」（韓国，国家記録院所蔵）。
25) 大蔵省管理局『日本人の海外活動に関する歴史的調査』通巻第十冊朝鮮篇第9分冊，52頁。

至った。この情況が永く農民の脳裡に深刻な印象を胎し，爾後供出と云へば数量の如何に拘らず絶対に之を排撃する風潮を馴致し，米雑穀の生産の過小申告から隠匿，退蔵，闇取引といった悪風を助長し，遂に厭農又は離農の声をさへ聞くに至り，其後の食糧政策遂行に甚大なる支障を与へ，官庁に対する信頼が逐日薄らぐに至った重大な禍因を造ったのである。

　農家はあらゆる方法で供出を忌避しようとしたのである。供出忌避による自家消費米の確保は，農民の生活の知恵のしぼりどころであった。供出忌避の原因は基本的には低価格にあるが，日本本土とは異なる供出のやり方にも多くの問題があった。「内地ハ米穀ノ供出量ガ各戸ノ作付面積ニ依テ一定シテ居ルタメ農民ハ一生懸命増産ニ精励スルガ，朝鮮ハ無制限ニ供出セシムルタメ厭農的気分ガアル」[26]。朝鮮では，以下にみるように，供出の割当量が途中で変更されたり，日本の需給事情にあわせて，当初協定した一人当り消費量を切り下げて，4月以降に追加供出を迫るということもあったのである[27]。

　　供出が農民大衆の間に不評を買ふに至った遠因乃至は最大の原因は，日本内地に於ける昭和十五年産米が，其の作柄甚しく不良であった為，昭和十六年米穀年度の一人一日当消費量二合三勺とする内鮮両当局間の当初の協定に依っては，到底其の年度の切抜けが困難となり，更めて内鮮共に一人当一日消費量を二合一勺に切り下げ，朝鮮からは四月以降七ヶ月分の右に依る余剰数量を内地向増送することに協定を仕直ほし，追加供出を行ったことに存する。これは内地の窮状を補ふためには，万己むを得なかった処置ではあったであらうけれども，これの為第一線の役所及農民一般からは，一体政府は再供出割当をせぬと約束し乍ら，之を破った，而も既に農家が大部分の米を食って仕舞った時季に，割当をされても到底その数量を確保することは困難であると云って，甚だしく憤激を買ふに至った。乍併総督府としては内地に対して約束した数量を是が非でも移出しなければならない責務があり，道郡も亦本府に対して引き受けた数量は，絶対に供出を確保しなければ申訳が立たないと言った決意の下に甚だしきは竹槍を持って家宅捜索をする……

　日本への移出分を確保するために，竹槍をもって家宅捜索までして供出さ

---

26)　「食糧事情ヲ繞ル管内治安情況報告」光州（全羅南道）「経済治安日報綴」。
27)　『日本人の海外活動に関する歴史的調査』前掲，52頁。

せたことがうかがえる。こうした風景はのちのちまで続き，供出にまつわる悲痛な話は当時の農村には枚挙にいとまがなかった。

これを権力の側から眺めると如何だったか。『朝鮮経済年報』[28]と『調査彙報』[29]から二つの記述を引いておく。いずれも制度実施の成功を物語っていて，農民に視点をおいての先の資料との乖離に，驚かされる。

> 総督府管理米の集荷実績は十六年一月以降は常にその月末現在の達成目標の百％近い好成績をあげ，六月末には昭和十六米穀年度における目標達成の終止符をうつのみとなった。さらに道内操作米は，その数量は総督府統制米の約半分であるが，統制に際して総督府管理米が優先的立場を占めたため，道操作米は米穀年度当初は若干計画の齟齬を来した。昭和十六年二月に至り，漸く順調に向って，同月末年計画の約八十％を達成し得るに至ったので，その後において全計画を完成し得たことは容易に想像し得る。

> 十六米穀年度はあと四，五日で新年度に入るが，本米穀年度内朝鮮米の対内地移出量は約三百四十万石に達し前年に比し倍増する好成績を収めた。十六年米作は二千万石台を割り二年続きの不作のうへに満洲よりの雑穀輸入が不振を続けながらもこれだけの成績をあげたのは節米の徹底と蒐荷の成功によるものである

第一の資料からは，供出にあたっては，総督府統制米を優先的に供出させたこと，また予定とおりの供出実績をあげえたこと，道操作米もまた年度内に完収しえたことがうかがえる。しかし第二の資料からは，成功体験とあわせて，「節米の徹底と蒐荷の成功」すなわち強引な収奪の実態が読みとれもする。

第4　流通機構の再編

1940年10，11月，各道別に道糧穀配給組合（以下道配と略す）が組織される。

道配を中心に組織される新しい配給機構は，従来の取引機構とは異なるものであった。それは，蒐荷機構より配給機構の末端に至るまで，従来の仲買

---

28)　全国経済調査機関連合会朝鮮支部編『朝鮮経済年報』昭和16・7年版，259頁。
29)　『調査彙報』第22号（1941年11月），28頁。

人，地方米穀商，精米業等一連の商業組織は完全に排除され，流通経路が著しく合理化され簡易化されて，自由取引と自由な企業活動の余地がきわめて縮小された点に特徴があった[30]。

供出によって出荷され道配に集まった籾は，移出分は籾のまま米穀市場会社に引き渡され，その他は道配の手によって精米業者に精穀させて白米にし，不足道に送られた。道内の消費分は大口特殊需要は道配から直接消費者に配給されるが，その他は府，郡，島配を通じて消費者に配給されることになった。このように米の集荷，配給の中心は道配であった。

道配は従来の流通機構の統制機構への改編を目的としてできたものであったが[31]，同時に，総督府が穀物商の利潤をも考慮していたことも明らかであった[32]。小売価格を値上げしたこと，厳密な手数料主義によらなかったこと，能率の高い精米業者のみを利用したわけではなかったこと，業者間の摩擦の予防がはかられていること，統制機関の損失に対しては総督府管理米に限って補償に応じたことなどにその点は現れている。総督府は米穀商なしには流通統制を実施できなかったのである。

第5 検査制度の改編

この間当局では，検査機構の運用改善が重要な問題として論議されていた。主な事項は籾検査の拡充，検査品目の追加，量目の統制，等級の整理，白米の標記問題，包装などであった。

籾検査で特記すべきは，従来除外されていた小作米についても検査されることになった点，また籾の乾燥程度を引き上げた点である。

乾燥に関しては，各等級，等外を通じて，すべて水分含有率を16％以内とされたが，それは，供出制度にともなって保管期間が長期に及ぶことが想定されるので，腐敗等による変質を防止するためであった。しかし受検籾の大部分を占める2，3等米の含水率を1〜2％引き上げ（引き下げというべきかもしれない），等外米まで16％以内とされたことは，農民にとっては反対給付なしの負担の増大にほかならなかった。

---

30) 「戦時下朝鮮に於ける米穀政策の展開」（下）『殖銀調査月報』第65号（1943年），3頁。
31) 井上晴丸『朝鮮米移出力ノ基礎的検討』1944年4月，30頁。
32) 『鮮米情報』1940年11月5日。

白米は1等級, 2等級及び不合格とされた。1等は7分搗, 2等は5分搗以上のものとし, 5分搗以下を認めないことにされたが, 白米検査においては1, 2等級の区別は, 品質によるのではなく, 搗精程度で区分されたのである。夾雑物は砕米12％以内で, 籾及び稗の混入は1升中にそれぞれ5粒以内とされた[33]。

完全精白米は検査対象から除外されて, ○別（○の中に別）の標記を付して, 別枠としたのである。

第3項　戦時食糧政策の強化と銘柄の単純化

1940年から実施された「増米6ヶ年計画」は1年にして修正されることになった。時局の進展＝太平洋戦争への気運が高まるなかで, 朝鮮の食糧増産がより重視されることになったのである。1942年には「改訂増米計画」は, 1940年にさかのぼっての12ヶ年長期計画となった。事業施工面積は57万7,700町歩に拡張された。内訳は灌漑・開墾43万3,700町歩, 用排水改善8万8,000町歩, 小規模事業2万4,000町歩, 干拓事業3万2,000町歩であった。この規模は, 1926年に同じく12ヶ年計画で開始された「第2期産米増殖計画」の計画面積, 35万町歩を大きく上回る[34]。

上記の実施機関として, 朝鮮農地開発営団が設立された。これは, 300町歩以上の灌漑改善事業及び干拓事業を総督府に代行して実施するものであった。朝鮮農地開発営団令が制定され朝鮮農地開発営団が設立されたという事実は, 1940年度増米6ヶ年計画において耕種法の改善による増産に期待して土地改良を軽視した政策（第2節第1項参照）が, すでにして改められたことを意味する。

一方, 耕種法の改善による増米計画は, 当然1940年の継続事業として実施されていった。その実態を明らかにする資料は見出し得ていないが, 多収穫の品種を優遇したこと[35], 水田の畦立栽培を推奨し省力少肥栽培を普及さ

---

33) 『菱ヶ穀物協会会報』第102号（1940年12月）, 1〜6頁。
34) 松本武祝「戦時期朝鮮の水利組合」『近代朝鮮水利組合の研究』所収を参照のこと。
35) 『調査彙報』第23号（1941年12月）, 23頁, 第38号（1943年3月）, 24頁。

せようとしたことが確認される[36]。

さらに総督府では，増産のための「朝鮮農村再編成計画」が検討された。農村からの労働力動員等が本格化し，農村で，労働力・肥料・資材などの不足が深刻化していくなかで，農業生産力を拡充するための施策であった。その具体的内容は，農業経営の適正規模をブロック別に設定し，これを基本として，「農村労務動員計画，出入耕作地の整理計画，耕地適性配分計画，自作農地創設計画，開拓民送出計画，鉱工業労務者選出計画，共同施設拡充計画，農村負債整理計画，流通交易資金計画等々，農村当面の重要問題」を逐次設定し，農村経営の計画的再編をはかろうとするものであった[37]。

特に注目されたのが自作農創設計画である。1932 年から 10 ヶ年計画で実施された自作農創設事業が主に社会政策的見地からなされたのに対して，この時期においては農業生産力拡充の見地から小作農の自作農化が緊要であるとされたのである。すなわち自作農の方が小作農に比べ反当り労働生産力が高く，農地改良や経営の合理化にも熱心で，結果として増収が達成されると考えられたのであった[38]。

第 4 項　1942 米穀年度食糧対策

水稲の植え付けが終わり，豊作を予想される 1941 年 7 月に，いち早く「昭和十七米穀年度食糧対策」が審議・立案され，集荷配給機構の改善がはかられた。新米の 2600 万石収穫目標，供出量約 1100 万石の達成を確実なものとみて，移出船腹，貯蔵倉庫，米穀資金等の問題が緊要とされるに至ったのである。

貯蔵保管については，港に貯蔵するか，奥地に貯蔵するか，奥地の場合も集散地に置くか，農家に保管させるか，方針決定が迫られた。前年までの状況からすると米の奥地貯蔵は無理であったが，この年から実施された部落生産拡充計画では部落倉庫・部落共同作業場の設置がはかられていたから，米の奥地貯蔵についても不可能ではないと当局は考えていた。加えて，国民総

---

36)　農林省熱帯農業研究センター『旧朝鮮における日本の農業試験研究の成果』310〜313 頁。
37)　『調査彙報』第 20 号（1941 年 9 月），41 頁。
38)　同上。

力運動部落連盟が予想以上に水稲植え付けに実力を発揮しているという事情があった。このことも新米の部落貯蔵の可能性を裏付ける要素と考えられていた。

供出の強化策としては，総督府統制米の保管比率の明示[39]，供出米に対する奨励金の交付[40]，不在地主による小作米の道外搬出の禁止などが行われた[41]。

こうしてこの時期もやはり農家への家宅捜査や，農家への端境期の米穀配給を「約束手形」とする，責任数量以上の供出などが強行された。

この間，朝鮮米穀市場株式会社（1939年7月創設）は朝鮮糧穀株式会社に改組され，それに対応して道糧穀配給組合が道糧穀株式会社に改編される。道の機関を組合から法人化し株式会社としたのである。その株の三分の一程度を改組された朝鮮糧穀株式会社が持ったが，残りの三分の二は民間資本，すなわち米穀商の出資であった。依然として流通に関しては，糧穀売買に知識経験を有する業者の協力が必要だったのである[42]。

では供出は実際どう行われて，それが農民にとっては如何なるものであったか。いくつかの例を列挙する。

一，本年春期強度ノ米穀供出督励ノ際「来ル七月ニ入レバ生産者ニ対シテモ純消費者同様食糧米ノ配給ヲ為スベシ」トテ供出セシメタルニ八月ニ入リテモ営農者ナルノ故ヲ以テ配給ナキニ徴シ……（順天郡西面竹坪里，元郡農会技手）[43]

二，自己供出割当責任数量全部ヲ供出シタノニ不拘家宅捜索ヲ為シ手持数量全部ヲ供出セシメ，食糧ノ配給ハ農家ナルガ故ニ配給シテ呉レナイタメ農家ハ必然的ニ食糧難ヲ来シ糊口ニ窮スル者続出シ，従ツテ農民ハ営農ニ愛着心薄ク出稼労働等ヲ為サントスル者漸増ノ傾向アリ（星州郡修倫面鳳陽洞）[44]

三，後日配給シ与フベシトテ最低限度ノ自家用食糧ヲモ供出セシメ農繁期タル食糧端境期ニ際シテモ当局ニ於テハ何知ラヌ顔ニ食糧ノ配給ハ一向無キ瞞詐的

---

39) 「朝鮮に於ける米の生産状況他想定問答」『大野禄一郎文書』。
40) 「昭和十六年度追加予算関係書類」『大野禄一郎文書』。
41) 海州地方法院検事正，地検秘第734号，「食糧事情ヲ繞ル管内治安状況ニ関スル件」。
42) 朝鮮食糧営団『朝鮮食糧管理』1945年，10頁。
43) 海州地方法院検事正，地検秘第734号，前掲。
44) 慶尚北道，地検秘第379号，「食糧事情を繞ル管内治安情況ニ関スル件」1942年9月23日。

態度及割当全量供出農家ニ対シテモ数次ニ亘リテ家宅捜索ヲ為ス……（聞慶)[45]

四，郡職員面職員其ノ他供出督励ニ当ル者ガ当局ノ主旨ヲ曲解シ農民ノ実情ヲ無視シ乳幼児ヲ抱ヘタ者ノ家ニ土足ノ侭上リ家宅捜索ヲ為シ偶々隠シ有リタル一，二升ノ米スラモ之ヲ全部供出セシメ，母親ハ乳幼児ヲ前ニ胸ヲ叩キナガラ「明日ヨリ此ノ子ニ何ヲ与ヘルカ」等ト泣キ叫ブカ如キ苛酷ナル供出ヲ為サシメテ居リ（全羅南道糧穀会社専務取締役森田省造)[46]

五，本年ハ春窮期ニ至ル迄極度ノ米穀供出ヲ為シ加フルニ今年ノ麦類ハ凶作ニテ農家ハ食糧逼迫シ疲弊困窮其ノ極ニ達シ居ル（寶城)[47]

六，農家ナルガ故ニ食糧ノ受配困難ナルヲ以テ耕作地ヲ捨テテ出稼労働ニ転職シ非農者トナリ食糧配給ヲ受ケントスル……（青松郡青松面釜谷洞区長新井致信)[48]

　強制供出の残酷さが充分に伝わってくる。相変わらず家宅捜索が続いていること，供出の際の配給約束の不履行，責任数量以上の供出，これらのさまざまな方式は農民の食糧窮乏と直結することになり，その結果食糧のために転職を考える農民も出てくる。

　こうした状況のなかで農民の供出の忌避傾向が強まることは容易に推測できる。「従来農民等ハ収穫期ニハ〈作糧（刈取脱穀調整ヲ総称）ハ済ミマシタカ〉ト挨拶ヲ交ハシタモノテアルガ昨今彼等ハ朝鮮ノ同シ発音デアル〈蔵糧ハ済ミマシタカ〉即チ糧穀ノ隠匿ハ済ミマシタカトノ意味ニ使用シテ居ル」[49]との報告にみられるように，朝の挨拶が隠匿対策に及ぶほど農民にとって自家食糧の確保は必死の問題であった。

　供出の忌避は，隠匿にとどまらず，さまざまな方法で行われた。米穀収穫期を直前に控えて，つまりつぎの年の米穀対策（1943 ＝ 昭和 18 米穀年度）が実施されるまでの合間をぬって，つぎのような忌避方法がとられていた[50]。

---

45) 慶尚北道，慶北経第 2677 号，「昭和十八米穀年度食糧対策実施ニ伴フ郡民ノ動向等ニ関スル件」1942 年 12 月 2 日。
46) 光州地方法院検事正，地検秘第□□号「食糧事情ヲ繞ル管内治安情況報告」1942 年 11 月 1 日。
47) 全羅南道，地検第 4764 号，「食糧事情ヲ繞ル管内治安情況報告」1942 年 9 月 1 日。
48) 同上。
49) 光州地方法院検事正，地検秘第□□号，前掲文。
50) 慶尚北道警察部長，慶北経第 2505 号，「米穀収穫期ニ直面セル農民ノ動向ニ関スル件」1942 年 10 月 30 日，『経済治安日報綴』。

一，今春緊急食糧対策実施ニ依リ自家食糧不足ヲ招来セル農民間ニアリテハ十八米穀年度ニ於テモ統制買上ニ依リ前年ノ轍ヲ踏ムコトヲ憂リ来年度食糧対策ヲ本格的ニ実施セラル、以前ニ於テ自家食糧ヲ確保セムトシ稲ノ早刈リ，或ハ収穫籾ノ精白ヲ為サントスルモノアリ

二，農民間ニ於テハ米穀収穫期ニ於テ米穀供出ヲ実施セラル、コトヲ予想シ目下所持シツ、アル大麦，小麦其ノ他ノ雑穀消費ヲ差控ヘ之ヲ蔵置シ新穀（米穀）ヨリ食糧ニ供シ米穀供出ヲ忌避セムトスルモノアリ

三，本春以来農民食糧ハ相当逼迫シタル状況ニアリタルガ秋季端境期ニ於テハ自家食糧手持皆無トナリ新穀ノ早刈ニ依リ食糧ニ供スル者漸増シツ、アリ尚州郡利安面 西川智雄ノ如キハ面内中流ノ資産家ナルガ十月中旬迄ニ既ニ二斗落余ノ水田ヲ刈取リ食糧ニ供セリ

四，米穀供出ハ籾ヲ以テ出荷スルヲ原則トスルモノナルヲ以テ之ガ供出忌避策トシテ地方中小精米所或ハ自家足踏臼ヲ利用収穫籾ヲ可能ナ限リ精白セムトスルモノアリ

ここでみられるように，供出が籾の形態で行われたことから，とにかく精白してしまうということが忌避方法の一つであった。早刈りをし精米してしまう。早刈りした未熟な籾の上手な調製，炊き方が農村の生産者によって工夫されていたようである。

農民は，ほかにも無数の智恵を出して，生き残りのための方策を講じていることを，小作官久間健一は，「傷ましい」と思う心を隠さずに紹介している[51]。

この年，早場米に限っては，水分含有量を大幅に（15%→18%）緩和する措置がとられている[52]。端境期の米穀需給のためである。また，籾の公定米価が「銘柄等級を全面的に整理して簡略化」される[53]。すなわち，公定米価は従来の銘柄78種を9種にし，南部地域は銀坊主，西北地域は陸羽を中心に銘柄間の格差が簡易化されたのである[54]。

---

51) 久間健一『朝鮮農政の課題』成美堂，1944年，237頁。樋口雄一『戦時下朝鮮の生活史1939-1945』社会評論社，1998年，182～183頁による。
52) 京城地方法院検事正「現下食糧事情ト治安対策ニ対スル件」（第8報）1942年11月5日，『経済治安日報綴』
53) 『調査彙報』第23号（1941年12月），23頁。
54) 『調査彙報』第24号（1942年1月），29頁。

（玄米等級は）銘柄は現在七十余銘柄に区分し各々格差を附してゐるが，これを六検査支所銘柄四品種銘柄別に統合し全鮮共通の格差を附したこと，なほ銀坊主以下に格差を附してゐた品種銘柄は在来種を除くほかは銀坊主と同格とし，産地農場銘柄は全廃したこと，従前の検査五等級はこれを三等級に変更し，銘柄整理と併せ下級米の優遇に努めた

 こうした籾玄米の公定価格の付け方は，すでに品種銘柄が存在しないことを意味している。質より量に重点を置く戦時政策の反映であった。

第5項　1943米穀年度食糧対策

 1942米穀年度対策で要点をなした強制保管制や月別買上制による供出強化策は思いどおりの成績をあげることができず，いち早く大修正を余儀なくされた。
 当局は供出がうまくいかない根本的な問題は，自家消費以外の米を農村に永く置くことにあると考えた。そこで前年の方針を修正し，自家消費以外の米の悉皆供出を命じることとした[55]。
 それとともに新たに導入した方策として，早期買上策があった。前年は月別買上量を決定し，それに従って11月から翌年7月まで米穀蒐荷を行った。しかしかならずしも所期の目的を達しなかったので，買上げを出来秋――11月から2月まで――に集中することとした。南部の全羅南道や慶尚南道では12月中に完了させる方針が採られた。それには多額の資金を必要とし，ひいては農村インフレを助長することが懸念されたので，金融組合が立替払を行い，天引き貯蓄率を上げて散布資金を少なくすることで対応しようとした。第2節第3項第1で述べたこの年の天引き預金率26.6％という恐るべき数値は，このような政策の反映であった。
 さらに供出の割当方法が変更され，部落責任供出制が採用された。これまでは供出割当は作付反別に面より生産者に直接割当を行っていたが，これを部落毎に「生産者同士協議」により割当を行う方法に変更したのである[56]。
 また，供出義務者を直接生産者とすることで，小作農民からの収納（供出）

---

55)　『調査彙報』第29号（1942年6月），22頁。
56)　慶尚北道「昭和十八米穀年度食糧対策実施ニ伴フ郡民ノ動向等ニ関スル件」前掲。

が実施されることになった。このことはそれまでの地主対小作人の利害関係が当局対生産者の関係に転化することを意味する[57]。

供出は「自家消費量以外の全部」に及んだ。この事実は「昭和十八米穀年度食糧対策」には明示されていないが，「統制ハ自家用消費量ヲ除ク全部ニ及ビ総テ公定価格ヲ以テ受渡行フベキ状況ニ在ルヲ以テ穀物及叺ノ検査数量ハ必然的増大ヲ来スト共ニ之ガ検査ノ重要性愈々加ハリ来レルヲ以テ更ニ施設拡充ヲナサントス」なる予算説明書に明らかである[58]。また，全羅南道，慶尚南道の供出要綱の関係資料[59]にはそのことが明示されている。

この場合，どの程度の量が自家消費米として認められたかが問題である。全羅南道の場合をみておこう[60]。

供出数量ノ決定

一，小作料ハ小作人ヲシテ地主名義ヲ以テ全量ヲ供出セシム。
　　地主ニ対シテハ別紙様式（二）ニ依ル供出命令ヲ交付スルモノトス。府邑面内ニ居住シ当該府邑面内ニ耕地ヲ有スル地主ノ食糧米ハ其ノ家族数ニ乗ジ（管轄警察官署ノ証明ニ依ル）一人一日宛一合五勺ノ規正量ニ依リ別項六ノ調査ニ基ク現在手持高ヲ控除シ小作籾ノ範囲ニ於テ翌年十月末迄ノ食糧米ヲ原価ニ依リ道糧穀株式会社ヲシテ配給セシム。

二，自作者ニ対シテハ第一項ノ収穫高ヨリ自家消費米（一人一日当一合五勺トシ翌年十月末迄ノ所要量）及所要種子量ヲ控除シ其ノ残量ニ対シ供出命令書ヲ交付スルモノトス。

三，小作人ニ対シテハ第一項ノ収穫高ヨリ小作料自家消費米（一人一日宛一合トシ翌年五月迄ノ所要量）及所要種子量ヲ控除シ其ノ残量ニ対シ別紙様式（二）ニ依ル供出命令書ヲ交付スルモノトス。家族数ハ連盟理事長ノ証明ニ依ルモノトス。

四，自作兼小作人ニ就テハ其ノ主タル耕作ニ依リ評定シ前二項ニ依リ取扱フモノトス。

57）『朝鮮米移出力ノ基礎的検討』前掲，65頁。
58）朝鮮総督府「昭和十八年度朝鮮総督府特別会計予算梗概説明」『大野禄一郎文書』。
59）全羅南道は「昭和十八米穀年度ニ於ケル米穀及雑穀供出要綱」（4冊の中），慶尚南道は「昭和十八米穀年度米穀対策ニ関スル件」（3冊の中），慶尚北道は「昭和十八米穀年度食糧対策実施ニ伴フ郡民ノ動向等ニ関スル件」（4冊の中）である。
60）全羅南道「昭和十八米穀年度ニ於ケル米穀及雑穀供出要綱」1942年10月『経済治安日報綴』。

米だけで腹を満たすわけではないが，厳しいものである。

この間，流通統制に関しては，朝鮮米穀市場株式会社が道糧穀株式会社の中央機関として，輸移出入ばかりでなく不足道への配給も担当することになった。府郡配給組合は廃止され，その機能は道糧穀株式会社の内部に移された。総督府統制米は基本的に一元的統制下に置かれることになったのである。

こうしたなかで籾検査は前年と同じく，水分含有率15％のまま実施された。しかし供出が出来秋に集中し，しかも自家消費米以外の籾全部を統制米とするという政策のもとで，総督府は検査の円滑な実施のために，新たな対策を立てざるをえなかった。

新たな対策とは，検査を買上場所で行うことである。検査場で買い上げなされたのである。従来なら不合格として再調整を命じられた籾でも農民に持ち帰らせず，適当の方法で買い上げてしまう，というのが総督府の指示であった。また，未検査のままでも買上げできることとされた。慶尚南道では，すべての籾を未検査のまま買い上げ，その上で査定して，適当な対価をその場で農民に渡したのである[61]。

白米検査は，それまで搗精歩留まりが94％となっていたが，日本本土が96％に引き上げられたので，これにならって改正を行い，即日実施された。穀物検査規則による等級区分の上では，全部が二等白となり，一等白米は存在しないことになった[62]。

この時期の精米業に関して瞥見しておく。

まず，前期以来の傾向である籾摺業の衰退をあげなければならない。国営検査の実施年である1932年以降，特に玄米検査の厳格化にともない，籾価格が玄米市価に比べて割高になったことが原因で，1937年頃から籾摺業の衰退は顕著になっていた。

さらに1938年7月に日本本土で物品販売価格取締規則が制定され，1939年9月18日に価格等統制令が発布され生活必需品の公定価格制度が実施されたことが，籾摺業の衰退を加速させた。玄米白米の公定価格には利潤が加算されていたために移出米は白米が優位になったのである。籾摺用ゴムロー

---

61) 前掲『大野禄一郎文書』。
62) 『調査彙報』第37号（1943年2月），33頁。

ルの規格統制とゴムロールの輸移出入禁止がこれに一層拍車をかけることとなった[63]。

つぎに精米業の立地に変化がみられた。籾で集荷された米は，いったん道内で白米に搗精され，道内・道外に配給される。それで，従来日本への移出のために開港地を中心に発達していた精米業は，各道ごとに道内産米を搗精・加工するようになったのである。精米業は将来性を評価されて企業合併などの措置から除外されていたので，新精米会社の設立，籾摺業からの転業があいついだ。朝鮮全体にわたって「大小無数の精米工場」が分布するに至った。

その背景には，統制期に集荷・配給統制機関が精米業を吸収できなかったという事情があった。道糧穀組合が道糧穀株式会社に組織変革された際に，精米会社の統合問題が論議されたが，結局道令で精米業に許可制がとられるにとどまり，籾の買上は精米業者の自己資本で行われ続けたからである。朝鮮食糧営団が精米工場を整備しようとした際の調査によると，10馬力以上の動力を有する工場が約2,000ヶ所，10馬力以下の小工場は実に1万ヶ所を超えていた[64]。

第3節　食糧管理令下の朝鮮米の生産と流通 (1943〜1945)

第1項　食糧管理令の制定

1943年8月9日制令第44号をもって「朝鮮食糧管理令」が公布された。これは米穀管理法と食糧管理法朝鮮施行令に立脚して制定されたものである。これによって朝鮮における「主要食糧国家管理」の法的根拠が確立された。

同令は，実体的規定と組織法的規定から成り立っている。

まず，実体的規定について述べる。

---

63) 『朝鮮農会報』第13巻第10号（1939年10月），第14巻第4号（1940年4月）。
64) 石塚峻『朝鮮に於ける米穀政策の変遷』友邦シリーズ第24号（1983年），50頁。

第1　国家管理の強化──実体的規定──

　実体的規定は，従来すでに実施してきた食糧施策を法的に確認し，国家管理の方向にそってこれを強化するものである。1939年末制定の朝鮮米穀配給調整令による統制は，形式的には臨時的・個別的であった。これを総合的・一元的・恒常的な統制体制に改めるものである。

　供出に関してみると「従来の米穀配給調整令其の他の如く必要に応じ抜き打ち的に供出命令を発するものではなく，恒常的に且つ全面的に供出命令を発」することになったのである[65]。管理令公布以前の供出は，実態的には行政権の行使によって，「恒常的かつ現実的に」統制されてきていたが，根本法規を欠いていたのである。「朝鮮食糧管理令」は，これに，実体法的基礎を与えるものであった。

第2　食糧営団の構造とその機能──組織法的規定──

　食糧管理令の画期的かつ最大の意義は，集荷・配給の統制を食糧営団という統制機構に一元化したこと，すなわちこの法令の組織法的側面にある。

　食糧営団の目的は，「朝鮮総督ノ定ムル食糧配給計画（各道内ニ於ケル地方的食糧配給ニ関シ道知事ノ定ムル配給計画ヲ含ム）ニ基キ主要食糧ヲ配給スルト共ニ朝鮮総督ノ指定スル食糧ヲ貯蔵スル為必要ナル事業ヲ行フコト」（朝鮮食糧管理令第19条）にある。「配給」とともに，「貯蔵」もまた目的とされているのである。

　食糧営団の具体的事業は，食糧管理令第37条に定められている。以下である。

　　一，政府ニ対スル主要食糧ノ売渡ノ受託
　　二，主要食糧ノ買入及売渡
　　三，朝鮮総督ノ指定スル食糧ノ貯蔵
　　四，朝鮮総督ノ指定スル主要食糧ノ加工及製造
　　五，前各号ノ事業ニ付帯スル事業
　　六，前各号ノ外朝鮮食糧営団ノ目的達成上必要ナル事業

---

[65]　『朝鮮食糧管理』前掲，38頁。

第一号は，食糧営団の一義的任務として，政府への売渡の受託をあげる。食糧営団は供出者より「政府」に売り渡すべき旨の委託を受け，供出者のために，自己の名において「政府」に売り渡す。いわゆる商法上の問屋である[66]。あるいは民法における請負の一種といってもよい。もちろん売渡価格と売渡先は決まっていた。

　従来，蒐荷，配給機構に関しては，中央に朝鮮米穀市場会社が，各道に道糧穀会社が国家的色彩を帯びて統制を行っていたが，道別機構をもってしては道ブロック化の傾向を払拭できなかっただけでなく，道は道内食糧確保・道内統制米の確保をはからなければならなかったから，道ブロック化の傾向がむしろ助長されてさえいたのである。営団は管理令付則により朝鮮米穀市場会社と13道糧穀会社の解消の上に立ち，本部に総務・企画・米穀・雑穀・経理の5部と管理1室を置き，京城・清州・大田・全州・光州・大邱・釜山・海州・平壌・新義州・春川・咸興・清津に各支部を設けて，各道食糧部との緊密な連絡のもとに運営されることになっている。

　注目すべき点は，日本本土においては中央食糧営団と地方食糧営団とは制度的に別のものであり，二元的であったのに対して，朝鮮食糧営団は一元的に，本部・支部の関係として，統一的・縦断的に組織されていたことである。

　貯蔵・保管は食糧管理の成否に重大な影響を及ぼすものとして認識されていた。米穀倉庫株式会社（以下米倉という）は，移出米貯蔵倉庫の組織であったが，食糧営団の操作糧穀は米倉の名において保管され，米倉証券となって政府の保有物となる段取りであり，従来の農会倉庫・簡易籾倉庫はそのほとんどを米倉が買収し，金融組合の倉庫，地主倉庫はいずれも米倉が賃借した[67]。

　前節において，食糧管理令の公布当時，集荷と配給の過程で，加工搗精部門（精米業）に限って統制が及ばなかったことを述べたが，1944年，制令第4号第37条によって，精米業も食糧営団に統合された。食糧営団は名実共に一元一貫的「中枢操作機関」となったのである。

66）　同上，39頁。
67）　「戦時下朝鮮に於ける米穀政策の展開」前掲稿（下）29〜30頁。

第2項　1944米穀年度——供出と増産——

戦争が全面拡大するにつれて，米穀統制の二大使命である「増産」と「供出」がさらに強く要請される。

供出の新しい強化策として，1943年産米から，総督小磯國昭自身の考案による「事前割当制」が実施された。供出時期に着目し，収穫直前ではなく作付け前に供出高を予定し，各道・各郡・各邑面・各農家に割当を決める方式である[68]。

実収量が予定収穫量を下回った場合は供出高を減額し，他方実収量が予定収穫量を超過した場合には供出高は増加されないとすることで，農家の増産へのインセンティブをはかったのである。しかし1943年は旱魃で不作であったので，各道の供出量は予定以下にとどまった。当局は農家保有量を種籾を含めて一日当り4合から3合3勺に減少し，残りをすべて供出させた。生産高に対する供出の比率は55.8％になった。前年度の43.8％から12.0％も増えたのである（表6-3参照）。

こうして，自家保有量を事後的に減じられたことは，この制度自体に対する不評となって現れた。超過生産した場合は超過分のすべてを農民の手に残すという「飴」は，不作という現実のもとに画餅に終わったのである。

この方式は日本本土では1年遅れて1944年産米から実施されたが，小磯がこの年内閣総理大臣に就任したことと，符節を合わせるごとくである。

表6-3　朝鮮における米穀の供出状況　（単位：千石，％）

米穀年度	生産量(a)	割当量(b)	供出量(c)	農家保有量	一人当保有量	c/a	c/b
1941	25,527		9,208	12,319	0.725	42.8	
1942	24,886		11,255	13,631	0.795	45.2	
1943	15,687	9,119	8,750	6,938	0.401	55.8	95.9
1944	18,719	11,956	11,945	6,774	0.393	63.8	99.9
1945	16,052	10,541	9,352	6,699	0.373	58.3	88.7

出典：朝鮮銀行調査部『朝鮮経済年報』Ⅰ-67頁，Ⅳ-35頁より作成。

---

68)　大蔵省管理局，前掲書，55頁。

第3項　1945米穀年度の食糧政策

第1　農業生産責任制の実施

翌年の1945米穀年度にも，供出の事前割当制は維持された。

加えて，それに合わせて，「農業生産責任制」が実施された[69]。この制度は，輸入米が輸送不能で入らなくなり，農村は労務動員等で不安が渦巻き，労働力不足の状況で食糧自給が難しくなりつつあるなかで，なにか「強力な方針」を立てざるをえない状況から生まれたものであった。

「農業生産責任制」の内容を紹介しておく。

まず責任品目として，米麦類・諸類・雑穀・棉麻類・繭・藁工品・牛・馬・豚・緬羊があげられている。それぞれについて「責任数量」が，原則的に部落を単位として割当てられる。生産の責任者は地主であり，責任数量の生産に対して部落民が連帯して努力することを建前とした。

また，増産と供出の奨励のため「報奨制」を実施し，奨励金，報奨金を交付することとした[70]。朝鮮における報奨金制の日本本土との違いは，生産者と地主をまったく同一視しているところにある。日本本土では供出米の奨励金は生産者には石当り40円・地主には15円，報奨金は生産者には100円・地主には75円で，生産者に重きをおいていた。この違いは農業生産責任制における生産責任者を，朝鮮では地主にした結果であろう。

朝鮮全土の米穀の生産責任数量は2,600万石であるが，2,600万石が達成できたのは植民地時代35年を通じて最豊作だった1937年だけであった。ほとんど達成不能な数字に基づいて算出された供出の事前割当量は，はじめから困難な数字であった。実績はといえば，1944年産米では生産量は生産責任数量の61％で，それに比例して供出量は事前割当量の61％，農家保有量も予定量の61％であった。農家保有量として一定量をまず確保するといった，民生的配慮をもともと欠いていたのである。

---

69)　同上，59頁。
70)　「朝鮮に於ける米穀の増産及供出奨励に関する特別措置要領」『調査彙報』，第55号（1944年8月），36～39頁。

第 2　検査制度の改編と銘柄格差の廃止

　当該期の検査の特徴の第一は，検査の性格が搬出検査から収納検査に変わったことである[71]。国家買上にともなう検収ということである。検査は，生産者が政府に対する売渡を食糧営団に委託する，その場所で行われた。生産者と国家の直接の生産検査になるわけである。もちろん，配給する白米の配給検査は，収買に際しての籾検査と異なり，いわゆる第三者検査である。

　特徴の第二は，検査行政の主体が国から道に変わったことである。これは道内の生産及び供出を直接には道知事の責任のもとで行っていた現状に見合った措置であった。従来の穀物検査所の本部・支所・出張所が食糧管理所に吸収され，また主要移出港に設置されていた検査区や出張検査の制度は廃止された。検査が道別に再編成されることになって，道庁所在地に管理所支所が設置された。検査及び収買の事務は同一機関に委ねられたのである。従来米穀検査所で行われていた事務は，農林局に新設された検査課で行われた。「食糧行政の円滑を図るため」に，「検査」は米穀行政機構の内部に位置づけられ，検査機構は縮小されたのである。

　国家管理体制下での収納検査であるにもかかわらず検査手数料を徴収していたが，1944年になって穀物検査手数料は撤廃され，国庫負担による検収制に移ることとなった。

　食糧管理令が発布された1943年（昭和18年）産の籾の買入は，「産地別銘柄単一価格制」がとられた。つまり，たとえば京畿道内の銀坊主1等はすべて12円に値付けされたのである（表6-4参照）。そして品種銘柄を5グループに区分し，「銀坊主」と「陸羽132号」に対する格差を表示した（表6-5参照）。買入価格の単純化がはかられたのである。

　さらにその翌年，1944年になると，産地別，品種銘柄の格差を完全に撤廃する。米価は朝鮮半島全体にわたって「統一」され，籾（正味90斤入）は，1等は2.85円，2等は2.55円，3等は1.95円とされた[72]。

第 3　営団による精米業の統合と食糧の一元的管理システムの完成

　この間，玄米検査と白米検査の基準はほとんど変わっていない。白米検査

---

71)　「管理令」第12条，施行令23条，37条。
72)　『調査彙報』，第57号（1944年10月），31頁。

280

表6-4　1943年産籾の産地別銘柄買入価格（単位：円／叺）

産地	銘柄	1等	2等	等外
京畿道	銀坊主	12	11.7	11.1
忠清北道	銀坊主	12	11.7	11.1
忠清南道	銀坊主	12	11.7	11.1
全羅北道	銀坊主	12.05	11.75	11.15
全羅南道	銀坊主	12.1	11.8	11.2
慶尚北道	銀坊主	12	11.7	11.1
慶尚南道	銀坊主	12.05	11.75	11.15
黄海道	南部　銀坊主	12	11.7	11.1
	北部　陸羽132号	12.05	11.75	11.15
平安南道	陸羽132号	12.05	11.75	11.15
平安北道	陸羽132号	12.1	11.8	11.2
江原道	南部　銀坊主	12	11.7	11.1
	北部　陸羽132号	12.15	11.85	11.25
咸鏡南道	陸羽132号	12.25	11.95	11.35
咸鏡北道	陸羽132号	12.35	12.05	11.45

出典：朝鮮金融組合連合会『調査彙報』第47号（1943年12月），22-23頁より作成。

表6-5　1943年産籾の銘柄グループ別価格格差

銘柄	銀坊主に対する価格格差	陸羽132号に対する価格格差
銀坊主，穀良都，福坊主，錦，多摩錦		－0.15
陸羽132号，豊玉，瑞光，栄光，日進，旭光	0.15	
中生神力，農林八号，早生旭	0.2	0.05
赤神力（愛国を含む），其の他の有芒種	－0.15	－0.3
在来種	－0.25	-0.4

出典：朝鮮金融組合連合会『調査彙報』第47号（1943年12月），23頁より作成。
備考：1叺につき上の格差（歩合）を加減する。

は1944年11月1日から,等級区分を廃止し,1等と等外だけとなった。前章でみたように,受検籾の品質悪化,乾燥程度の低下は,当然加工生産に影響を及ぼした。玄米検査を受ける精米業者は,1943年段階では営団に統合されていなかったから,籾の品質低下によって,当然業者と営団間の搗精契約関係に問題が生じることとなった[73]。

1943年現在,精米業者は1,595工場存在したが,うち1,185工場は戦時企業整備令によって休業を命じられ,残るは410工場となった。

1944年,精米工場は食糧営団に統合されるが,これら410工場は食糧営団に買収されて操業を続けることになる。

糧穀の蒐荷と配給の中間過程である加工搗精の部門をも統合したことにより,営団は名実ともに朝鮮における食糧の一元一貫的中枢操作機関となったのである。

---

[73] 同上,第49号(1944年2月)。

結びに代えて

　1945年,大日本帝国の朝鮮支配は終焉を迎える。70年間にわたる日本の朝鮮半島に対する関与の中で示された米穀へのこだわりを述べるという本稿の課題は,前章をもって一応は果たされたことになる。

　前章まで,武力を背景とした江華島条約（修好条規）（1976年）の開港から日本の朝鮮支配が終焉を迎える1945年までの,日本による朝鮮米穀支配の開始から崩壊までを眺めてきた。

　支配の内容は,市場メカニズムに従った朝鮮産米の日本市場への統合から,総督府の権力による直接的な農民支配に至る,いわば立体的構造を備えるものであったことを,論じてきた。そして市場支配と権力支配を媒介するものとして,あるいは両者の構造を照射するものとして,米穀検査制度に検討を加えてきたこと,すでにみたとおりである。

　以下,簡単に総括を加えておきたい。

第1章

　開港後まもなくから朝鮮の米は日本に送られるが,それは開港以前からの対馬貿易の連続・拡大であった。

　1890年,朝鮮の開港場,釜山,仁川と日本の大阪とが米穀ではじめて結ばれた。このときの米は,商品としての規格を欠き,輸出用には不都合であった。その反省から,米穀商人は,米の商品化に努力するようになり,みずから輸出米の改良策を模索することになる。

　日清戦後になると,日本は資本主義の発展に伴い米穀市場が拡大し,恒常的な米の輸入国に転化する。一方,朝鮮では甲午改革により地税金納化が実施されるにつれて米の販売が促進される。こうした状況に穀倉地帯を背後にひかえる群山,木浦,鎮南浦の開港が加わり,朝鮮米の輸出市場との結びつきが強まっていく。このことにより,それまでの貢米に規定された漢城（ソ

ウル）を要とする米穀の流通経路は，寸断され再構成されることになる。

　米穀の輸出は，米を需要地の要求にそうように，商品として変質させていく。付随して，籾摺業・精米業が，新たな産業として発生を促される。

　米穀の商品化にとってもっとも必要な課題は，質の向上と規格化・安定化であった。そのためには「検査」が必要とされた。

　朝鮮において米穀検査がはじめて実施されたのは，日本人輸出米穀商による「自主的検査」である（1902年，木浦）。この年は実は，日本領事館の助言の下に，日本人による（国際法上も国内法上も）違法な土地取得，違法な農地経営が，同じ木浦において実力をもって途に就いた年でもあった。

　日露戦争時には，朝鮮の米穀に関税がかけられたことによって，日本への輸出は低下傾向を示す。

　日露戦後になると，検査主体は商業会議所に格上げされた。韓国保護条約の下，開港地における商業会議所なるものが日本領事館と緊密な関係にあったことは見やすい道理であろう。

　この時期，すでにして統監府は，勧業模範場を開場しているが，次頁の写真で見るように統監が出席して，その開場式には西欧列強の代表がまねかれている。植民地朝鮮の経済構造を暗示している（1907年5月15日）。

第2章

　そして1910年，「韓国併合」直後に，この自主検査は地方官のバックアップを受けるようになる。要するに日本人商人は，朝鮮米の本国での評価・声価を上げるために，日本の権力の後押しを求め続け，それを獲得してきたのである。この時期に，日本人米穀商は，朝鮮米の改良策の一環として，精米業に進出し始める。しかしなお，この時期の検査制度は，朝鮮米の生産と流通機構を改編させるものではなかった。

　1913年，朝鮮米は，関税を撤廃されることにより台湾米と同一の競争基盤を獲得した。また，各地の市場で受渡代用米に採用された。朝鮮米は日本米穀市場に確固たる地歩を占めたのである。植民地朝鮮を日本本国の食糧供給地として位置づけることにもなるこの動きは，日本が，食糧政策において，それまでにはなかった複雑な要因を抱え込むということでもあった。

勧業模範場開場式（1907年5月15日）

　日本米穀市場の制度的変化に対応して，1915年，朝鮮総督府は府令によって道営検査を実施する。本来，検査の目的を達成するためには，品種改良を伴う産米検査と輸移出米検査の双方を行う必要がある。しかしここで実施されたのは，後者のみであった。前者に代わって，総督府が直接「武断的」に生産過程に介入したのである。

　この制度は，地主主導の米（籾）の販売を推し進め，その米を輸移出ルートにのせることで，地主を日本の経済構造の一環に組み込み，日本資本主義＝日本米穀市場と地主を緊密に結びつける役目を果たす。また，日本資本の農地取得を促す契機ともなった。すなわち，米穀検査制度は植民地地主制形成とも密接にかかわるのである。

　その進展過程は朝鮮農業，農村の全構造を変容させる。小農商品経済の発展が制約され，階層分化が進行し，米のモノカルチュア化が進展した。窮迫販売，春窮などの諸矛盾が深化・拡大され，総じて朝鮮農業と農村は植民地支配の根底的規定を受けることになったのである。

　当然ながら，米穀検査制度の制定・改正の過程には，日本米穀市場の動

向が大きく反映する。特に検査制度の初期においては，等級，容量等をはじめ，品種の単純化，夾雑物の除去など，日本米穀市場の要求を受け入れて制度の内容が決められた。そしてこの道営検査の実施は，朝鮮米穀の生産と流通を，大きく編成替えすることになる。

　米穀の商品化は，生産過程においては，特に栽培品種の変化として現れた。当時の中心市場阪神，なかんずく大阪市場好みの，日本で栽培された「優良品種」が，価格差別及び「武断的」直接農事指導によって普及していった。

　一方，検査制度の実施によって，加工精米工場が各集散地（指定地）に建設され，そこが輸移出米流通の中心地になっていく。輸移出される米は，籾摺・精米工場を通過しなければならない。これは生産者が輸移出米の加工過程から切り離されることを意味する。検査制度は，朝鮮の米穀の生産と流通の編成替えに，直接的に機能した。

第3章

　1920年代は，日本米穀市場が，多方面で大きな変化を見せた時期である。関東大震災を契機とする朝鮮米の東京米穀市場進出，銘柄競争の本格化，白米小売りのキロ売り制などである。こうした日本消費市場の変化と朝鮮総督府の「産米増殖計画」を起点に，植民地農政は精緻な展開を示すことになる。

　朝鮮米にとって中心的市場といえばそれまでは大阪市場であった。関東大震災後，米穀商と朝鮮総督府が設立した「鮮米協会」の活動によって，朝鮮米は東京及びその他の都市市場へ参入する。東京と大阪という，日本の二大消費地が，朝鮮米の中心的移出市場になる。

　市場競争を契機に，検査制度を梃子に，稲の品種はドラスティックに転換されていく。

　厳格な検査を通過した朝鮮米は，日本米穀市場で日本内地産米に対する「対抗勢力」としての位置を確立する。その結果，日本産米の生産と流通の編成替えが迫られる。一部の産地では，朝鮮米との競争を避けるという動きがみられる。日本全国で産米の品種交替，種子更新をはじめ，倉庫施設，余枡，検査の厳密化等がはかられるが，これは朝鮮米の存在に大きく影響され

てのことである。

　朝鮮米は，厳格な玄米検査を通った，いわゆる「産米改良」された玄米と，そうした状況が生み出した，加工賃・流通費を節約した値段の割安な白米，という二つの形で日本米穀市場に供給される。それは，朝鮮内部の米穀商間，つまり玄米業者と白米業者との対立を生み出し，日本本土の米穀市場においても，朝鮮玄米・朝鮮白米の扱いにおいて利害関係を生む。日本の食糧供給地として編成される過程で発達した精米業は，日本米穀市場の流通機構を動揺させるまでに至る。

　日本消費地市場の米穀商は「玄米等級改正」を要求して，安い朝鮮玄米の移入促進と朝鮮白米の移入制限を求める。しかし日本米穀商のこの願いは，朝鮮総督府の朝鮮米の一層の移出をはかるという基本政策の前に，潰えることとなる。総督府の基本政策は，根底において在朝鮮の大米穀商・精米業者の思惑と一致するものだった。

　朝鮮米移入制限をめぐってのこの紛争が朝鮮側の勝利に終わったことは，日本米穀市場における朝鮮米取引のイニシアティブが大阪市場の米穀販売商人から朝鮮大米穀商へ移動する兆しでもあった。併せて日本の権力機構における，朝鮮総督府の農商務省，内務省に対する優位をも確認させるものであった。

第4章

　日本米穀市場における激しい競争に対応し，米の商品標準化を一層推し進めるために，1932年，朝鮮総督府は検査の国営化に踏み切った。その結果朝鮮玄米は，日本米穀市場における競争力をさらに強める。朝鮮玄米は，上・中・下米とも，日本産米よりも高値を示すようになる。

　朝鮮米の優位に対して，日本産米には以下の二つの途があった。朝鮮米より品質のよい米をつくるか，品質はおちるが安い米をつくるかのいずれかである。加えてこのような品種交替だけでなく，調製，籾摺器の取り替えなど，さまざまな方法で対抗していくことになる。

　朝鮮米は乾燥，調製，重量表示など，日本本土では考えられない厳密な検査のフィルターを通過するべく改善がはかられ，日本産米に対する優位を獲

得したが，なおそれは日本の風土に適合した日本在来の稲の品種の上に載ってのものだった。さらなる飛躍のために，総督府農政は，朝鮮の風土に見合った新品種の創出をはかるに至る。このプロジェクトは，植民地農政官僚のみの力でよくなしうるものではない。施設・方策には，米穀商をはじめ地主が深く関与・協力していたことも特徴的であり，これは日本本土ではみられないことであった。

朝鮮白米は玄米検査の厳しさの間隙をぬって移出量が増加した。朝鮮玄米の高値に連動して白米の価格は相対的に割安になり，販売促進策として登場した重量表示の「袋入米」が主流を占めるにつれて，この分野でも優位を占めるようになる。それに対抗して朝鮮米の主要市場である大阪米穀市場の米穀商は，直接的に「鮮白ボイコット」運動を展開する。この事態は精米工場をもつ大米穀商が輸移出米販売のイニシアティブを持つに至り，ついに大阪米穀市場の既存の流通機構に動揺をもたらしたことを示唆する。

第5章

朝鮮と日本の湿度・降水量の違いなどにも起因されて，朝鮮米の乾燥度の強化は，永年の課題であった。国営検査以後乾燥問題に一定の進歩がみられたが，さらに抜本的な解決をはかって，総督府は籾の規格化，籾検査に踏み切る。籾検査は「経済的合理性」を優先し，また地主小作関係の悪化を避けるために，当初は（地主の下からの）搬出検査にとどめ，小作米を強制的に検査するという仕組みはとらなかった。それでも籾検査は，共同販売とのセットアップなどによって，農村社会へ大きな影響を与えた。籾検査は，不在地主＝静態地主に生産改良に関心を保たせる契機になるとともに，小作人みずからが検査を受けて小作米を納付することができる仕組みを作るなど，生産者側に有利に作用する側面もあった。

籾検査は精米業にも変容の契機を与えた。籾検査の実施によって原料籾の購入経路が変化し，利潤減退が生じた。「鮮白ボイコット」など内外の状況に触発されたこととあいまって，企業体力の強化がはかられる。合併，経営多角化，なかんずく精油への進出がそれである。精米業は化学工業を内包する巨大産業へと変容する。

籾検査は，為政者の思惑を超えて，米穀戦時統制への助走路ともなったのであった。

第6章

　1939年朝鮮の穀倉地帯の旱害による朝鮮米の移出途絶は，日本の米穀市場に需給の逼迫をもたらした。食糧事情の悪化に対応して，日本政府の米穀政策は従来の過剰基調から不足基調へ，個別的米価政策から綜合的食糧政策へと急速に性格を変えていき，食糧の国家統制を日本本国，植民地朝鮮双方において強化する。移出米の数量，価格，形態を日本政府と朝鮮総督府が日本国内の需給状況と朝鮮の需給状況，さらには満洲粟の需給に照らして取り決めるようになる。朝鮮米を受け入れる機構はもはや自由市場ではなく，国家統制機構そのものであった。銘柄闘争を繰り広げていた消費市場は閉鎖され，同時に玄米・白米の検査制度は崩壊していく。

　籾検査は供出米収納の「標準化」として一面的に強化される。自由経済下の商人流通機構は，流通統制機構に取り込まれながらも，巧みに生き残る。米穀商の存在なしには，集荷・配給統制は不可能だったのである。

　一方集荷と配給の過程にある加工搗精部門を担当した精米業は，戦時統制によってその数を制限されながらも，しばらくは存続が許されていた。彼らが食糧営団に統合されるのは，1944年のことである。

　翌，1945年，大日本帝国の朝鮮支配は終焉を迎える。

　本書を執筆し終えて，筆者は，二つの課題が残されていることを理解している。

　第一は，朝鮮半島内における流通米の問題である。朝鮮半島内における流通米は，輸移出米とは加工・流通の経路が全く異なっていた。この半島内の流通米を「定期市」を中心に分析しえて，はじめて植民地期朝鮮における米穀の生産と流通の全体像を描くことができる。

　第二は，日本米穀市場における朝鮮米の動向の綿密な追究である。この課題に関しての本稿のかかわりは，あくまで朝鮮米の立場からの叙述にとどまっていて，日本米穀市場に内在的な分析には至っていない。否，これは市

場にとどまらず個々の消費主体にまで及ばなければならない課題なのかもしれない。

　これらの作業をすすめることで，植民地支配がつくりだした米穀支配，そのシンボルとしての検査制度の本質的性格，ひいては植民地経済体制の根本的性格が明らかにされるであろう。

あとがき

　本書は1995年10月に一橋大学大学院社会学研究科（地域社会専攻）から博士号を授与された学位論文「植民地朝鮮における米穀検査制度の展開過程」に加筆修正を加えたものである。当時は日本の歴史学界・大学で，学位を申請するものは稀であった。博士号は「大家」に授与されるものだったこの時代に私が学位請求論文を提出することになったのは，韓国に帰国するためであった。

　韓国で社会運動に従事しつつ，自分の内実の空虚に耐えられず，空虚を知識で埋めたいという漠然とした思いから日本への留学という道を選んだ。それから10年を経て，空虚を知識で埋めることに意味があるわけではないことをやっと悟り，留学生活にケジメをつけて帰国する予定であった。

　本書は，その10年間の総括の書でもあるのだから，この「あとがき」にその間の想い出を述べることも，あながち的外れというわけではないであろう。

　私の学生時代，韓国は軍政下にあり，その状況は，多くの市民にとって，耐え難いものがあった。私が大学への進学に当たって社会学を専攻に選んだのは，そのような現実への批判からであった。高学年に進むころには，現在の社会政治状況を理解するためには，近代史を視野に入れる必要がある，と思うようになっていた。その下地を元に，日本にきて思い切って歴史研究に方向転換した次第であった。したがって私が歴史研究を本格的にはじめたのは，来日してから，つまり一橋大学大学院に入ってからである。

　大学院では田崎宣義ゼミと藤原彰ゼミに属して，多くの先輩に囲まれて楽しく勉強させていただいた。同学年の同年配者も，私より年少の後輩も，私にとっては学びの先輩だった。

　田崎ゼミのみなさんには17年間という長きにわたってお世話になった。史料の読み方，歴史研究の方法をじっくり教えていただいた。何よりも，怖

がらず史料を解き明かそうとする姿勢を鍛えられたと思う。

　私がどれくらい皆さんにご迷惑をおかけしたか，いや愛されたか（？）。たしか1992年の春休みのときだったと思う。私の発表の不十分さから，「来週またやれ」といわれることが何回もつづき，結局田崎先生をはじめ，ゼミ生全員の春休みを全部つぶしてしまったことをいまだに覚えている。先生やみなさんにはしょっちゅうご迷惑をおかけしたが，いまでは甘い記憶として時にそれにひたったりもしている。そのころ受けた「恩」は，今日大学で学生に接するときに返すほかない，と思い定めている。

　あのころ田崎先生は学内の役職につかれており，超多忙であられた。私の学位請求論文に接して，田崎先生は急遽八ヶ岳の別荘にこもり，スイカとチャーハンで飢えを凌ぎながら，私の論文のチェックをされたと聞き及んでいる。チェックの量と質は並大抵のものではなかった。しかしご指摘やご注文に，当時も，また今日でもきちんと応えられていない。申しわけなく思っている。

　強烈な思い出の一つに宮田節子先生との出会いがある。当時はまだ，朝鮮史が開講されていた大学は少なかったが，一橋大学には朝鮮社会史という科目があった。修士1年目の1982年に先生の授業を聴いたが，授業後先生は私に食事を奢りながら朝鮮史研究に関連するさまざまな「講義」をしてくださった。その延長線上に私が「朝鮮語の先生」になりすまして先生のご自宅にうかがって，「講義」を聴き続けた。

　私が日本にとどまっておれる淵源には，梶村秀樹先生がおられる。修士1年，新しい世界，近代史研究に飛び込んだ私は，夢中になりどこにでも出かけた。そこに梶村先生との出会いがあった。歴史研究だけではなく，生き方についても，多くのことを考えさせられた方であった。

　1989年に梶村先生が亡くなられてから，先生の著作を読むことをきっかけに，「朝鮮近代地域史料研究会」が生まれた。研究会のメンバーにはいろいろな面でお世話になった。一緒に韓国の地方を廻りながら，五感で，足で，歴史を感じ，「自然」「生活」のなかから歴史を考えることにもなった。研究会は，知らず知らずの間にそれまで抱いていた歴史観が崩され，いつの間にか新しい視点から歴史を眺めることを教えてくれた場であった。運転手までしてくださった新納豊さんをはじめたくさんの仲間に感謝する。

大学の中での歴史研究，研究者を通しての学び，それらだけが学びであったわけではなかった。私にとってはすべてが学びであった。学びを与えてくださったすべての方に感謝したい。

　死蔵される可能性が高かったこの学位論文は，大石進先生，樋口雄一先生，木村健二さん，お三方から発破をかけられたことで，日の目をみることとなった。先生方は頑固な私を，「親心」をもってなだめたりすかしたりしながら，公刊に向けて私の背中を押してくださった。何という言葉で私の気持をあらわせるか，言葉がみつからない。

　日本で就職することをまったく考えていなかった私が，いま中央大学の研究室でこの文を書いている。不思議な気がする。なんといっても懐の深いわが中央大学に心より感謝する。

　　2014年10月

　　　　　　　　　　　　　　　　　　　　　　　　李　熒　娘
　　　　　　　　　　　　　　　　　　　　　　　（イヒョンナン）

　追記
　　本書は中央大学学術図書出版助成制度の適用を得て刊行が実現した。審査委員の先生をはじめ，関係各位に感謝したい。

参考文献

1．統監府・総督府

統監府

統監府『統監府施政一斑』1907 年
統監府『統監府法規提要』1910 年
統監府『韓国寫眞帖』1910 年
統監府『最近韓国事情要覧』1910 年
統監府農商工務部『韓国ニ於ケル農事ノ經營』1906 年
統監府財政監査廳『財務週報』1908 年
統監官房『韓国施政年報』1908-11 年
統監官房文書課『統監府統計年報』1907-10 年
統監府地方部『居留民団事情要覧』1909 年
統監府総務部内事課『在韓本邦人状況一覧表』1907 年
統監府総務部秘書課『韓国施政改善一斑』1907 年
統監府通信管理局『韓国通信線路圖』1906 年
統監府鉄道管理局『韓国鉄道線路案内』1908 年
統監府臨時間島派出所残務整理所『間島産業調査書』1910 年
統監府臨時間島派出所残務整理所『統監府臨時間島派出所紀要』1910 年

総督府

朝鮮総督府『農業統計書』1920-27 年
朝鮮総督府『朝鮮人口動態統計』1938-42 年
朝鮮総督府『朝鮮内地貿易月表』1940-44 年
朝鮮総督府『朝鮮現勢便覽』1935-39 年
朝鮮総督府『朝鮮の經濟事情』1926-38 年
朝鮮総督府『農業統計表』1928-40 年
朝鮮総督府『朝鮮総督府統計年報』1909-40 年
朝鮮総督府『農業技術官會議要録』1911 年
朝鮮総督府『朝鮮の經濟事情』1931-34 年
朝鮮総督府『朝鮮総督府及所屬官署職員録』1940 年
朝鮮総督府『我國は朝鮮で何を爲したか』1932 年
朝鮮総督府『朝鮮総督府統計要覧』1911-36 年
朝鮮総督府『朝鮮要覧』1923-33 年
朝鮮総督府『併合の由来と朝鮮の現状』1923 年

朝鮮総督府『国境地方視察復命書』1915 年
朝鮮総督府『朝鮮総督府官報』1910-45 年
朝鮮総督府『施政年報』(1909 年次) 1911 年
朝鮮総督府『朝鮮総督府施政年報』1910-41 年
朝鮮総督府『朝鮮貿易年表』各年版
朝鮮総督府『農業統計表』1928-40 年
朝鮮総督府『朝鮮畜産統計』1938, 1939 年
朝鮮総督府『朝鮮事情』1930-44 年
朝鮮総督府『朝鮮人口動態統計』1938 年
朝鮮総督府『農業技術官会議要録』1911 年
朝鮮総督府『農山漁村に於ける中堅人物養成施設の概要』1936 年
朝鮮総督府『農山漁村に於ける中堅人物養成要覧』1939, 1941 年
朝鮮総督府『火田調査報告書』1928 年
朝鮮総督府『朝鮮の洪水』1926 年
朝鮮総督府『朝鮮産米増殖計画要領』1922 年
朝鮮総督府『朝鮮の小作慣習』1929 年
朝鮮総督府『朝鮮ノ小作慣行　上・下』1932 年
朝鮮総督府『小作慣行調査項目記載例』年度不明
朝鮮総督府『小作慣行調査要項』1930 年
朝鮮総督府『朝鮮総督府生活状態調査』1929 年
朝鮮総督府『帝国議会説明資料』1917-44 年
朝鮮総督府『人口調査結果報告：昭和十九年五月一日』1944 年
朝鮮総督府『朝鮮総督府月報』1911-15 年
朝鮮総督府『朝鮮彙報』1915-20 年
朝鮮総督府『朝鮮』1920-44 年
朝鮮総督府『朝鮮総督府調査月報』1933-42 年
朝鮮総督府『自力更生彙報』1933-41 年
朝鮮総督府『調査月報』1930-44 年
朝鮮総督府『朝鮮貿易月報』1927-40 年
朝鮮総督府『朝鮮の市場經濟』1929 年
朝鮮総督府『米穀大豆検査要覧』1930 年
朝鮮総督府『南鮮の洪水：昭和九年』1936 年
朝鮮総督府『朝鮮總督府報告例別册』1933 年
朝鮮総督府『朝鮮産米増殖計畫要綱』1926 年
朝鮮総督府『朝鮮總覽』1933 年

参 考 文 献　297

朝鮮総督府『朝鮮米穀生産費調査の説明』1935 年
朝鮮総督府『京城仁川商工業調査』1913 年
朝鮮総督府『朝鮮統治三年間成績』1914 年
朝鮮総督府『朝鮮總督府及所屬官署主要刊行圖書目録』1938 年
朝鮮総督府『普通學校農業書』1914 年
朝鮮総督府『朝鮮ニ於ケル會社及工場ノ状況』1923 年
朝鮮総督府『土壤及農具教科書』1914 年
朝鮮総督府『朝鮮ノ現行小作及管理契約証書』1932 年
朝鮮総督府『農家經濟更正指導計畫要綱』1933 年
朝鮮総督府『農村更正の指針』1934 年
朝鮮総督府『朝鮮に於ける農山漁村振興運動』1934 年
朝鮮総督府『農村振興運動の全貌』1936 年
朝鮮総督府『朝鮮輸移出入品十五年對照表：自明治三十四年至大正四年』1916 年
朝鮮総督府『朝鮮産業経済調査会会議録』1936 年
朝鮮総督府『籾一石當生産費調査の説明』1934 年
朝鮮総督府『朝鮮輸出入品七年対照表』1911 年
朝鮮総督府『朝鮮の農業』1928 年
朝鮮総督府度支部『財務彙報』1910 年
朝鮮総督府農林局『朝鮮産米増殖計畫の實績』1934-38 年
朝鮮総督府農林局『農・漁家更生計畫實績の概要：昭和十二年三月末現在』1938 年
朝鮮総督府農林局『米穀現在高調』1937 年
朝鮮総督府農林局『主要農作物耕種梗概調』年度不明
朝鮮総督府農林局『朝鮮小作關係法規集』1934, 1940 年
朝鮮総督府農林局『朝鮮農地關係彙報』1939 年
朝鮮総督府農林局『米穀統計』1933 年
朝鮮総督府農林局『道農事試驗場事業要覧』1935 年
朝鮮総督府農林局『朝鮮ニ於ケル小作ニ關スル參考事項摘要』1932-34 年
朝鮮総督府農林局『實施（第 1 次）更生指導農家竝ニ部落ノ五箇年間ノ推移』1939 年
朝鮮総督府農林局『朝鮮増米計畫要綱』1941 年
朝鮮総督府農林局『朝鮮増米計畫耕種法改善實施提要』1941 年
朝鮮総督府農林局『臨時農地価格統制令竝ニ臨時農地等管理令関係法規』1941 年
朝鮮総督府農林局『農事試驗場概況調』1937 年
朝鮮総督府農林局『北鮮開拓事業計畫に依る火田民指導及森林保護施設概要』1934 年
朝鮮総督府農林局『農村産業團體ニ關スル參考資料』1940 年
朝鮮総督府農林局『農・漁家更生計畫の實施概要』1939 年

朝鮮総督府農林局『朝鮮に於ける農村振興運動の實施概況と其の實績』1940 年
朝鮮総督府農林局『朝鮮米穀倉庫要覧』1937 年，1939 年
朝鮮総督府農林局『朝鮮米穀要覧』1936-39 年
朝鮮総督府農林局『朝鮮の肥料』1936-42 年
朝鮮総督府農林局『鮮米の内地移入防止に対する根本対策』1933 年
朝鮮総督府農林局『朝鮮農地年報』1940 年
朝鮮総督府農林局『農村産業団体ニ関スル参考資料』1940 年
朝鮮総督府農林局『朝鮮小作年報』1937，1938 年
朝鮮総督府農林局『朝鮮に於ける食用田作物』1936 年
朝鮮総督府農林局『米穀關係法規；朝鮮米穀要覽』1935-40 年
朝鮮総督府農林局『朝鮮農業倉庫要覽』1937 年
朝鮮総督府農林局『朝鮮米穀生産費調査要綱』1934 年
朝鮮総督府農林局『農・漁業更生計画実績の概要：昭和十二年三月現在』1938 年
朝鮮総督府農林局『朝鮮増米計画耕種法改善実施提要』1941 年
朝鮮総督府農林局『道農事試験場事業要覧』1935 年
朝鮮総督府農林局『臨時農地価格統制令竝ニ臨時農地等管理令関係法規』1941 年
朝鮮総督府農林局『北鮮開拓事業計画に依る火田民指導及森林保護施設概要』1934 年
朝鮮総督府農林局『農事試験場概況調』1937-1938 年
朝鮮総督府農林局農産課『朝鮮ニ於ケル米穀統制ノ経過』1934 年
朝鮮総督府農林局米穀課『朝鮮ニ於ケル米穀統制ノ経過』1938 年
朝鮮総督府農林局米穀課『朝鮮米穀関係例規』1937 年
朝鮮総督府農林局米穀課『道府郡島邑面別米実収高調査及道府郡島別米品種別実収高調査成績』1939 年
朝鮮総督府農林局米穀課『道府郡島邑面別米実収高調査成績』1938 年
朝鮮総督府農林局米穀課『米穀搬出高調』1938，1939 年
朝鮮総督府農林局農政課『朝鮮ニ於ケル部落生産拡充計画実施ノ概要』1942 年
朝鮮総督府農林局農政課『農地關係統制法令便覧：附 農地基準価格表』1941 年
朝鮮総督府農林振興課『農家経済の概況とその変遷』1940 年
朝鮮総督府農林振興課『農山漁村に於ける中堅人物養成施設要覧』1940 年
朝鮮総督府農林局林政課『火田及火田民現状調』1932 年
朝鮮総督府殖産局『朝鮮に於ける米以外の食用作物』1921 年
朝鮮総督府殖産局『朝鮮の米』1922-30 年
朝鮮総督府殖産局『朝鮮の農業』1919，22，24-29，33，34，36，37，41，42 年
朝鮮総督府殖産局『朝鮮の農業事情』1923 年
朝鮮総督府殖産局『朝鮮の灌漑及開墾事業』1921，1922 年

朝鮮総督府殖産局『朝鮮農務提要』1921 年
朝鮮総督府殖産局『朝鮮工場名簿』1932-43 年
朝鮮総督府殖産局『米価対策』1930 年
朝鮮総督府殖産局『朝鮮ニ於ケル小作ニ関スル法令』1931 年
朝鮮総督府殖産局『朝鮮の商工業』1921-39 年
朝鮮総督府殖産局『小作農民に關する調査』1928 年
朝鮮総督府殖産局「第六二議会事務参考資料」「穀物検査国営関係書類」
朝鮮総督府殖産局農務課『水稲在來工作法ト改良工作法トノ經濟比較：大正十三, 四両
　　年度ニ於ケル勸業模範場事業報告ニヨリ調査シタルモノナリ』1928 年
朝鮮総督府農務課『朝鮮農地価格統制便覽』（朝鮮行政学会発行）1944 年
朝鮮総督府殖産局商工課『取引所一覽』1936 年
朝鮮総督府財務局『朝鮮貿易表. 内地間移出入非公表品』1939-40 年
朝鮮総督府鉄道局『朝鮮鉄道駅勢一斑』1914 年
朝鮮総督府鉄道局営業課『豆滿江流域經濟事情』1927 年
朝鮮総督府鉄道局営業課『米の鉄道輸送に就て』年度不明
朝鮮総督府勧業模範場『春之農事』1909 年
朝鮮総督府勧業模範場『平安南道に於ける乾畓』1928 年
朝鮮総督府勧業模範場『朝鮮ニ於ケル稲ノ優良品種分布普及ノ状況』1924 年
朝鮮総督府勧業模範場『朝鮮稲品種一覽』1913 年
朝鮮総督府勧業模範場『所謂天水畓の稲作に就て』1929 年
朝鮮総督府勧業模範場『朝鮮ノ在来農具』1925 年
朝鮮総督府勧業模範場『朝鮮ニ於ケル主要作物分布ノ状況』1923 年
朝鮮総督府勧業模範場『勧業模範場報告』1909-16 年
朝鮮総督府農事試験場『朝鮮農学会誌』1940-43 年
朝鮮総督府農事試験場『朝鮮に於ける自給肥料』1934 年, 1942 年
朝鮮総督府農事試験場『朝鮮ニ於ケル販賣肥料』1934 年, 1941 年
朝鮮総督府農事試験場『農事知識』各年度
朝鮮総督府農事試験場『朝鮮總督府農事試驗場一覽』1934 年
朝鮮総督府農事試験場『水稲銀坊主に就て』1934 年
朝鮮総督府農事試験場『朝鮮總督府農事試驗場二拾五周年記念誌』1931 年
朝鮮総督府農事試験場『朝鮮總督府農事試驗場研究報告』1932-36 年
朝鮮総督府農事試験場『朝鮮總督府農事試驗場彙報』1929-43 年
朝鮮総督府農事試験場南鮮支場『朝鮮総督府農事試驗場南鮮支場事業報告』1935 年
朝鮮総督府農事試験場南鮮支場『菱ク米品種改良連絡試験成績報告』1935 年
朝鮮総督府農事試験場南鮮支場『水稲新品種の來歴と特性に就て』1936 年

朝鮮総督府農事試験場西鮮支場『事業報告』1930-40 年
朝鮮総督府農事試験場西鮮支場『朝鮮主要農作物奨励品種特性表』1936 年
朝鮮総督府中央試験所『朝鮮総督府中央試験所報告』1915 年
朝鮮総督府中央試験所『朝鮮総督府中央試験所年報』1930-38 年
朝鮮総督府穀物検査所『朝鮮水稲奨励品種特性表』1937 年
朝鮮総督府穀物検査所『朝鮮米穀事情』石塚峻述，1938 年
朝鮮総督府穀物検査所『検査所別検査高』1934-38 年
朝鮮総督府穀物検査所『検査統計』1934-42 年度
朝鮮総督府穀物検査所『朝鮮ニ於ケル社還米制度』1933 年
朝鮮総督府穀物検査所『朝鮮穀物検査所関係法規』1932 年
朝鮮総督府穀物検査所『朝鮮の稲作』1938 年
朝鮮総督府穀物検査所『朝鮮総督府穀物検査所月報』1933-43 年
朝鮮総督府穀物検査所『穀物検査要覧』1936-40 年
朝鮮総督府穀物検査所『朝鮮の穀物検査』1938 年
朝鮮総督府穀物検査所『朝鮮米ノ品質向上上ヨリ観タル籾火力乾燥機ノ合理的操作法』1938 年
朝鮮総督府穀物検査所『鮮内ニ於ケル米胴割誘因トナルベキ事項並其ノ防除方法』1938 年
朝鮮総督府穀物検査所群山支所『最近ニ於ケル穀物検査成績』年度不明
朝鮮総督府穀物検査所群山支所『地場検査要覧』1936 年
朝鮮総督府穀物検査所仁川支所『管内籾摺精米工場設備』1933 年
朝鮮総督府穀物検査所釜山支所『検査成績』1935 年度
朝鮮総督府穀物検査所釜山支所『米穀資料』1933 年

２．道 ・ 府

咸鏡北道

咸鏡北道『咸北の商工業』1930 年
咸鏡北道『咸鏡北道種苗場報告』1919 年
咸鏡北道『農務統計』1933，1936 年
咸鏡北道『咸鏡北道の商工業』1934 年
咸鏡北道『咸北の商工業』1939 年
咸鏡北道『道勢一斑』1926，1928 年
咸鏡北道『産業統計』1928 年
咸鏡北道『咸鏡小史』1935 年
咸鏡北道『咸鏡北道管内状況一斑』1917 年

咸鏡北道『咸鏡北道道勢一斑』1934-40 年
咸鏡北道『農漁家更生計畫實績調書』1938 年
咸鏡北道『商工業水産業及交通』1923 年
咸鏡北道『咸鏡北道種苗場報告』1913 年
咸鏡北道『咸鏡北道の商工業』1933 年
咸鏡北道知事官房『戸口統計』1928 年
咸鏡北道農務課『咸北の農業事情』1940 年
咸鏡北道農事試験場『咸鏡北道農事試験場業績 創立二十五周年記念』1936 年
咸鏡北道農事試験場『事業報告』1932-41 年
咸鏡北道種苗場『業務成績摘録』1926 年

　咸鏡南道

咸鏡南道『小作慣行調査書昭和 6 年』1933 年
咸鏡南道『道勢一斑』1936-41 年
咸鏡南道『農務統計』1926 年
咸鏡南道『農業統計書』1935-37 年
咸鏡南道『咸南の商工』1935 年
咸鏡南道『咸鏡南道統計書』1912 年
咸鏡南道『咸鏡南道産業案内』1924 年
咸鏡南道『朝鮮總督府咸鏡南道統計年報』1915 年
咸鏡南道内務部農務課『咸南の農業』1937 年
咸鏡南道種苗場『咸鏡南道種苗場成績報告』1922 年
咸鏡南道農事試験場『創立三十周年記念咸鏡南道農事試験場業績』1939 年
咸鏡南道農事試験場『業務報告』1932 年
咸鏡南道農事試験場『事業報告』1936 年
咸鏡南道農事試験場交友会『咸南農報』1940 年
咸興憲兵隊咸鏡南道警務部『咸南誌資料』1915 年

　平安北道

平安北道『農業統計書』1932．1938 年
平安北道『平安北道勢一般』1933 年
平安北道『平安北道統計年報』1930-35 年
平安北道『平安北道一斑』1912 年
平安北道『平安北道勢概要』1938 年
平安北道『平安北道ノ概勢』1922 年
平安北道『北鮮開拓事業計畫に依る火田民指導施設概要』1936 年
平安北道『小作慣行調査書』年度不明

平安北道『農務統計』1922年
平安北道『平北の農業』1936年
平安北道『平安北道勢一斑』1930-40年
平安北道教育会編纂『平安北道郷土誌』1933年
平安北道庁『平北紹介：大正十三年』1924年
平安北道農事試験場『事業報告』1932-41年
平安北道農事試験場北斗会『北斗農報』1935-40年
平安北道種苗場『平安北道ニ於ケル水稲在来品種ノ名稱統一』1923年
平安北道種苗場『平安北道ニ於ケル乾畓ノ調査』1923年
平安北道種苗場『種苗場事業報告』1930年
平安北道内務部産業課『平安北道の産業』1935年
平安北道内務部『平安北道の農業』1932年
平安北道内務部農務課『平北の米』1931年
平安北道理財課『農家經濟状態調査書：附金融組合区域内居住者ノ資産状態並組合員加入状況』1927年
義州憲兵隊本部，平安北道警務部編纂『平安北道旧慣調査：全』1913年
平安北道警察『國境警備』1936年

平安南道

平安南道『平安南道ニ於ケル小作慣行調査書』1930年
平安南道『産業統計』1930年
平安南道『平安南道勧業要覽』1915年
平安南道『農業統計』1932年
平安南道『農作物作付方式調』1917年
平安南道『小作慣行調査』1922年
平安南道『同窓青年団員自力更生美談』1933年
平安南道『平安南道統計年報』1938年
平安南道『平安南道勢一斑』1922年
平安南道『農業統計書』1928，1930年
平安南道『朝鮮産米ニ関スル事情調査』1931年
平安南道内務部農務課『平安南道ノ農業』1935年
平安南道農事試験場『事業報告』1932-40年
平安南道種苗場『特別報告』1927年

黄　海　道

黄海道『黄海道』1931年
黄海道『部門委員必携：指導者用』1938年

黄海道『農山漁村振興運動實施の概要』1938, 1940 年
黄海道『朝鮮總督府黄海道統計年報』1916 年
黄海道『黄海道農業要覽』1937-39 年
黄海道『道勢一斑』1930, 1932 年
黄海道『統計上より觀たる躍進黄海道』1939 年
黄海道『小作慣行調査書』1934 年
黄海道『農務統計書』1929 年
黄海道『農務統計』1933-37 年
黄海道『黄海道々勢一班』1933-35 年
黄海道『商工統計』1929 年
黄海道『農業統計表』1938 年
黄海道『黄海道勢一班』1941 年
朝鮮總督府黄海道『黄海道要覽』1927 年
黄海道農事試験場『業務報告』1933-38 年
黄海道農事試験場『事業報告』1932-38 年
黄海道種苗場『種苗場事業報告』1920 年
黄海道種苗場『黄海道産陸稲在來品種ノ特性調査』1928 年
黄海道教育会『黄海道郷土誌』1937 年

　江　原　道
江原道『朝鮮總督府江原道統計年報』1915 年
江原道『道勢一斑』1932-40 年
江原道『小作慣行調査書』1932 年
江原道『江原道勢一班』1931 年
江原道『商工統計』1938 年
江原道『農業統計』1929-39 年
江原道産業部農政課『李圭完翁逸話集』1942 年
江原道穀物検査所『穀物検査』1930 年
江原道穀物検査所『江原道穀物検査成績』1930 年
江原道農事試験場『事業報告』1935 年
江原道種苗場『事業報告』1925, 1930 年

　京　畿　道
京畿道『大正十一年農事統計』『大正十二年農事統計』
京畿道『農事統計』1928-40 年
京畿道『商工統計』1928 年
京畿道『商工水産統計』1933-37 年

京畿道『京畿道道勢一斑』1916 年
京畿道『농민독본 전：경긔도』1933 年
京畿道『簡易國勢調査員必携』1925 年
京畿道『卒業生指導勤勞美談』1930 年
京畿道『道事業ノ概況』1937 年
京畿道『農村ニ於ケル初等学校卒業生指導の概況』1933 年
京畿道『京畿道商工一斑』1927 年
京畿道『地方金融組合・國有地小作人組合執務提要』年度不明
京畿道『京畿乃光：農村振興』1934 年
京畿道種苗場『事業報告』1920-35 年
京畿道産業部『小作慣行調査』1933 年
京畿道農事試験場『事業報告』1928-41 年
京畿道内務部社会課『京畿道農村社會事情』1927 年
朝鮮総督府京畿道『朝鮮總督府京畿道統計年報』1914 年
京畿道『商工水産統計』1933-37 年
京畿道『人口統計』1935，39 年
京畿道『農村娯楽行事栞：附立春書例示』1934 年
朝鮮總督府京畿道編纂『京畿道事情要覧』1922 年
京畿道穀物叺検査所『業務の概況』1928 年
京畿道穀物検査所『京畿の米豆検査』1927 年
京畿道穀物叺検査所『検査の概要』1927，1928 年度
京畿道穀物叺検査所『京畿の米』1928 年
京畿道穀物叺検査所『仁川白米』1928 年
京畿道穀物叺検査所『龍山大豆』1928 年
京畿道穀物叺検査所『京畿道穀物叺検査所業務の概況』1928 年
京畿道穀物叺検査所『京畿の多摩錦』1929 年
京畿道穀物叺検査所『長湍大豆』1929 年

忠清北道

忠清北道観察道『韓国忠清北道一斑』1909 年
忠清北道『米穀増産計画』1939 年
忠清北道『忠清北道種苗場報告』1920 年
忠清北道『忠清北道關係例規集』1940 年
忠清北道『道勢一斑』1929，1930 年
忠清北道『忠清北道要覽』1938 年
忠清北道『農務統計』1933 年

忠清北道農務課『農業統計表』1938 年

　　忠清南道

忠清南道『忠清南道道勢一斑』1916 年

忠清南道『忠清南道米豆檢査事績報告』1919 年

忠清南道『大正四, 五, 六年度忠清南道米豆檢査事績報告』1919 年

忠清南道農務課『忠清南道農業要覽』1928, 1932 年

忠清南道『農業統計』1935, 1936, 1940 年

忠清南道『道勢一斑』1921, 1931, 1936, 1938 年

忠清南道『朝鮮總督府忠清南道統計年報』1915 年

忠清南道『小作慣行調査書』1931 年

忠清南道『忠清南道商工人名錄』1927 年

忠清南道『米穀統制による籾の長期貯蔵』1934 年

忠清南道『道地方稅關係例規』1931 年

忠清南道『間稅例規』1931 年

忠清南道『忠清南道農業要覽』1932 年

忠清南道『共励組合振興成績』1934 年

忠清南道『忠南の土地改良事業』1934 年

忠清南道『忠清南道田作改良增殖實施計畫要綱』1931 年

忠清南道農業試驗場『事業報告』1933 年

忠清南道種苗場『種苗場事業報告』1930 年

忠清南道種苗場『忠清南道稻作改良指針：昭和五年三月』1930 年

　　慶尚北道

慶尚北道『慶尚北道種苗場試驗成績要報』1921 年

慶尚北道『農務統計』1928, 1937-40 年

慶尚北道『慶北の商工水産』1932 年

慶尚北道『朝鮮總督府慶尚北道年報』1917 年

慶尚北道『慶尚北道統計年報』1920, 1930 年

慶尚北道『道勢一班』1922 年

慶尚北道『慶尚北道勢一斑』1927-31 年

慶尚北道『小作制度に関する調査書』1922 年

慶尚北道『慶尚北道道勢要覽』1923 年

慶尚北道『農事統計』1924 年

慶尚北道『慶尚北道地方費歲入歲出決算』1925 年

慶尚北道警察部『高等警察要史』1934 年

慶尚北道產業部農務課『小作慣行調査書』1934 年

慶尚北道内務部農務課『慶北の農業』1928-36 年
慶尚北道米豆検査所『慶尚北道米豆検査所報告 1927 年度』1928 年
慶尚北道穀物検査所『慶尚北道穀物検査所報告 1928 年度』1929 年
慶尚北道穀物検査所『慶北米』1928 年
慶尚北道穀物検査所『穀物検査統計年報』1930 年
慶尚北道農事試験場『事業報告』1934-42 年

慶尚南道

慶尚南道『慶尚南道道勢要覽』1911 年
慶尚南道『朝鮮總督府慶尚南道道勢要覽』1914 年
慶尚南道『朝鮮總督府慶尚南道統計年報』1925 年
慶尚南道『道勢一斑』1922,1928 年
慶尚南道『道勢概覽』1933 年
慶尚南道『慶尚南道々勢概覽』1936,1938,1941 年
慶尚南道『慶南の農事概況』1928 年
慶尚南道『慶尚南道歳入出予算』1941 年
慶尚南道『慶尚南道統計年報』1930 年
慶尚南道『慶尚南道商工要覽』1928 年
慶尚南道『慶南の商工』1931 年
慶尚南道『慶南の産業』1927 年
慶尚南道『農務統計』1931 年
慶尚南道警察部『高等警察関係摘録』1919-35 年
慶尚南道警察部『内地出稼鮮人勞働者状態調査』1928 年
慶尚南道警察部『高等警察關係摘録』1936 年
慶尚南道農務課『慶尚南道農事概要』1927 年
慶尚南道内務部『慶南の農事概況』1928 年
慶尚南道内務部『舎音ニ関スル調査』年度不明
慶尚南道『農山漁村振興施設方針と其の経過の概要』1937 年
慶尚南道種苗場『慶尚南道種苗場業務功程』1923 年
慶尚南道種苗場『事業報告』1925 年
慶尚南道農事試験場『慶尚南道農事試験場報告』1931,1932 年
慶尚南道農事試験場『業務報告』1933,1934 年

全羅北道

朝鮮総督府全羅北道『朝鮮總督府全羅北道統計年報』1914,1916 年
朝鮮総督府全羅北道『朝鮮總督府全羅北道統計年報』1918 年
全羅北道『全羅北道要覽』1927,1933 年

全羅北道『全羅北道道勢一班』1927, 1932 年
全羅北道『農業統計』1927, 38 年
全羅北道『小作制度竝農家經濟ニ關スル調査書』1922 年
全羅北道『五大懸案事業』1925 年
全羅北道『全羅北道商工一班』1934 年
全羅北道『全羅北道農業要覽：昭和六年』1931 年
全羅北道『小作慣行調査書』1933 年
全羅北道『全羅北道農業概要』1937 年
全羅北道農務課『地主小作料収納概要』1923 年
全羅北道農務課『五十町歩以上内地人地主所有地調』1923 年
全羅北道『第二次水稲種子五箇年更新計画並実行方法』1923 年
全羅北道農村振興課『全羅北道大地主調』1939 年
全羅北道学務課『内鮮一體資料』1940 年
全羅北道穀物検査所『全羅北道穀物検査要報』1927, 1929 年
全羅北道穀物検査所『全羅北道穀物検査概報』1926 年
全羅北道穀物検査所『全羅北道穀物検査概況』1923 年
全羅北道穀物検査所『全北の米』1930 年
全羅北道穀物検査所『調査と研究』第 2 巻第 1 号（1931 年 5 月）
全羅北道穀物検査所『検査成績』16, 17 号, 1931, 1932 年
全羅北道穀物検査所『米穀要覽』1932 年
全羅北道種苗場『種苗場成績報告』1929 年
全羅北道種苗場『種苗場事業報告』1930 年
全羅北道農事試験場『事業報告』1933-39 年

全羅南道

全羅南道『全南商工要覽』1930 年
全羅南道『全南の産業．農務編』1934, 1936, 1938 年
全羅南道『道勢一班』1925, 1928, 1930 年
全羅南道『全羅南道農業概況』1923 年
全羅南道『全羅南道産業要覽』1926 年
全羅南道『小作慣行調査書』1931 年
全羅南道『全南の米』1932 年
全羅南道『農村經濟調査成績』1934 年
全羅南道『農業統計』1928 年, 1938 年
全羅南道『全羅南道統計要覽』1914 年
全羅南道『農山漁村振興事務便覽』1937 年

全羅南道『創定自作農家の營農方針』1933 年
全羅南道『道勢概要』1921 年
全羅南道『小作慣行調査書』1923 年
全羅南道『大正六年度全羅南道米穀検査成績』1918 年
全羅南道『全羅南道農業統計』1933 年度
全羅南道穀物叺検査所『全羅南道米豆叺検査の概況大正 13 年度』1924 年
全羅南道種苗場『稻作法』1925 年
全羅南道農事試験場『事業報告』1938 年

府

京城府『京城府土幕民調査書』1938 年
京城府『精米工業ゴム工業ニ関スル調査』1935 年
京城府総務部国民総力課『京城府ニ於ケル生活必需品配給統制ノ實情』1942 年
京城府總務部時局總動員課『躍進京城に於ける工業の概貌と將來』1939 年
京城府『家内工業ニ關スル調査』1937 年
京城府『京城府史』1934 年
京城府『穀類及穀粉類蔬菜及果物ノ取引ニ關スル調査』1935 年
京城府時局総動員課『愛国班に就て』1939 年
京城府産業調査会『配給機關ニ關スル調査：市場の部』1935 年
木浦府『木浦府史』1930 年
木浦府『木浦大観』1926 年
仁川府『仁川府史』1933 年
群山府『群山府史』1935 年

3．その他の公的機関等

農商務省商務局『明治十一年度商況年報』『明治十二年度商況年報』『明治十三年度商況年報』
農商務省農務局『韓国農業要項』1905 年
農商工部農務局『韓国農務彙報』1909 年
農商務省農務局『韓国土地農産調査報告 1 〜 5』1908 年
農商務省食糧局『大正以後ニ於ケル米価並米量調節』1924 年
農商務省農事試験場『韓国ニ於ケル農業調査』1906 年
農林省米穀部『地方産米ニ関スル調査』（帝国農会発行），1933 年
農林省京城米穀事務所群山出張所『地主調』（全羅南道全羅北道　1930 年末現在）
外務省記録局『通商彙編』『通商報告』『通商彙纂』
京城米穀事務所『京城府ニ於ケル米穀事情』1936 年

朝鮮食糧営団『朝鮮食糧管理』1945年
宮尾『宮尾税關監視官韓國出張復命書』(大蔵省大臣への復命書) 1901年
第八師団軍医部『朝鮮人ノ衣食住及其ノ他ノ衛生』1915年
日満農政研究会東京事務局『内外地農業生産力ニ関スル基礎資料』1941年
清國『朝鮮海関年報』中国海関年報附録 1885-93年
露国外務省編『韓国誌』(1900年版) 日本農商務省抄訳 1905年
南満州鉄道株式会社庶務部調査課『満州粟の鮮内事情』1928年
関税局『貿易月報』1908-09年
大阪府『在留朝鮮人(台湾人)ノ状況』1940年
大阪府内務部『大阪外国貿易調』1893,1896年
大阪府学務課『北海道,樺太,南洋群島朝鮮,満州,支那視察報告』1919年
福井県農産物検査所大野支所『検査より観たる米穀の改良に就て』1938年
大蔵省管理局『日本人の海外活動に関する歴史的調査』朝鮮編, 1947年
外務省条約局法規課『日本統治時代の朝鮮』1971年
韓国農村経済研究院『農地改革時被分配地主及び日帝下大地主名簿』1985年
農林省熱帯農業研究センター『旧朝鮮における日本の農業試験研究の成果』農林統計協
　　会刊, 1976年
農林省熱帯農業研究センター『旧朝鮮における日本の農業試験研究の成果』1976年
科学技術庁計画局調査課『朝鮮の米作技術発達史』1967年
国立農産物検査所『農産物検査60年史』1969年
朝鮮農村社会衛生調査会編『朝鮮の農村衛生』岩波書店, 1940年

4. 農業・商工団体等

農　会

朝鮮農会『農業講演集』1919, 1921年
朝鮮農会『優良營農調査書』1937年
朝鮮農会『高等農事講習會講義録』1929年
朝鮮農会『米穀の性状と貯藏』1931年
朝鮮農会『朝鮮農会報』1910-44年
朝鮮農会『朝鮮農業視察便覽』1938年
朝鮮農会『朝鮮農會の沿革と事業』1935年
朝鮮農会『經濟調査から見た朝鮮農家』年度不明
朝鮮農会『農家經濟調査』1932-34年
朝鮮農会『主要食糧調査』1940, 1942年
朝鮮農会『土壌肥料講習講義録』1936年

朝鮮農会『朝鮮農務提要』1933 年
朝鮮農会『朝鮮農政史考』西郷静夫著，1937 年
朝鮮農会『朝鮮の小作慣行（時代と慣行）』1930 年
朝鮮農会『昭和十三年度主要食糧調査』1940 年
平安南道農会『農家経済調査書』1932 年
平安南道農会『平安南道農会主催：郡農会事績品評会報告書』1929 年
慶尚北道農会『産業懇談會要領』1923 年
慶尚北道農会『地主小作關係改善要項』1923 年
慶尚北道農会『慶尚北道産業奨励ノ事項梗概』1924 年
慶尚北道農会『農家經濟調査書』1928 年
慶尚北道農会『慶尚北道農会報』第 4 巻第 1 号（1929 年 1 月）
全羅北道農会『全羅北道の農業事情』1927 年
全羅北道農会『全北の農業』1928 年
全羅南道農会『米の全羅南道』1923 年
黄海道農会『高等農事講習會議事録』1929 年
忠清南道農会『忠清南道緑肥栽培法』1937 年
楊州郡地主会『楊州地主』1942 年
山形県農会『山形県農会報』1928-43 年

穀物商団体

朝鮮連合会事務所『米穀税撤廃運動ニ関スル書類』（文書番号：奎 26197），1911 年（奎章閣図書，ソウル大学校所蔵）
朝鮮穀物商組合連合會『朝鮮穀物要覧』1934 年
朝鮮穀物協会『朝鮮米移出の飛躍的発展とその特異性』1938 年
朝鮮穀物協会連合会『朝鮮穀物協会連合会会報』『朝鮮穀物協会会報』1926-39 年
菱ク穀物協会『菱ク穀物協会会報』第 31 号-135 号（1935 年 1 月-1943 年 9 月）
菱ク穀物協会『大會記念：朝鮮穀物協會連合會』1934 年
全羅北道穀物協会『○セ米批判会の蹟』1931 年
慶尚南道穀物協会『慶南の米』1932 年
平北穀物協会『平北穀物協会月報』1931-37 年
忠清北道穀物商組合連合会（安斎利作）『忠北の農業（附穀物商の現勢）』1930 年
忠南穀物商組合連合会『忠南の米』1934 年
大邱穀物商組合『大邱穀物商組合月報』1929-1932 年大邱穀物商組合月報
大邱穀物商組合（濱崎喜三郎）『等外米の移出解禁と玄米の重量取引に就て』1931 年
大邱穀物商組合（濱崎喜三郎）『米価対策　遺された諸問題』1931 年
釜山穀物商組合『釜山ニ於ケル米穀集散及取引状態一斑』1928 年

朝鮮玄米商組合連合会『全鮮の玄米商各位に檄す附第二回大会報告書』1929年
大邱米穀商組合，大邱米穀取引所，釜山米穀商組合，釜山米穀取引所『白米統制の急務』
　　年度不明
仁川米豆取引所『株式会社仁川米豆取引所沿革』1922年
鮮米協会『鮮米協会十年誌』1934年
鮮米協会『朝鮮米の進展』1935年
大日本米穀会『大日本米穀会報』1916-29年
大日本米穀会『米穀』1931-43年
大阪堂米会『大阪堂米会報』第109-126号（1928年7月-1929年12月）
『堂島米報』第127号-174号（1930年1月-1933年12月）
『大阪米報』第223号-247号（1938年1月-1940年2月）
滋賀県穀物改良協会『滋賀米報』1935-41年

商（工）業会議所

京城商工会議所朝鮮工業協会『朝鮮に於ける工業動力の現状と其の改善策』1931年
京城商業会議所『京城商業會議所月報朝鮮經濟雜誌』1929-30年
京城商工会議所『朝鮮に於ける家庭工業調査』1937年
釜山日本人商業会議所書記局『釜山港統計一斑』1904年，1906年」
釜山日本人商業会議所『釜山日本人商業会議所年報』1905，1906年
釜山商工会議所『釜山商工会議所月報』第73号-180号（1931年4月-1940年4月）
釜山商業会議所『釜山商業会議所年報』1906-09年
京城商工会議所『内地行米鉄道割引運賃実施と木浦港廻着米に及ぼす影響調』1937
仁川商業会議所『仁川商業会議所月報』第198-379号（1926年10月-1941年11月）
群山商業会議所『群山商業會議所月報』1921-30年
群山商業会議所『群山經濟統計月報』1922年
群山商業会議所『統計年報』1926-38年
群山商工会議所『統計年報』1934-38年
群山商工会議所『群山商工會議所月報』1936-40年
群山商工会議所『群山商工会議所月報』1931-34年
群山商工会議所『群山商工名録』1933，36年
群山商工会議所『會員名簿』1931年
群山商工会議所『群山港經濟累年誌』1931年
群山商工会議所『群山港勢要覽』昭和6年版1932年
木浦商業会議所『木浦港湾荷役一般調査書』1930年
木浦商業会議所『月報』1911-1930年
木浦商業会議所『木浦港勢一斑』1915年

木浦商業会議所『木浦案内』1921 年
木浦商工会議所『米乃木浦：附 酒造米の特産地』1932 年，1936 年
木浦商工会議所『統計年報』1929-39 年
木浦商工会議所『木浦商工人名録』1939-43 年
木浦商工会議所『月報』1930-44 年
木浦商工会議所『木浦商工案内』1935 年
木浦商工会議所『会員名簿』1932 年
木浦商工会議所『商工人名録』1936-38 年
木浦商工会議所『木浦府に於ける小賣業者の分布調査』1936 年
木浦商工会議所『木浦商工人名録』1943 年
木浦商工会議所『統計年報』1934-36 年
木浦商工会議所『米の木浦：附 酒造米の特産地』1933，1938 年
木浦商工会議所『内地行米鉄道割引運賃実施ト木浦港廻着米ニ及ボス影響調』1937 年
木浦商工会議所『木浦米ニ対スル批判』1933 年
鎮南浦商業会議所『鎮南浦に於ける米と大豆』1926-28 年
鎮南浦商業会議所『仁川阪神間，鎮南浦阪神間，米運賃問題に就て』1930 年
鎮南浦商業会議所『鎮南浦を中心とせる冬期の大同江』1930 年
鎮南浦商業会議所『『平安南道沿海地帯経済状況調査書』1923 年
鎮南浦商業会議所『統計年表』1923，24 年
鎮南浦商業会議所『平安南道沿海地帯經濟状況調査書』1928 年
鎮南浦商業会議所『鎮南浦貿易統計』1930-31 年
鎮南浦商業会議所『鎮南浦貿易總計』1930 年
鎮南浦商業会議所『黄海道安岳，載寧，信川，經濟状況調査書』1929 年
鎮南浦商業会議所『鎮南浦商業會議所月報』1913-15 年
鎮南浦商業会議所『鎮南浦商業會議所時報』1924-30 年
鎮南浦商業会議所『鎮南浦産業統計』1929，30 年
鎮南浦商業会議所『鎮南浦商工名録』1929-35 年
鎮南浦商業会議所『鎮南浦を中心とせる冬期の大同江』1930 年
鎮南浦商工会議所『米の鎮南浦』1932 年版，1935 年版
鎮南浦商工会議所『鎮南浦商工人名録』1936 年
鎮南浦商工会議所『大同江の水運と運河計畫』1937 年
鎮南浦商工会議所『輝く西鮮時代と鎮南浦港』1941 年
鎮南浦商工会議所『大東亜戦争と鎮南浦港』1942 年
大阪商業会議所『貿易通報』1906-21 年
大邱米穀取引所『大邱米穀取引所月報』第 1 号-86 号（1932 年 2 月-39 年 3 月）

新義卅商業会議所『平安北道商工人名録』1929年

その他

群山農事組合『群山農事月報』第1, 3, 5号 1905-1906年
朝鮮米穀研究会『鮮米情報』1933年1月1日-1939年3月28日（52号～338号）
朝鮮殖産助成財団『道農会に於ける米の多収競作』1931, 32年
朝鮮殖産助成財団『水利組合と小作慣行』1931年
朝鮮殖産助成財団『朝鮮酒に就て』1938年
朝鮮殖産助成財団『水利組合と副業』1932年
朝鮮殖産助成財団『水利組合と農事改良』1929年
京畿道林業会『朝鮮の山果と山菜』1935年
京畿道林業会『農村美化と薬草栽培』1936年
咸鏡北道産業協會『咸北の横顔』1937年
咸鏡北道産業協會『吾が咸北が誇る朝鮮のナンバーワン』1937年
朝鮮山林會京畿道支部『温突のつかひ方』1928年
朝鮮興業株式会社『朝鮮興業株式会社二十五年誌』1929年
大阪自由通商協会『米穀関税調査』1930年
東亜勧業株式会社『朝鮮人小作人一戸当水田収支並ニ小作人籾生産費調査』1932年
防長海外協会編『朝鮮事情』1924年
山路徳吾『肥後米改良のために』熊本毎夕新聞社, 1927年
朝鮮協会『韓国実業指針』1904年
青柳綱太郎『韓国農事案内：附・韓語会話』青木嵩山堂, 1904年
小林兄弟商会『農場経済の根底は産米売却の合理的方法にあり』年度不明
朝鮮米肥日報社『鮮米輸送を繞る諸問題』1937年
坂上富蔵『江景事情』1928年
阿部辰之助『大陸之京城』巌松堂, 1918年
坂上富蔵『最近江景事情』梶商店, 1911年
前田力『鎮南浦府史』鎮南浦史発行所, 1926年
谷垣嘉市『木浦誌』木浦誌編纂会, 1914年

5．金融機関

朝鮮銀行『仁川港経済事情』1912年
朝鮮銀行『群山ト交通機關ノ変遷』1913年
朝鮮銀行『北朝鮮ノ価値；群山米の改良』1913年
朝鮮銀行『大邱地方經濟事情』1913年
朝鮮銀行『露領沿海地方に於ける農業就中米作問題：附通商参考事項』1925年

朝鮮銀行『鮮満経済十年史』1919 年
朝鮮銀行東京調査部『露領沿海洲と農業の將來：殊に米作問題に就て』1923 年
朝鮮銀行東京調査部『鴨緑江江岸地方經濟狀況調査概要報告』1920 年
朝鮮銀行東京調査部『朝鮮會社調』1921 年
朝鮮銀行調査課『朝鮮經濟の展望：加藤總裁講演』1934 年
朝鮮銀行調査課『朝鮮の對満輸出貿易の將來』1934 年
朝鮮銀行調査部『朝鮮農業統計圖表』1944 年
朝鮮銀行調査課『米穀配給統制に關する參考資料』1938 年
朝鮮銀行調査課『調査課刊行物目録』1936 年
朝鮮銀行調査課『米穀統制に關する諸問題』1934 年
朝鮮銀行調査課『最近朝鮮に於ける大工業の躍進と其の資本系統』1935 年
朝鮮銀行調査課『朝鮮農村の再編成について』1932 年
朝鮮銀行調査課『米穀問題の經過竝諸方策』1934 年
朝鮮銀行調査課『米穀統制に関する諸問題』1937 年
朝鮮銀行調査部『朝鮮経済年報』1948 年
朝鮮銀行京城総裁席調査課『朝鮮米の増産と移出問題』1931 年
朝鮮銀行京城総裁席調査課『鮮内工業の現状と工業組合法實施の要否』1933 年
朝鮮銀行京城総裁席調査課『朝鮮に於ける内地資本の流出入に就て』1933 年
朝鮮銀行東京調査支局『朝鮮銀行調査彙報』1919-22 年
朝鮮銀行回顧録編纂室『朝鮮銀行回顧録』1958, 59 年
朝鮮殖産銀行『朝鮮農業一斑』1922 年
朝鮮殖産銀行『朝鮮殖産銀行二十年志』1938 年
朝鮮殖産銀行『朝鮮殖産銀行十年志』1928 年
朝鮮殖産銀行『朝鮮殖産銀行一覧』1919, 23 年
朝鮮殖産銀行『全鮮？売買価格及収益調』1929-43 年
朝鮮殖産銀行『朝鮮殖産銀行圖書目録』1928 年
朝鮮殖産銀行『朝鮮殖産銀行概況』1921 年
朝鮮殖産銀行『朝鮮經濟統計要覽』1925 年
朝鮮殖産銀行『営業報告書』1919 年
朝鮮殖産銀行『朝鮮殖産銀行概覽』1929 年
朝鮮殖産銀行『朝鮮殖産銀行と朝鮮の産業』1924 年
朝鮮殖産銀行調査課『調査資料索引』1928 年
朝鮮殖産銀行調査課『肥料の知識』1932 年
朝鮮殖産銀行調査課『開城ノ時辺ニ就テ』1929 年
朝鮮殖産銀行調査課『朝鮮商品誌』1924-27 年

朝鮮殖産銀行調査課『朝鮮の産業及金融』1929 年
朝鮮殖産銀行調査課『朝鮮ノ米』1924, 27, 28 年
朝鮮殖産銀行調査部『殖銀調査月報』1938-1945 年
朝鮮殖産銀行群山支店『内地市場ニ於ケル朝鮮米取引事情』1916 年
朝鮮金融組合連合会『農業勞務者の賃金に關する資料』1942 年
朝鮮金融組合連合会『食糧管理ニ關スル資料』1944 年
朝鮮金融組合連合会『小作農現金支出生計費調査』1944 年
朝鮮金融組合連合会『中小商工業者實情調査書』1942-43 年
朝鮮金融組合連合会『調査彙報』1939-44 年
朝鮮金融組合連合会『調査資料』1934-44 年
朝鮮金融組合連合会『朝鮮金融組合統計月報』1940-45 年
朝鮮金融組合連合会『朝鮮金融組合聯合會關係法規』1936 年
朝鮮金融組合連合会『朝鮮の金融組合』1938 年, 40 年
朝鮮金融組合連合会『農村産業の開發上から見た集荷配給問題』1938 年
朝鮮金融組合連合会『朝鮮金融組合統計年報』1942 年
朝鮮金融組合連合会『金融組合發達の特殊性と新體制』1940 年
朝鮮金融組合連合会調査課『金融組合の部落的指導施設』1939 年
朝鮮金融組合連合会『指導金融上より観たる農家更生運動』(八尋生男著) 1934 年
朝鮮金融組合連合会調査課『朝鮮金融組合, 内地産業組合及満洲興農合作制度ノ對比』1940 年
朝鮮金融組合連合会調査課『戰時下に於ける農業關係法令の概要』1941 年
朝鮮金融組合連合会調査課『宅地建物等價格統制令臨時農地價格統制令臨時農地等管理令に關する資料』1941 年
朝鮮金融組合連合会調査課『金融組合區域内に於ける副業調査』1940 年
朝鮮金融組合連合会調査課『金融組合に於ける旱害對策実情調査』1940 年
朝鮮金融組合連合会調査課『朝鮮に於ける物價調整の現況』1939 年
朝鮮金融組合連合会編『公定米價ノ変遷ニ関スル調査』1944 年
朝鮮金融組合連合会編『農業労務者の賃金に関する資料』1942 年
朝鮮金融組合連合会『金融組合発達の特殊性と新体制』1940 年

6. 新 聞 等

京城日報社『京城日報』
東亜日報社『東亜日報』
朝鮮日報社『朝鮮日報』
毎日新報社『毎日新報』

316

東京米報社『東京米報』
米穀に関する新聞切抜：
『朝鮮中央日報』『朝鮮日報』『朝鮮新聞』『中鮮日報』『西鮮日報』『大邱日報』『木浦日報』『釜山日報』『群山日報』『大邱民報』『大阪日日新聞』（旧京城帝国大学経済学部収集史料（ソウル大学校図書館所蔵）。現在韓国歴史情報統合システムで検索可能）

7．各家文書

斎藤実文書
大野録一郎文書
荷見文書（農業総合研究所所蔵）

8．研究書（個人）

解放前

加藤末郎『韓国農業論』裳華房，1904 年
神戸正雄『朝鮮農業移民論』1910 年
柳川勉『黄海道之現状』1926 年
加藤哲治『韓国ニ於ケル本邦貨物販路取調報告』1906 年
田中穂積『対韓私議』1899 年
村上唯吉『朝鮮人の衣食住』大和商會圖書出版部，1916 年
一戸正侯『内外台鮮定期米穀取引事情及統計』祐明社，1920 年
鈴木栄太郎『朝鮮農村社会踏査記』大阪屋号書店，1944 年
菱本長次『朝鮮米の研究』千倉書房，1938 年
岡庸一『最新韓国事情』青木嵩山堂，1903 年
鄭然圭『朝鮮米資本主義生産対策』1935 年
松岡琢磨『実業之朝鮮』1927 年
岩永重華『韓国実業指針』宝文館，1904 年
大橋清三郎『朝鮮産業指針』開発社，1915 年
保高正記『群山開港史』1925 年
生地道太郎『木浦米肥紹介史』1936 年
岡田重吉『朝鮮輸出米事情』同文館，1911 年
田所哲太郎『朝鮮産米の研究』富貴堂，1927 年
二瓶貞一『精米と精穀』西ヶ原刊行会，1941 年
二瓶貞一『實驗穀物調製機』養賢堂，1935 年
小早川九郎『朝鮮農業発達史』発達篇，政策篇，朝鮮農会，1944 年
須藤重一『西鮮航路米穀輸送問題について』1935 年

朝倉昇『米をめぐる問題』明文堂，1934 年
森田福太郎『釜山要覧』釜山商業会議所，1912 年
西原亀三『誤れる朝鮮の自治権拡張』内観社，1930 年
金谷要作『朝鮮の産業金融事情に就て』友邦協会，1980 年
文定昌『朝鮮の市場』日本評論社，1941 年
文定昌『朝鮮農村団体史』日本評論社，1942 年
澤田徳蔵『市場人の見たる産米改良』大阪堂米会，1933 年
澤田徳蔵『米の消費地の研究と米の品種論』創元社，1939 年
谷口吉彦『商業組織の特殊研究』日本評論社，1931 年
印貞植『朝鮮の農業機構分析』白揚社，1937 年
印貞植『朝鮮農村襍記』東都書籍，1943 年
印貞植『朝鮮の農業機構』白揚社，1939 年
印貞植『朝鮮の農業地帯』生活社，1940 年
印貞植『朝鮮農村再編成の研究』人文社，1943 年
久間健一『朝鮮農業の近代的様相』西ケ原刊行会，1935 年
久間健一『朝鮮農政の課題』成美堂書店，1943 年
李勲求『朝鮮農業論』漢城図書，1935 年
東畑精一・大川一司『朝鮮米穀経済論』日本学術振興会，1935 年
東畑精一『日本農業の展開過程』東洋出版社，1936 年
東畑精一『米』中央公論社，1940 年
井上晴丸『朝鮮米移出力ノ基礎的検討』1944 年

　　解　放　後
持田恵三『米穀市場の展開過程』東京大学出版会，1970 年
梶村秀樹『朝鮮における資本主義の形成と展開』龍渓書舎，1977 年
小山仁示・芝村篤樹『大阪府の百年』山川出版社，1991 年
河合和男『朝鮮における産米増殖計画』未來社，1986 年
小森徳治『明石元二郎』上，原書房，1968 年
鈴木直二『米穀流通組織の研究』柏書房，1965 年
鈴木栄太郎『朝鮮農村社会の研究』鈴木榮太郎著作集 5，未來社，1973 年
石塚峻『朝鮮に於ける米穀政策の変遷』友邦シリーズ第 24 号，1983 年
木村健二『在朝日本人の社会史』未來社，1989 年
宮田節子『朝鮮民衆と「皇民化」政策』未來社，1985 年
宮嶋博史『朝鮮土地調査事業史の研究』東京大学東洋文化研究所，1991 年
飯沼二郎『朝鮮総督府の米穀検査制度』未來社，1993 年
林炳潤『植民地における商業的農業の展開』東京大学出版会，1971 年

樋口雄一『日本の植民地支配と朝鮮農民』同成社，2010年
樋口雄一『戦時下朝鮮の農民生活誌』社会評論社，1998年
岡光夫他『稲作の技術と理論』平凡社，1990年
川東靖弘『戦前日本の米価政策史研究』ミネルヴァ書房，1990年
大豆生田稔『近代日本の食糧政策：対外依存米穀供給構造の変容』ミネルヴァ書房，
　　1993年
宮嶋博史・松本武祝・李栄勲・張矢遠『近代朝鮮水利組合の研究』日本評論社，1992年
宮嶋博史「植民地下朝鮮人地主の存在形態に関する試論」『朝鮮史叢』第5・6合併号，
　　1982年
宮嶋博史「植民地下朝鮮人大地主の存在形態に関する試論」飯沼二郎・姜在彦編『植民
　　地期朝鮮の社会と抵抗』未來社，1982年
高橋昇『朝鮮半島の農法と農民』飯沼二郎，高橋甲四郎，宮嶋博史編集，未來社，1998年
持田恵三「食糧政策の成立過程（一）」『農業総合研究』第8巻第2号（1954年）
イヒョンナン「第一次憲政擁護運動と朝鮮の官制改革論」『日本植民地研究』第3号，
　　1990年9月
吉野誠「朝鮮開国後の穀物輸出について」『朝鮮史研究会論文集』第12号，1975年
吉野誠「開港期の穀物貿易と防穀令」『朝鮮社会の史的展開と東アジア』山川出版社，
　　1997年
吉野誠「李朝末期における米穀輸出の展開と防穀令」『朝鮮史研究会論文集』第15号，
　　1978年
新納豊「朝鮮洛東江船運―鉄道開通（1905）前後の変化」『大東文化大学紀要』第30号，
　　1992年
堀和生「日本帝国主義の朝鮮における農業政策―1920年代植民地主制の形成」『日本
　　史研究』第171号，1976年
李炳天『開港期　外国商人의　侵入과　韓国商人의　対応』ソウル大学校博士学位論文，
　　1984年
李憲昶『開港期市場構造와　그　変化에　관한　研究』ソウル大学校博士学位論文，1990
　　年
李憲昶「韓國人搗精業에 관한 研究」『経済史学』第7号，1984年
田剛秀『植民地朝鮮의　米穀政策에 관한　연구』ソウル大学校博士学位論文，1993年

付表・図一覧

- 表1-1　朝鮮における米の輸出入額とその総輸出入額に対する比率（逐年）
- 表1-2　開港場別輸出米の数量と価格（逐年）
- 表1-3　仁川輸出米白米玄米対比
- 表1-4　日本における輸入朝鮮米白米玄米対比
- 表1-5　開港場別籾摺道具輸入状況
- 表1-6　日本製精選器具1ユニットとその価格
- 表1-7　30町歩以上所有の日本人地主数（創業年度別）
- 表1-8　日本人農業植民会社及び農業組合一覧
- 表1-9　日本における朝鮮米（籾を含む）輸移入税の変遷
- 表1-10　仕向国別，種類別輸出米の推移
- 表1-11　木浦港回着米（玄米・白米・籾）の構成

- 表2-1　日本本土における米穀移輸入高の推移
- 表2-2　朝鮮における米穀の生産高と輸移出高
- 表2-3　仁川における米穀検査成績
- 表2-4　鎮南浦における米穀検査成績
- 表2-5　道別検査概況
- 表2-6　道別等級別赤米混入の割合
- 表2-7　等級別玄米検査高
- 表2-8　1919米穀年度における道別玄米検査高と検査結果
- 表2-9　道別改良品種の普及率
- 表2-10　各道の奨励品種状況
- 表2-11　精米業諸元の年度別推移
- 表2-12　1叺当り検査費用の概算
- 表2-13　朝鮮米の日本移出米中大阪仕向高
- 表2-14　大阪における朝鮮米の価格（石当り）
- 表2-15　大阪における大小精米所の精米経費及び雑収入比較（石当り）

- 表3-1　赤米混入歩合限度の推移（等級別）
- 表3-2　道別玄米重量規定
- 表3-3　玄米検査高・等級別合格率の推移と不合格原因
- 表3-4　上・中・下米別玄米検査高（逐年）

表3-5	白米検査成績（逐年）
表3-6	1929年産米道別玄・白米検査高
表3-7	慶尚北道の月別玄・白米検査高（1926年度）
表3-8	京畿道の月別白米検査件数（1927米穀年度）
表3-9	平安南道玄米受験者別検査高
表3-10	平安南道精米受験者別検査高
表3-11	全羅北道検査高別玄米検査受検者数（1931年度）
表3-12	全羅北道地主の精米業兼営・受検状況
表3-13	全羅北道500町歩以上所有地主の名簿及び受検・精米所経営状況
表3-14	水稲品種改良更新実績
表3-15	全羅北道品種別玄米検査高
表3-16	籾摺・精米工場の規模別構成
表3-17	設立年度別精米工場数
表3-18	全羅北道所在精米所の籾摺機保有状況
表3-19	支所別・種類別籾摺機数
表3-20	支所別・種類別精米機数
表3-21	京浜地域における朝鮮米移入高（逐年）
表3-22	東京市廻着米の国・地域別構成（逐年）
表3-23	朝鮮米の仕向先順位（逐年）
表3-24	大阪における移入米の国・地域別構成（逐年）
表3-25	大阪米穀市場における銘柄別区分
表3-26	慶尚北道玄米検査実績
表4-1	開港地とその後背地
表4-2	穀物及び縄叺検査による地方費純収入道別一覧（逐年）
表4-3	兼官及び嘱託数
表4-4	支所別指定検査所数
表4-5	玄米の日本米・朝鮮米重量比較
表4-6	東京深川市場日本・朝鮮玄米標準相場
表4-7	朝鮮玄・白米移出量対比（逐年）
表4-8	釜山支所玄米検査数と等級別合格・不合格数（逐年）
表4-9	移出白米の包装種類別数量（逐年）
表4-10	新品種の道別耕作面積
表4-11	朝鮮における米・雑穀の生産量と消費量推移
表4-12	道別春窮農家数1930年調査

表 5-1　籾希望検査における格付基準
表 5-2　5ヶ月間の支所別籾検査数（34 年 11 月〜35 年 3 月）
表 5-3　等級別籾検査実績（逐年）
表 5-4　各道別籾検査数量と共販率（1936〜39）
表 5-5　団体別共同販売数量（1938 年度）
表 5-6　支所別籾玄白米検査高比較
表 5-7　玄米と原料籾の価格比較

表 6-1　玄白米検査高推移
表 6-2　各道の旱害対策
表 6-3　朝鮮における米穀の供出状況
表 6-4　1943 年産籾の産地別銘柄買入価格
表 6-5　1943 年産籾の銘柄グループ別価格格差

図 1　穀物検査所の配置及び管轄区域

索　　引

ア行

赤米混入率　73
有馬精米所　244
飯沼二郎　iv
生搗米　101
石臼　9
石粉　11
石粉搗　101
石抜玄米　110
石抜唐箕　108
石抜米　108
石の混入　107
石山租　130
移出白米の増加　182
移動式発動機　260
移動式籾摺機　242
稲乾燥　240
稲熱病　130
岩田式　140
岩田式籾摺機　142
仁　川　37
受渡代用取引　48
受渡代用米　44
受渡代用米採用　48
ウラジオストーク　13, 34
栄光　201
越後米　195
蝦米の混入　107
エンゲル精米機　13
遠心力式籾摺機　140
厭農的気運　260
大浦兼武　49
大阪穀物商組合　145

大阪穀物商同業組合　189, 190
大阪商船　27
大阪堂島　i
大阪の朝鮮貿易商組合　28
大阪米穀会　192
大阪米穀市場　14, 151
大阪米穀市場における朝鮮米　145
大粒系米　134
多益　127
奥田貞次郎　12
雄町　113

カ行

外改良玄米　17
外玄米　10
開港場廻着米　15
開港場別輸出米　6
海東農書　8
改良叺　92
改良玄米　10
改良品種　80, 86
改良品種移入　78
改良品種導入率　84
改良品種の耕地面積　126
改良品種の普及　84
改良品種の普及過程　84
改良品種の普及政策　78
改良品種の普及率　124
価格統制　253
客主会　26
客主組合　217
各道の旱害対策　255
各道の奨励品種状況　82
角フ品種改良連絡試験　199

家宅捜索　260
加藤精米所　188, 244
叺・荷造検査　27
亀の尾　113, 129
火力乾燥機　209
旱害対策　127, 251
勧業模範場　127
韓国保護条約　44
乾燥　　　iii
乾燥問題　112
関東大震災　109, 149
勧農会　31
韓白米　9
木臼　9
飢餓移出　202
機械精米業の出現　12
機械精米所　12
飢餓販売　226
畿内早二十二号　127
希望検査　206
希望検査の実施　210
木村健夫　31, 38
木谷伊助　68
木谷久一　8
木谷久一郎　191
木谷善徳　8
窮迫販売　202
夾雑物の混入　67, 108
夾雑物の混入歩合　73
供出　254, 262
供出必行会　259
供出の忌避　269
強制供出　269
強制貯蓄　262
強制貯蓄率　262
共同販売　225
キロ上がり　128
斤建の重量取引　207

銀坊主　130
金融組合　225, 229
口枡　174
群山　25, 36, 220
京畿型地主　121
京畿道　65, 119
慶尚南道　65
慶尚北道　65, 117
慶尚北道輸出穀物改良組合　58
畦畔乾　240
検査規則改正　105
検査指定地　72, 90
検査主体　　iii
検査状況　114
検査の厳格化　105
検査の項目　66
検査の統一　177
現物取引　97
玄米業者　157
玄米検査　112
玄米検査規則　39
「玄米検査等級改正」要求　156
玄米等級改正　110
小磯國昭　277
江華島条約　2
甲午改革　14, 31
耕種法　126, 258
公米会　189
貢米　8
小売精白　100
国営検査　iii, 180, 181
国白　16
国民精神総動員部落連盟　259
穀物協会　23, 24
穀物商同業組合　59
穀良都　84, 113
小作慣行　88
小作権の移動　92

小作の取締方法　121
小作米　18
小作籾の受検　239
小作料の形態　89
小粒系米　134
ゴム臼　140
ゴムロール式籾摺機　141
ゴムロール籾摺器　195
米騒動　104, 143
米搗臼　21
『米之友』　183
米の品質　i
米の輸出入額　4

サ行

在韓国日本人商業会議所連合会　48
再検査　169
採種水田　80, 125
在朝日本人米穀商　50
斎藤久太郎　208
栽培品種　i
在来玄米　10
在来種の奨励　128
在来俵　92
在来品種　78
搾油　246
サハリン　34
酸価　246
三角バーター制　252
産業組合　186
山居倉庫　152
山居米　152, 194
産地別銘柄単一価格制　279
産地銘柄　146, 181
砕米　140
産米改良　21, 139
産米増殖計画　105

産米増殖計画　109
砕米の混入　107
「自家販売用小売精白業者」　101
自作農創設計画　267
「自主的」検査　44, 50
地白　16
事前割当制　277
七分搗米奨励運動　196
執租法　17
指定地検査　222
地主会　79
地主小作関係　87, 88
地主と小作人の関係　236
地主の存在形態　120
地主米　87
重量重視の取引　142
重量制　174
重量取引　135, 207
重量制取引　178
重量表示　113
受検者　114, 120
受検籾　240
受検量　114
種子更新　124
出荷奨励　254
出荷統制　253
春窮農家　202
春窮の現象　202
春窮民　226
早神力　84
定租法　17
庄内米　152, 195
庄野嘉久蔵　8
消費規制　253
消費統制　253
商品流通　i
正味取引　207
小粒種　132

小粒尊重　134
奨励品種　80, 127
殖産銀行　81
植民地地主制　ii
植民地的再編成　i
植民地農政　iii
食糧営団　275
食糧供給地　i
食糧需要地　i
紳商協会　23
仁川　219
仁川穀物協会　51
仁川穀物市場設立趣意書　24
仁川商圏　53
仁川米穀市場圏　37
仁川米豆取引所　22
仁川貿易商組合　22
仁川米　10, 11
進藤鹿之助　12
水湿米　25
水稲　111
水分含有率　177
水分検査器　221
新奨励品種　200
生産過程　i, ii
生産検査　ii, 63, 213
生産者の負担　179
生産奨励機関　173
生産責任数量　278
生産・流通過程　i
精選器　18, 19
青北種　129
精米　iii
精米業　ii, 93
精米業同盟会　100
精米業同盟会　8
精米工場　121
精米市場　48

精米所の数　136
精米・籾摺工場　136
責任数量　278
積極的地主経営　121
節米運動　253
施肥法　126
1941 米穀年度食糧対策　258
1942 米穀年度食糧対策　267
1943 米穀年度食糧対策　271
全国的道営化　67
千石通　19
千石通シ　17
戦時食糧政策　251
戦時統制期　iii
千成会　189
鮮白不売　189
鮮白不売運動　186
鮮白米不売決議　243
全販連　186
鮮皮　208
全北型地主　121
鮮米原料新式精米屋　16, 100
鮮米情報　213
全羅南道　65, 133
全羅北道　65, 119
総督府管理米　259
総督府直営の輸移出米検査制度　61
総督府統制米　260
増米 6 ヶ年計画　256
租税の金納化　14
ソム　92

タ行

大規模精米所　136
大邱米穀商組合　185
第三次日韓協約　44
大集散地　137

第二次種子更新事業　126
台湾米　153
タオンスエンド　12
多賀榮吉　216
多賀鶴　134
高田平治郎　38
多収良質品種　199
打租法　17
龍川　129
谷村道助　38
種籾　134
多摩錦　84, 147
地方商人　234
地方費事業　69
中熟神力　134
忠清南道　65
忠清北道　65
中等米　115
中白米　9, 65
中白米検査　72
朝英修好通商条約　3
朝清商民水陸貿易章程　3
調製　iii
調製道具　221
朝鮮金融組合連合会　229
朝鮮玄米商組合連合会　156, 159
朝鮮玄米四等以下移出解禁促進意見書　161
朝鮮国白　9, 10
朝鮮穀物協会連合会　190
朝鮮穀物商組合連合会　157
朝鮮穀物貿易商組合連合会　150
朝鮮在来の籾摺臼　10, 20
朝鮮食糧管理令　274
朝鮮精米会社　244
朝鮮総督府　ii
朝鮮総督府勧業模範場　68
朝鮮総督府令　62
朝鮮農会　216

朝鮮農会報　58
朝鮮農業の米穀単作的な経営構造　202
朝鮮白氾濫　185
朝鮮半島の旱魃　252
朝鮮標準中米　99
朝鮮米穀研究会　213
朝鮮米穀市場株式会社　253
朝鮮米穀配給調整令　253
朝鮮米移入関税撤廃　44
朝鮮米関税の撤廃　45
朝鮮米流通の二重構造　97
朝鮮籾検査規則　210
朝米修好通商条約　3
チョルグ　9
枕乾　240
鎮南浦　24, 219
鎮南浦玄米検査規則　55
鎮南浦玄米検査所　55
対馬貿易　5
土臼　20, 139, 140
ディディルバンア　9
寺内正毅　104
天水畓　126
伝統的搗精器具　9
土肥庄作　38
道営検査　67
道営検査制度実施の影響　87
等外米　133
東京市場　129
東京鮮米協会　149, 182
東京米穀市場　110, 143
東京米穀市場における朝鮮米　149
東京米穀市場への販路拡大　110
堂島取引所　49
胴摺　140
搗精能率　9
動態的地主　120
道の奨励品種　79

東畑精一　120
道別改良品種の普及率　82
道別検査概況　66
東北米　195
唐箕　19
道糧穀株式会社　273
道糧穀配給組合　264
動力用籾摺器　112
胴割　140
土地建物証明規則　32
土地建物典当執行規則　32
土地登記制度　44

日本人の農業進出　32
日本人米穀商　11
日本人籾摺業者の出現　11
日本内地標準中米　99
日本品種　78
日本米穀市場　i, ii, 78, 98
日本郵船　27
糠油　245, 246
糠油工場　246
農会　225
農家更生部落　202
農業恐慌　209
農業生産責任制　278
農事試験場南鮮支場　198
農村振興運動　180
農民の供出の忌避傾向　269
農林1号　196

ナ行

内改良玄米　17, 39
「内改良玄米」輸出　17
内租　129
内地通商権　3
中上国治郎　38
中上庄吉　38
ナムメ　9, 20
縄叺　28
南鮮20号　200
南鮮45号　200
南鮮46号　200
南鮮六道玄米商組合連合会　158
西川太郎一　31
西村保吉　81, 105
日米修好通商条約　3
日露戦争　13
荷造改良　28
日進　201
日清戦争　13
日本産米　i
日本資本主義　i
日本人地主　32
日本人内陸地移住者　96

ハ行

胚芽米奨励運動　196
白米キロ売り制　110
白米検査　72, 116, 179
白米商　158
白米統制　185
白米取締規則　253
白米の乾燥度引き締め　182
白米のキロ売り制　130
橋本由之助　38
濱崎喜三郎　159
バンア　9
搬出強制検査　223
搬出検査　215, 233
搬出米検査　63
搬入検査　223
久間健一　236, 270
日の出　84, 128
菱ク米品種改良連絡試験　199

菱平	188	報奨制	278
菱本長次	182	包装	179
標準化	i	北陸・山陰米	99, 149
標準米豆査定会議	210		
平岡寅治郎	31, 38	**マ行**	
平澤米穀同業組合	58		
品質検査	68	万石通	19
品質制限	91	見本取引	97
品種改良	86	都	84
品種改良策	78	宮嶋博史	121
品種交代	196	無砂糠	246
品種表記	113	牟租	129
品種銘柄	146	村山米	152
品種銘柄競争	110	ムルレバンア	9
品種問題	iii, 68	銘柄格差の廃止	279
風袋込取引	207	銘柄の単純化	266
福井県米	155	持田恵三	iv
福田有造	31	木浦	38, 220
袋入国白	192	木浦商業会議所	30
釜山開港場	24	木浦商業会議所	39
釜山日本人商業会議所	30	木浦興農協会	31
釜山米穀商組合	185	木浦の籾摺業	19
釜山米	12	籾	ii, 92
藤森利兵衛	31	籾強制検査	227
武断農政	80	籾強制搬出検査	217
部落責任供出制	271	籾共同販売	228
平安南道	65, 128	籾共同販売所	217
米穀管理規則	253	籾検査	206
米穀検査	i	籾検査強化対策	227
米穀検査規則	52, 64, 69	籾摺臼	10
米穀検査制度	ii	籾摺臼製造者	18
米穀自治管理法	186	籾摺業	17
米穀自治管理法公布	189	籾摺業者	119, 160
米穀単作的農業	204	籾取引	207
米穀の加工工程	93	籾の強制検査	217
米穀配給統制法	253	籾の共同販売	225
弁慶	134	籾の除去	61
豊玉	200	籾の生産検査	215

籾の包装　208
森菊五郎　131
守田千助　38
モンメ　10, 139

横山要次郎　112, 174
呼子直七　38
余枡　148
ヨンザメ　9
栄山浦　31

ヤ行

山内平助　38
山形県産米講評会　152
山野滝三　38
闇取引　252
輸移出米検査　ii
輸移出米の統制　251
優良品種　80
優良品種栽培面積　125
優良品種普及　124
輸出穀類荷造改良規則　28
輸出穀類荷造改良規則施行細則　29
輸出米穀商　11
湯村辰二郎　233

ラ行

力武精米所　188
陸羽132号　194
陸稲　111
立稲品評会　79
流通過程　i
流通統制　253

ワ行

早生旭　134
倭館貿易　5

著者紹介

李　熒　娘（イ・ヒョンナン）

1954 年	韓国順天生れ
1976 年	梨花女子大学校社会学科卒業
1982〜1994 年	一橋大学大学院社会学研究科修士課程及び博士課程修了
現在	中央大学総合政策学部　教授

主要著書，論文

「第一次憲政擁護運動と朝鮮の官制改革論」『日本植民地研究』（第 3 号，1990 年）

「占領下における対在日朝鮮人管理政策形成過程の研究」（共著）(2)『青丘学術論集』（第 13 集，韓国文化研究振興財団，1998 年）

「原内閣期における朝鮮の官制改革論」『戦間期の東アジア国際政治』（中央大学出版部，2007 年）

「近代移行期における朝鮮の女性教育論」『東アジアの国民国家形成とジェンダー』（青木書店，2007 年）

「布施辰治と在日朝鮮人」『布施辰治と朝鮮』（高麗博物館，2008 年）

「旧韓末における朝鮮のカトリック」『カトリックと文化―出会い・受容・変容』（中央大学出版部，2008 年）

植民地朝鮮の米と日本
　米穀検査制度の展開過程　　　　　　　中央大学学術図書（87）

2015 年 1 月 30 日　初版第 1 刷発行

著　者　李　熒　娘
発行者　神﨑茂治

郵便番号 192-0393
東京都八王子市東中野 742-1
発行所　中央大学出版部
電話 042(674)2351　FAX 042(674)2354
http://www2.chuo-u.ac.jp/up/

© 2015　李　熒　娘　　　　印刷・製本　㈱ニシキ印刷／三栄社
ISBN 978-4-8057-2183-4

本書の出版は中央大学学術図書出版助成規程による。